MATLAB 科学计算

从入门到精通

林玲◎著

北京大学出版社
PEKING UNIVERSITY PRESS

内 容 提 要

本书从 MATLAB 基础语法讲起，介绍了基于 MATLAB 函数的科学计算问题求解方法，实现了大量科学计算算法。

本书分为三大部分。第 1 章和第 2 章为 MATLAB 的基础知识，对全书用到的 MATLAB 基础进行了简单介绍。第 3 ~ 12 章为本书的核心部分，包括线性方程组求解、非线性方程求解、数值优化、数据插值、数据拟合与回归分析、数值积分、常微分方程求解、偏微分方程求解、概率统计计算及图像处理与信号处理等内容。第 13 ~ 15 章为实战部分，以实际生活中的数学问题为例，将前文介绍的各类科学计算算法应用其中。

本书内容全面、通俗易懂，适合有一定 MATLAB 基础、想要进行进阶学习的读者。

图书在版编目(CIP)数据

MATLAB科学计算从入门到精通 / 林玲著. — 北京：北京大学出版社，2023. 9
ISBN 978-7-301-34289-3

Ⅰ. ①M… Ⅱ. ①林… Ⅲ. ①数值计算—Matlab软件 Ⅳ. ①O245

中国国家版本馆CIP数据核字（2023）第142224号

书　　名 MATLAB 科学计算从入门到精通
MATLAB KEXUE JISUAN CONG RUMEN DAO JINGTONG
著作责任者 林　玲　著
责 任 编 辑 刘　云
标 准 书 号 ISBN 978-7-301-34289-3
出 版 发 行 北京大学出版社
地　　址 北京市海淀区成府路 205 号　100871
网　　址 http://www. pup. cn　　新浪微博：@ 北京大学出版社
电 子 信 箱 编辑部 pup7@ pup. cn　　总编室 zpup@ pup. cn
电　　话 邮购部 010-62752015　发行部 010-62750672　编辑部 010-62570390
印 刷 者 北京鑫海金澳胶印有限公司
经 销 者 新华书店
787 毫米 ×1092 毫米　16 开本　21.5 印张　488 千字
2023 年 9 月第 1 版　2023 年 9 月第 1 次印刷
印　　数 1-3000 册
定　　价 89.00 元

未经许可，不得以任何方式复制或抄袭本书之部分或全部内容。
版权所有，侵权必究
举报电话：010-62752024　　电子信箱：fd@pup.pku.edu.cn
图书如有印装质量问题，请与出版部联系，电话：010-62756370

前　言

科学计算，即数值计算，是指用计算机处理科学研究和工程技术中所遇到的数学问题，是数学、物理、力学等基础学科与计算机软件技术相结合而形成的交叉学科，包括线性方程组求解、非线性方程求解、优化、插值、拟合、微分、积分等数学问题求解。

科学研究和实际工程中的这类数学问题一般难以直接求得精确解，而以计算机技术为基础，利用科学计算算法，将会使问题的求解难度大大降低。

笔者的使用体会

MATLAB 是数百万工程师和科学家都在使用的编程和数值计算平台，支持数据分析、算法开发和建模。基于 MATLAB 进行科学计算具有极大优势。首先，MATLAB 语法简单，容易入门，具有强大的矩阵运算能力，符合科学计算需求；其次，MATLAB 集成了大量科学计算算法和符号运算算法，便于进行科学计算与结果分析；最后，MATLAB 可以实现科学计算结果可视化，使其易于理解。

本书特色

- **内容全面：**全面讲述了 MATLAB 的科学计算功能，覆盖了科学计算的主要方面。
- **从零开始：**从 MATLAB 基础语法开始，入门门槛较低。
- **实用性强：**书中的所有基础算法均给出了详细代码与应用实例。
- **生动形象：**内含大量配图解释，力图讲清每个算法。
- **结构清晰：**主要章节按照数学问题描述、基于 MATLAB 的求解方法、科学计算算法这一逻辑构成主体内容。

本书内容

本书讲述了 MATLAB 中科学计算的应用，全书分为 15 章，主要内容如下。

第 1 章　MATLAB 编程基础：对编程环境进行简单介绍后，介绍 MATLAB 的数据类型、基本元素、矩阵操作和符号运算等。

第 2 章　MATLAB 数据可视化：介绍使用 MATLAB 绘制二维图形和三维图形的方法。

第 3 章 线性方程组求解： 以线性方程组求解为核心，介绍高斯消去法、LU 分解法、Jacobi 迭代法、Gauss-Seidel 迭代法。

第 4 章 非线性方程求解： 介绍求解非线性方程的 MATLAB 函数和二分法、黄金分割法、不动点迭代法、牛顿迭代法、弦截法。

第 5 章 数值优化： 介绍 MATLAB 数值优化函数和二分法、黄金分割法、梯度下降法、牛顿迭代法等无约束最优化算法，有约束最优化算法，以及遗传算法、粒子群算法等智能优化算法。

第 6 章 数据插值： 介绍 MATLAB 插值函数及多项式插值、拉格朗日插值、牛顿插值、埃尔米特插值、分段低次插值、样条插值等插值算法。

第 7 章 数据拟合与回归分析： 介绍 MATLAB 拟合函数、最小二乘法、线性回归问题及基于神经网络的非线性回归问题。

第 8 章 数值积分： 介绍基于 MATLAB 的积分函数、梯形法、辛普森积分法、牛顿 - 科特斯积分法及不等距节点积分算法。

第 9 章 常微分方程求解： 介绍基于 MATLAB 的常微分方程求解函数及欧拉法、龙格库塔法、线性多步法。

第 10 章 偏微分方程求解： 介绍偏微分方程求解函数 pdepe 及有限差分法。

第 11 章 概率统计计算： 介绍随机变量统计特征及概率密度计算。

第 12 章 图像处理与信号处理： 介绍 MATLAB 图像处理与信号处理常用函数及调用方式。

第 13 章 数据拟合与回归问题应用实例： 以 3 个实例介绍拟合与回归的应用。

第 14 章 最优化问题应用实例： 以两个选址问题介绍 MATLAB 优化问题求解过程。

第 15 章 微分方程问题应用实例： 以两个实例介绍 MATLAB 微分方程求解过程。

本书读者对象

- MATLAB 零基础入门人员；
- 有一定 MATALB 基础，在科学研究和工程实践中需要科学计算算法的研究者；
- 各类院校学习 MATLAB、矩阵论、线性代数、概率论的学生；
- 对 MATLAB 科学计算感兴趣的人员；
- 物理、化学、控制、计算机等领域的科研人员。

资源下载

本书所涉及的资源已上传至百度网盘，供读者下载。请读者关注封底“博雅读书社”微信公众号，找到“资源下载”栏目，输入本书 77 页的资源下载码，根据提示获取。

前　　言

科学计算，即数值计算，是指用计算机处理科学研究和工程技术中所遇到的数学问题，是数学、物理、力学等基础学科与计算机软件技术相结合而形成的交叉学科，包括线性方程组求解、非线性方程求解、优化、插值、拟合、微分、积分等数学问题求解。

科学研究和实际工程中的这类数学问题一般难以直接求得精确解，而以计算机技术为基础，利用科学计算算法，将会使问题的求解难度大大降低。

笔者的使用体会

MATLAB 是数百万工程师和科学家都在使用的编程和数值计算平台，支持数据分析、算法开发和建模。基于 MATLAB 进行科学计算具有极大优势。首先，MATLAB 语法简单，容易入门，具有强大的矩阵运算能力，符合科学计算需求；其次，MATLAB 集成了大量科学计算算法和符号运算算法，便于进行科学计算与结果分析；最后，MATLAB 可以实现科学计算结果可视化，使其易于理解。

本书特色

- **内容全面：**全面讲述了 MATLAB 的科学计算功能，覆盖了科学计算的主要方面。
- **从零开始：**从 MATLAB 基础语法开始，入门门槛较低。
- **实用性强：**书中的所有基础算法均给出了详细代码与应用实例。
- **生动形象：**内含大量配图解释，力图讲清每个算法。
- **结构清晰：**主要章节按照数学问题描述、基于 MATLAB 的求解方法、科学计算算法这一逻辑构成主体内容。

本书内容

本书讲述了 MATLAB 中科学计算的应用，全书分为 15 章，主要内容如下。

第 1 章　MATLAB 编程基础：对编程环境进行简单介绍后，介绍 MATLAB 的数据类型、基本元素、矩阵操作和符号运算等。

第 2 章　MATLAB 数据可视化：介绍使用 MATLAB 绘制二维图形和三维图形的方法。

第 3 章　线性方程组求解：以线性方程组求解为核心，介绍高斯消去法、LU 分解法、Jacobi 迭代法、Gauss-Seidel 迭代法。

第 4 章　非线性方程求解：介绍求解非线性方程的 MATLAB 函数和二分法、黄金分割法、不动点迭代法、牛顿迭代法、弦截法。

第 5 章　数值优化：介绍 MATLAB 数值优化函数和二分法、黄金分割法、梯度下降法、牛顿迭代法等无约束最优化算法，有约束最优化算法，以及遗传算法、粒子群算法等智能优化算法。

第 6 章　数据插值：介绍 MATLAB 插值函数及多项式插值、拉格朗日插值、牛顿插值、埃尔米特插值、分段低次插值、样条插值等插值算法。

第 7 章　数据拟合与回归分析：介绍 MATLAB 拟合函数、最小二乘法、线性回归问题及基于神经网络的非线性回归问题。

第 8 章　数值积分：介绍基于 MATLAB 的积分函数、梯形法、辛普森积分法、牛顿 - 科特斯积分法及不等距节点积分算法。

第 9 章　常微分方程求解：介绍基于 MATLAB 的常微分方程求解函数及欧拉法、龙格库塔法、线性多步法。

第 10 章　偏微分方程求解：介绍偏微分方程求解函数 pdepe 及有限差分法。

第 11 章　概率统计计算：介绍随机变量统计特征及概率密度计算。

第 12 章　图像处理与信号处理：介绍 MATLAB 图像处理与信号处理常用函数及调用方式。

第 13 章　数据拟合与回归问题应用实例：以 3 个实例介绍拟合与回归的应用。

第 14 章　最优化问题应用实例：以两个选址问题介绍 MATLAB 优化问题求解过程。

第 15 章　微分方程问题应用实例：以两个实例介绍 MATLAB 微分方程求解过程。

本书读者对象

- MATLAB 零基础入门人员；
- 有一定 MATALB 基础，在科学研究和工程实践中需要科学计算算法的研究者；
- 各类院校学习 MATLAB、矩阵论、线性代数、概率论的学生；
- 对 MATLAB 科学计算感兴趣的人员；
- 物理、化学、控制、计算机等领域的科研人员。

资源下载

本书所涉及的资源已上传至百度网盘，供读者下载。请读者关注封底“博雅读书社”微信公众号，找到“资源下载”栏目，输入本书 77 页的资源下载码，根据提示获取。

目　　录

第3章 线性方程组求解 41

第4章 非线性方程求解 69

第5章 数值优化 98

第6章 数据插值 139

第7章 数据拟合与回归分析 176

第 8 章 数值积分 208

第 9 章 常微分方程求解 228

第10章 偏微分方程求解 251

第11章 概率统计计算 261

第12章 图像处理与信号处理 276

第13章 数据拟合与回归问题应用实例 296

第 1 章

MATLAB 编程基础

MATLAB 是数百万工程师和科学家都在使用的编程和数值计算平台，支持数据分析、算法开发和建模。本章介绍 MATLAB 编程基础，主要涉及的知识点如下。

- **MATLAB 简介：**了解 MATLAB 的应用场景。
- **MATLAB 数据类型：**了解常用的 MATLAB 数据类型。
- **MATLAB 基本元素：**了解变量、脚本和函数的基本概念。
- **MATLAB 基本矩阵操作：**掌握矩阵运算。
- **MATLAB 符号运算：**掌握常用的符号运算。
- **MATLAB 代码结构：**了解并掌握顺序结构、分支结构和循环结构。

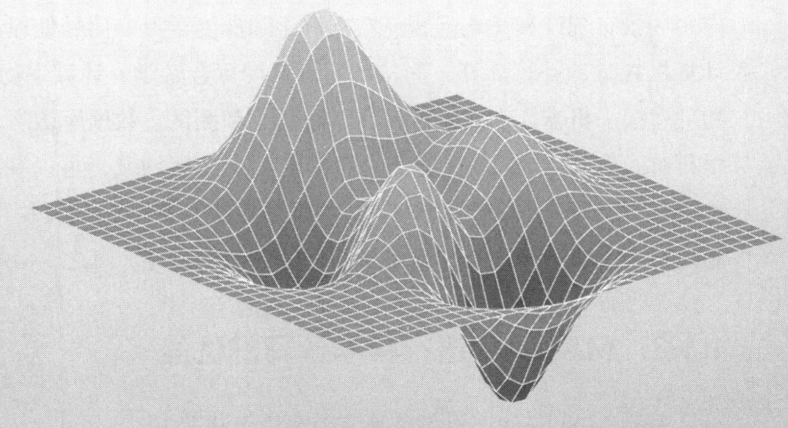

1.1 MATLAB 简介

本节首先对 MATLAB 的发展概况、应用场景进行简单介绍，分析其进行科学计算的优势，并介绍 MATLAB 帮助文档。

1.1.1 MATLAB 的发展概况

MATLAB 是由美国 MathWorks 公司推出的用于数值计算和图像处理的软件。最初，MATLAB 只应用于矩阵运算，随着其逐步市场化，功能也越来越强大。1984 年，在拉斯维加斯举行的 IEEE（电气与电子工程师学会）决策与控制会议（Conference on Decision and Control）上首次发布 PC-MATLAB。1985 年，发布了针对 UNIX 工作站的 Pro-MATLAB。1986 年发布的 MATLAB 2.0，在原来矩阵运算的基础上增加了控制系统工具箱。1993 年发布的 MATLAB 4.1 增加了符号运算功能，并开始应用 Simulink。2000 年发布了 MATLAB 桌面版。2004 年 MATLAB 增加了并行运算功能。2016 年 MATLAB R2016b 正式发布，从此 MathWorks 公司每年固定进行两次产品发布，以年份与字母 a 或 b 命名。2022 年 3 月 15 日 MathWorks 公司发布了 MATLAB R2022a。

1.1.2 MATLAB 的应用场景

本书以 MATLAB R2022a 为平台，介绍基于 MATLAB 的科学计算算法。MATLAB R2022a 的应用场景有统计和优化问题、数据科学和深度学习、信号处理和无线通信、控制系统、图像处理和计算机视觉、并行计算、测试和测量、计算金融学、计算生物学、应用程序部署、基于事件建模、物理建模、机器人和自主系统、实时仿真和测试、数据库访问、仿真图形、系统工程等方面，任何学科都可利用 MATLAB 进行学习研究。在控制领域，可以利用 MATLAB 的控制系统进行控制理论研究；在通信领域，MATLAB 的信号处理与无线通信模块可以进行对混合信号仿真、5G 通信、芯片设计、SoC 开发及智能信号处理等方面的研究。总之，MATLAB 的应用场景十分广泛。

1.1.3 MATLAB 进行科学计算的优势

基于 MATLAB 的科学计算主要有以下优势。

- MATLAB 语法简单，容易入门。
- MATLAB 具有强大的矩阵运算能力，符合科学计算需求。矩阵运算是 MATLAB 从诞生之初就有的功能，而科学计算中涉及大量矩阵运算内容，与其他编程语言相比，方便的矩阵运算是 MATLAB 进行科学计算的巨大优势。

- MATLAB 数据可视化能力强，容易理解。MATLAB 的绘图过程比其他编程语言容易很多，而且具有编辑图形界面的能力，使得科学计算的结果可以轻松可视化。
- MATLAB 符号运算能得到解析解。科学计算求得的结果一般为精度有限的数值解，利用 MATLAB 的符号运算功能求得解析解，将其与数值解比较，更能区别不同科学计算算法的优劣。
- MATLAB 集成了大量科学计算算法，便于进行科学计算与结果分析。例如，科学计算中常见的非线性方程求解问题、优化问题、插值问题等，可以利用 MATLAB 的 ode45 函数、fmincon 函数、interp1 函数求解。

1.1.4 MATLAB 的帮助文档

帮助文档是学习 MATLAB 的重要资料。对于 MATLAB 中的各个函数，通过帮助文档都可以得到相关资料。在 MATLAB 命令行窗口，通过 help、doc 、lookfor 等命令可以得到帮助信息。

1. help

利用 help 命令可以快速掌握 MATLAB 中任何函数的用法。在命令行窗口输入 help 和函数名，可以得到函数的帮助文档。例如，输入：

```
help rand
```

则会输出：

```
rand - 均匀分布的随机数
    此 MATLAB 函数返回一个在区间 (0,1) 内均匀分布的随机数。
    X = rand
    X = rand(n)
    X = rand(sz1,...,szN)
    X = rand(sz)
    X = rand(___,typename)
    X = rand(___,'like',p)
```

可以看到，使用 help 命令能够得到 rand 函数的基本介绍和调用格式。

2. doc

在命令行窗口输入 doc 和函数名，可以直接打开该函数的帮助文档页面，能够看到该函数的参数的详细介绍及应用示例。

3. lookfor

lookfor 命令可以在所有帮助条目中搜索关键字。例如，想得到所有和画图（plot）相关的命令，可以在命令行窗口输入：

```
lookfor plot
```

1.2 MATLAB 数据类型

MATLAB 支持的数据类型主要包括数值类型、逻辑类型、字符和字符串类型、元胞数组类型、结构体类型、函数句柄类型，下面分别进行简单介绍。

1.2.1 数值类型

MATLAB 中的数值类型分为整数（int8、int16、int32、int64、uint8、uint16、uint32、uint64）、单精度浮点数（single）和双精度浮点数（double）。不同数值类型的区别主要在于存储数据的字节数量。

其中，整数类型以 1 字节、2 字节、4 字节和 8 字节等形式来存储整数数据，再根据有无符号，共分为 8 类。例如，int8 表示以 1 字节存储的有符号 8 位整数，可以表示 $[-2^7,2^7-1]$ 范围内的整数；uint16 表示以 2 字节存储的无符号 16 位整数，可以表示 $[0,2^{16}-1]$ 范围内的整数。对于一个处于 $[-2^7,2^7-1]$ 范围内的整数变量，采用 int8 类型可以节省程序内存。

单精度浮点数类型的变量存储内存为 4 字节（32 位），双精度浮点数类型的变量存储内存为 8 字节（64 位）。

默认的数值类型是双精度浮点数类型（不可修改默认数值类型），在没有特殊定义时，MATLAB 对所有数值按照双精度浮点数类型进行存储与计算。

可以利用 whos 函数或 class 函数查看变量的数据类型。例如，在 MATLAB 中输入变量 x 为 3.14，查看其数据类型，代码如下：

```
x = 3.14
class(x)
```

得到结果为 double，即变量 x 的数据类型为默认的双精度浮点数类型。

不同数值类型之间可以进行相互转换，可以利用类型名直接修改变量的数值类型。例如，将双精度浮点数类型变量 x 转换为单精度浮点数，代码如下：

```
y = single(x)
```

得到的变量 y 即为单精度浮点数，相同数值的单精度浮点数比双精度浮点数占用内存更少。

对于常数 1024，分别采用有符号 8 位整数（int8）、单精度浮点数（single）、双精度浮点数（double）类型存储，并利用 whos 函数查看区别，代码如下：

```
x1 = int8(1024);
x2 = single(1024);
x3 = double(1024);
whos x1 x2 x3
```

得到的结果为：

```
Name      Size            Bytes  Class     Attributes
x1        1x1                 1  int8
x2        1x1                 4  single
x3        1x1                 8  double
```

Bytes 即为变量的存储字节数，可以看到，int8 类型的 x1 有 1 字节，single 类型的 x2 有 4 字节，double 类型的 x3 有 8 字节。

MATLAB 的数值类型除了可以表示实数外，还可以利用浮点数表示一些特殊数字，如复数、无穷大、0/0 等。复数是形式为 *a*+*b*i 的数，包括实数 *a* 与虚数 *b*i 两部分。在 MATLAB 中，使用 i 或 j 作为虚部标志来创建复数，也可以通过 complex 函数创建复数。

例如，对于复数 1+1j，在 MATLAB 的命令行中有以下三种创建方法：

```
1+1j
1+1i
complex(1,1)
```

利用 class 函数查看复数的数值类型，结果为 double，即双精度浮点数。此外，MATLAB 中关于复数的相关函数有：对复数 *z* 求实部的 real(z)，求虚部的 imag(z)，求共轭复数的 conj(z)。

在 MATLAB 中，无穷大用 Inf 表示，无穷小用 -Inf 表示。例如，在命令行窗口中输入 1/0，能够得到 Inf。此外，非数值量为 NaN。例如，在命令行窗口中输入 0/0，将会得到 NaN。

1.2.2 逻辑类型

逻辑类型变量是取值为 True（1）或 False（0）的变量，一般在分支结构（if-else）、循环结构（for、while）跳出循环时出现。对于真，输出为 1；对于假，输出为 0。和逻辑类型变量相关的操作符有关系操作符和逻辑运算符。

1. 关系操作符

与逻辑类型相关的关系操作符主要有：<（小于），<=（小于或等于），>（大于），>=（大于或等于），==（等于），~=（不等于）。例如，在命令行窗口输入“1>0”，其值为真，将会得到下面的结果：

```
logical
1
```

注意　关系操作符“= =”和赋值运算符“=”在 MATLAB 中有不同的作用。“= =”是关系操作符，用于判断两个变量是否相等，输出值为逻辑类型；“=”为赋值运算符，即对变量进行赋值。

在对变量进行赋值时，可使用“=”，如以下代码：

```
x = 1;
x = x + 1
```

输出结果为：

```
x = 2
```

当进行关系判断时，可以使用“==”。例如，判断变量 x 和 y 是否相等，代码如下：

```
x = 1
y = 2
x == y
```

输出结果为：

```
logical
0
```

即变量 x 和 y 的值不相等。

2. 逻辑运算符

逻辑运算符是多个逻辑类型变量进行运算的符号，有 &（与）、|（或）、~（非）。例如，判断随机数 x 是否位于区间 [0,0.5]，其逻辑表达式为“x 大于或等于 0”与“x 小于或等于 0.5”，代码如下：

```
x = 0.2;
x>=0 & x<=0.5
```

输出结果为：

```
logical
1
```

1.2.3 字符和字符串类型

字符（char）和字符串（string）是用于存储 MATLAB 中的文本的数据类型。在 MATLAB 中，字符变量用单引号生成并显示，字符串变量用双引号生成并显示，可以分别利用 char 函数和 string 函数对两者进行相互转换。

在很多需要用到字符串变量的函数中，如 disp、fprintf、fullfile 等函数，字符与字符串可以相互替换，不影响函数运行结果。例如，fprintf、disp 函数可以直接打印字符变量和字符串变量，即如下代码：

```
fprintf('hello world')
fprintf("hello world")
```

以上代码得到的输出相同。

但字符与字符串变量在数据维度、占用内存、处理函数等方面存在区别。例如，生成表达同一文本“hello world!”的字符变量 a 与字符串变量 b，并用 whos 函数查看，代码如下：

```
a = 'hello world!'
b = "hello world!"
whos a b
```

得到的输出结果如下：

```
  Name      Size          Bytes  Class     Attributes
  a         1x12             24  char
  b         1x1             166  string
```

可以看出，字符变量a、字符串变量b的Size不同，字符变量a可以看作12个字符组成的数组，而字符串是一个完整的变量，不能拆分。因此，字符变量可以直接索引，字符串不可以。对于字符变量 a，可以用索引 a(1) 返回 a 中第一个字符 h，而对于字符串 b，却不能通过 b(1) 返回第一个字符 h，它会直接返回 b 中所有文本。例如，当在命令行窗口输入如下代码：

```
a(1)
b(1)
```

得到的返回值分别如下：

```
'h'
"hello world!"
```

此外，字符和字符串变量在占用内存上也存在区别。字符变量小于字符串变量所占用的内存：在字符变量中，每个字符在内存中占用 2 字节，而字符串变量占用内存远大于字符变量，在处理大型文本数据时，字符变量有显著优势。

MATLAB 中有很多与字符、字符串相关的处理函数，其中最常用的为字符拼接。对于字符变量，如果要将多个字符变量拼接成为一个字符变量，可以通过 [] 直接操作。例如，对字符数组 'hello' 和 'world' 进行拼接，代码如下：

```
a = 'hello'
b = 'world'
c = [a,b]
```

得到的输出如下：

```
c = 'helloworld'
```

也可以通过代码 c=append(a,b) 或 c=strcat(a,b) 来实现。

对于字符串变量，使用 [] 进行操作并不能得到拼接之后的字符串。例如，输入以下代码：

```
a = "hello"
b = "world"
c = [a,b]
```

得到的输出结果如下：

```
c =
  1×2 string 数组
    "hello"    "world"
```

以上输出结果为一个字符串数组，而非拼接之后的字符串。对于字符串变量的拼接，只能通过 append(a,b) 函数或 strcat(a,b) 函数实现。

最后，由于经常使用 fprintf 函数打印字符变量或字符串变量，在此补充该函数的常用格式，代码如下：

```
fprintf('This is a test! x = %f%d\n', x)
```

在字符变量或字符串变量中增加一些特殊符号，可以使输出满足要求。例如，字符变量中的 %f 表示打印字符变量后的小数，%d 表示打印整数，\n 表示换行。当 x=[50,48] 时，上述 fprintf 函数的输出结果为：

```
This is a test! x = 50.000000   48
```

1.2.4 元胞数组类型

对于一个多维变量，如果变量由数值类型的变量组成，可以用数值数组表示，例如：

```
x = [1 2 3 4 5 6]
```

如果变量由字符串类型的变量组成，可以用字符串数组表示，例如：

```
x = ["hello", "world"]
```

如果变量由多种数据类型的元素组成（例如，变量的第一个元素是数值变量 1，第二个元素是字符串变量 "hello"，第三个变量是数值数组 [1 2 3]），则需要使用一种能存放任意元素的数组，即元胞（cell）数组。

元胞数组是 MATLAB 特有的一种数据类型，是数组的一种，可以存放任意数据类型的元素。元胞数组可以由花括号 {} 生成。例如，对于上文介绍的变量 x，可以表示为：

```
x = {1,"hello",[1 2 3]}
```

在 MATLAB 命令行窗口中输入上述代码后，得到结果为：

```
x =
  1×3 cell 数组
    {[1]}    {["hello"]}    {1×3 double}
```

元胞数组的索引分为两种：用圆括号 () 索引与用花括号 {} 索引。其中，用圆括号 () 索引得到的结果仍然为元胞数组。例如，对上述元胞数组变量 x 的第一个元素进行索引：

```
x(1)
```

得到的结果如下：

```
  1×1 cell 数组
    {[1]}
```

使用花括号 {} 进行索引，则会得到元胞数组的内部结果，例如：

```
x{1}
```

得到的结果为：

```
1
```

除了直接由花括号 {} 生成元胞数组外，还可以用 cell 函数首先生成空元胞数组，再利用花括

号 {} 对空元胞数组进行赋值。例如，创建一个 2×2 的元胞数组，分别存放一个随机矩阵、一个字符变量、一个函数句柄和一个空元胞数组，代码如下：

```
c = cell(2);
c{1,1} = rand(3);
c{1,2} = 'hello world';
c{2,1} = @cos;
c{2,2} = cell(2)
```

则输出结果为：

```
c =
  2×2 cell 数组
    {3×3 double}    {'hello world'}
    {      @cos}    {2×2 cell      }
```

此外，在给元胞数组元素赋值时，应使用花括号 {}。在查看元胞数组元素时，应使用圆括号 ()，得到的结果为内容说明：

```
c(1,1)
ans =
  1×1 cell 数组
    {3×3 double}
```

如果使用花括号 {} 查看元胞数组，则得到的结果为具体内容：

```
c{1,1}
ans =
    0.9595    0.8491    0.7577
    0.6557    0.9340    0.7431
    0.0357    0.6787    0.3922
```

1.2.5 结构体类型

MATLAB 的结构体和 C 语言中的结构体相似，可以将不同类型的变量存储在结构体的不同字段中。结构体变量与元胞数组变量相比，最显著的优势为可以直接通过字段访问数据。

例如，要保存某学校的学生信息，包括姓名、年龄、性别、高考分数，可以创建结构体 student，使其有 name、age、gender、score 四个字段，代码如下：

```
student = struct('name','Lin','age',18,'gender','female','score',99)
```

输出的结果为：

```
student =
  包含以下字段的 struct:
      name: 'Lin'
       age: 18
    gender: 'female'
     score: 99
```

该结构体共有四个字段，表示姓名 name 为 Lin，年龄 age 为 18，性别 gender 为 female，分数 score 为 99 的变量。

结构体和数组不同，不是通过索引 1、2、3、4 等序号来访问数据，而是通过字段进行访问。例如，下面是结构体的访问代码：

```
student.name
```

以上代码可以返回该结构体变量 name 字段下的变量：

```
'Lin'
```

结构体的生成也可以不使用 struct 命令，直接在命令行窗口进行输入即可，代码如下：

```
student.name = 'Lin'
student.age = 18
student.gender = 'female'
student.score = 99
```

此外，读者也可在命令行窗口输入 doc struct 查看更多与结构体相关的内容。

1.2.6 函数句柄类型

函数句柄是间接调用函数的变量，可以将函数传递给另外一个函数。创建一个计算数值平方的函数句柄 f，则代码为：

```
f = @(x)x^2
```

上述直接利用 @(x) 形式生成的函数被称为匿名函数，变量 f 的类型即为函数句柄类型。函数句柄除了可以表示匿名函数外，还可以调用函数。在 MATLAB 中，函数通常需要存储在与函数名相同的 M 文件中。例如，可以通过函数实现 $f(x,y)=x^2+y^2$ 的定义，代码如下：

```
function f = fun(x,y)
f = x^2 + y^2;
end
```

将这三行代码保存在名为 fun.m 的文件中，即完成了函数的定义。在命令行窗口中输入 fun(1,1)，即可计算 $f(1,1)$ 。

上述介绍的函数定义方法中，函数只能保存在单独的 M 文件中，每增加一个新函数，就需要增加一个 M 文件，对于比较简单的函数来说，这种函数定义方法过于烦琐。

使用函数句柄则可以解决这一问题，在主函数 M 文件中定义子函数，并通过“@ 函数名”的方式进行调用。例如，主函数代码如下：

```
x=1;
y=1;
f1 = @fun1;
f2 = @fun2;
Y = f1(x,y) + f2(x,y)
```

```
function f = fun1(x,y)
f = x^2 + y^2;
end

function g = fun2(x,y)
g = exp(x+y);
end
```

在上述代码中，f1 与 f2 为函数句柄变量。

1.3 MATLAB 基本元素

前面介绍了 MATLAB 中常用的数据类型，本节介绍 MATLAB 编码的基本元素：变量、脚本和函数，以及它们之间的关系。

1.3.1 变量

MATLAB 的变量有多种数据类型，在前面已详细介绍。MATLAB 变量不需要预先声明，但变量命名需要遵循以下规则。

- 不能和 MATLAB 已有的函数名、关键字相同，如不能使用 if 作为变量名。
- 变量必须以字母开头，可以由字母、下划线、数字组成。
- 变量对大小写敏感，因此 x 和 X 是两个不同的变量。

MATLAB 将变量分为局部变量、全局变量、永久变量、特殊变量，其使用情况如下。

- 局部变量：函数中被定义的变量，随着函数计算结束，局部变量会随之删除，不会保存在内存中。
- 全局变量：一般通过 global X 进行声明，可以得到全局变量 X，在函数和脚本中通用。
- 永久变量：一般通过 persistent X 进行声明，只能在声明该变量的函数中存取，当该函数退出时，不会被删除。
- 特殊变量：MATLAB 默认的一些表示特殊数值的变量。例如，pi 表示圆周率，eps 表示机器零阈值，nargin 表示函数的输入参数个数。

1.3.2 脚本和函数

MATLAB 有两种程序文件，分别称为脚本（script）和函数（function）。脚本不接受输入参数和返回参数，处理的是工作区的变量。函数可以接受输入参数，并返回输出参数，处理的是函数的内部变量（也称为局部变量）。

1. 脚本

脚本为包含一系列 MATLAB 代码的 M 文件，脚本中的代码也可以直接在 MATLAB 的命令行窗口中运行。对于调用自定义函数的代码，脚本一般即为任务的主函数 / 主程序。对于简单的不需要调用函数的任务，可以直接用脚本进行处理。

在以下两种情况下，可以直接运行脚本。

- 当前文件夹为脚本文件存储位置。
- 脚本存储的位置路径已经被添加到 MATLAB 搜索路径中。

在 MATLAB 中，如果运行不在当前文件夹和搜索路径中的脚本，会出现“在当前文件夹或 MATLAB 搜索路径中未找到文件”的提示，可以更改文件夹。

2. 函数

函数是一组执行某一任务的 MATLAB 命令的集合。对于实现某一固定功能且会被多次运行的代码，将其封装成函数形式，可以提高其代码可读性。本书的各类科学计算算法，如求解线性方程组的高斯消去法、求解非线性方程的牛顿迭代法等都是通过函数来实现的。函数的定义格式如下：

```
function [输出参数1,输出参数2] = 函数名(输入参数1,输入参数2)
...
end
```

函数定义之后，应该存储在与函数名相同的 M 文件中。对于以下两种情况，可以调用自定义函数。

- 当前文件夹为函数 M 文件存储位置。
- 将函数存储的位置路径添加到 MATLAB 搜索路径中。具体操作方式为：在 MATLAB 窗口中的菜单栏中选择“主页”→“设置路径”命令，在弹出的窗口中选择要添加的文件夹，添加之后进行保存。

此外，还可以通过函数句柄的方式调用函数，具体见 1.2.6 节。

对于简单的、能够用一行命令表示的函数，可以不使用 M 文件，而通过匿名函数的形式表示。例如，$f(x,y)=x^2+y^2$ 可以直接表示为：

```
f = @(x,y)x^2+y^2;
```

1.4 MATLAB 基本矩阵操作

MATLAB 是 matrix laboratory（矩阵实验室）的缩写，与其他编程语言相比，其主要优势在于能够进行矩阵计算。因此，矩阵操作是 MATLAB 的核心。本节主要介绍 MATLAB 的基本矩阵操作，包括矩阵的构造和基本运算等。

1.4.1 矩阵的构造

矩阵通常是指进行线性代数运算的二维数值数组。创建矩阵主要有以下几种方法。

1. 直接赋值

一般矩阵可以通过 [] 直接赋值生成。对于一个 n 行 m 列的矩阵，行内元素用空格或逗号隔开，行与行之间用分号隔开。例如，创建一个 3 行 3 列的如下矩阵：

$$\begin{bmatrix} 1 & 3 & 5 \\ 2 & 4 & 6 \\ 7 & 8 & 10 \end{bmatrix}$$

其代码可以表示为：

```
a = [1 3 5; 2 4 6; 7 8 10]
```

或

```
a = [1,3,5; 2,4,6; 7,8,10]
```

2. 生成矩阵命令

MATLAB 中矩阵的创建除了可以直接赋值，对于特殊形式的矩阵，还可以有对应的构造函数，常用的有 eye()、ones()、zeros()、rand()。一般调用格式为：

```
ones(n)
ones(n,m)
```

其中，n 和 m 为生成矩阵的维度。

eye() 函数可以生成对角元素为 1、非对角元素为 0 的方阵。例如，在命令行窗口输入 eye(3)，则输出为：

```
ans =
     1     0     0
     0     1     0
     0     0     1
```

ones() 函数可以生成全 1 矩阵，例如，在命令行窗口输入 ones(2,3)，则输出为：

```
ans =
     1     1     1
     1     1     1
```

zeros() 函数可以生成全 0 矩阵，如 zeros(3) 可以生成一个 3 行 3 列的全 0 矩阵。rand() 函数可以生成 0 ~ 1 均匀分布的随机数矩阵。

3. 一维矩阵（数组）的构造

对于递增的一维矩阵，可以利用冒号生成。例如，在区间 [*a*,*b*] 上每隔 *h* 取一个数值，代码如下：

```
x = a:h:b
```

再如，生成一维数组 x=[0,0.2,0.4,0.6,0.8,1.0] 的代码为：

```
x = 0:0.2:1.0
```

在区间 [*a*,*b*] 生成 *n* 个等距点，则代码如下：

```
x = linspace(a,b,n)
```

4. 稀疏矩阵的构造

MATLAB 还有一类特殊的矩阵，矩阵中数值为 0 的元素远远多于非 0 元素的数目，且非 0 元素的分布没有规律，这类矩阵被称为稀疏矩阵。

如果矩阵包含许多 0，将这类矩阵转换为稀疏矩阵存储可以节省内存。通过 sparse() 函数可以将普通矩阵转换为稀疏矩阵，也可以通过 full() 函数将稀疏矩阵转换为普通矩阵。下面定义一个 3 行 3 列的全 0 矩阵，并将第 2 行第 1 列的元素设为 1，然后将这个矩阵转换为稀疏矩阵：

```
A = zeros(3);
A(2,1) = 1
B = sparse(A)
```

输出结果为：

```
A =
     0     0     0
     1     0     0
     0     0     0
B =
   (2,1)        1
```

1.4.2 矩阵的基本运算

1. 矩阵基本信息与索引

矩阵的基本信息包括矩阵长度与维度。可以通过 length(x) 函数得到矩阵长度，通过 size(x) 函数得到矩阵维数。例如，通过 size(ones(3,2)) 可以得到矩阵的维度 (3,2)。此外，通过 reshape() 函数，还可以改变矩阵维度。

对矩阵 ***A*** 的某一元素进行索引，通过代码 A(i,j) 可以得到第 *i* 行第 *j* 列的元素。

对矩阵 ***A*** 的第 *i* 行进行索引的代码为 A(i,:)，同理，对矩阵 ***A*** 的第 *j* 列进行索引的代码为 A(:,j)，冒号代表该行或列的全部元素。

对矩阵的某一区域元素进行索引，如代码 A(2:3,2:4)，表示对矩阵 ***A*** 的第 2、3 行的第 2 ~ 4 列元素进行索引。

2. 矩阵算术运算

对矩阵进行加（+）、减（-）、乘（.*）、除（./）运算，相当于对矩阵中的每一个对应位置的元素进行操作。例如，对两个矩阵进行加法运算，代码如下：

```
a = [1 3 5; 2 4 6; 7 8 10];
b = ones(3);
a+b
```

输出的结果如下：

```
ans =
     2     4     6
     3     5     7
     8     9    11
```

对于维数相同的矩阵 ***A***、***B***，***A***+***B*** 与 ***A***-***B*** 都是对矩阵中对应位置元素逐一进行加减操作。要对矩阵 ***A***、***B*** 进行逐个元素的乘除，需要用到运算符“.*”与“./”，这两个运算符分别称为点乘与点除。其中，点乘操作的示例如下：

```
a = [1 3 5; 2 4 6; 7 8 10];
b = [1 2 3;4 1 2;1 1 1];
a.*b
```

输出结果为：

```
ans =
     1     6    15
     8     4    12
     7     8    10
```

3. 矩阵合并与行列的删除

科学计算过程中会涉及矩阵合并计算，行或列相同的矩阵可以进行合并。在 MATLAB 中，通过 [] 可以将两个存在某一相同维度的矩阵合并起来。MATLAB 提供了两种合并矩阵的方式（[a,b] 和 [a;b]），来分别完成矩阵按行合并和矩阵按列合并。用这两种方式对矩阵进行合并的示例代码如下：

```
a = [1 3 5; 2 4 6; 7 8 10];
b = [1 2 3;4 1 2;1 1 1];
c = [a,b]  % a与b之间为逗号
d = [a;b]  % a与b之间为分号
```

输出结果为：

```
c =
     1     3     5     1     2     3
     2     4     6     4     1     2
     7     8    10     1     1     1
d =
```

```
    1     3     5
    2     4     6
    7     8    10
    1     2     3
    4     1     2
    1     1     1
```

其中，代码中的逗号表示将行数相同的矩阵按照列拼接，增加新矩阵的列数；分号表示将列数相同的矩阵按照行拼接，增加新矩阵的行数。

而如果要删除矩阵的某一行或者某一列，只要将其赋值为 [] 就可以。例如，要删除矩阵 ***a*** 的第一行，则代码如下：

```
a = [1 3 5; 2 4 6; 7 8 10];
a(1,:) = []
```

输出结果为：

```
a =
     2     4     6
     7     8    10
```

1.4.3 MATLAB 中 * 与 .* 的区别

在矩阵操作中，既有逐个元素的运算，又有矩阵运算。例如，两个矩阵的相乘运算如下：

$$\begin{bmatrix}1 & 2\\3 & 4\end{bmatrix}\begin{bmatrix}1 & 2\\2 & 1\end{bmatrix}=\begin{bmatrix}1\times1+2\times2 & 1\times2+2\times1\\3\times1+4\times2 & 3\times2+4\times1\end{bmatrix}=\begin{bmatrix}5 & 4\\11 & 10\end{bmatrix}$$

那么，矩阵元素怎么进行相乘运算呢？在 MATLAB 中，运算符“*”表示矩阵相乘；在“*”前面加“.”，即“.*”，则表示逐个元素相乘。例如，对 ***A*** 和 ***B*** 两个矩阵分别进行“*”和“.*”运算，代码如下：

```
A = [1 2;3 4];
B = [1 2;2 1];
C = A*B
D = A.*B
```

运算结果为

```
C =
     5     4
    11    10
D =
     1     4
     6     4
```

值得注意的是：在进行“.*”操作时，矩阵维数应该相同；在进行“*”操作时，左矩阵的列数应该等于右矩阵的行数。

矩阵点除（./）也为逐个元素操作。此外，矩阵除法还分为左除（\）和右除（/），说明如下。

- 左除：\（向左倒称为左除），若 ***AB***=***C***，则 ***B***=***A******C***，***A******C***=inv(***A***)****C***。
- 右除：/（向右倒称为右除），若 ***AB***=***C***，则 ***A***=***C***/***B***，***C***/***B***=***C****inv(***B***)。

1.5 MATLAB 符号运算

符号运算也是 MATLAB 中的重要功能，该功能不是基于矩阵的数值分析，而是通过字符进行符号分析和运算。在科学计算中，存在涉及未知量 x、y 等字符表示的计算式，MATLAB 将其命名为符号运算。

1.5.1 符号

在符号运算中，涉及的对象有符号常量、符号变量、符号函数、符号方程。

1. 符号常量

符号常量即用一个符号表示某一个常数。例如，可以在 MATLAB 中用符号 g 表示重力加速度 9.8 m/s^2。

符号常量可以通过 sym() 函数进行创建。例如，要想得到表示常数 1/4 的符号常量 a，可以在命令行窗口输入如下代码：

```
a = sym(1/4)
```

在定义符号常量时，还可以指定符号常量的数值类型，代码如下：

```
a = sym(1/4,'f')
b = sym(1/4,'d')
```

其中，第一行代码中字符常量 a 为用十六进制浮点数表示的 1/4，第二行代码中 b 为用最接近的十进制浮点数表示的 1/4。输出结果为：

```
a = 1/4
b = 0.25
```

2. 符号变量

符号变量即用一个符号表示某一个变量，符号变量也可以使用 sym 函数创建。例如：

```
x = sym('x')
```

符号变量还可以用来表示矩阵。例如，生成 3×2 维的符号矩阵 ***A***，代码如下：

```
A = sym('a',[3 2])
```

输出结果为：

```
A =
[a1_1, a1_2]
[a2_1, a2_2]
[a3_1, a3_2]
```

此外，符号变量除了可以用 sym 函数直接创建，还可以通过 syms 函数批量创建。例如，批量创建符号变量 a、b、c、d、x 的代码为：

```
syms a b c d x
```

用符号变量表示矩阵，还可以直接表示，例如：

```
syms x y
a = [1 x;x*y x]
```

输出为：

```
a =
[  1, x]
[x*y, x]
```

3. 符号函数

有了符号变量之后，可以利用符号变量构成符号函数，例如函数 $f(x,y)=x^2+y^2+xy$ 可以表示为：

```
syms x y
f = x^2 + y^2 + x*y
```

定义符号函数之后，可以通过 fplot 函数将其可视。例如，对于如下函数：

$$f(x)=x+10\sin(5x)+7\cos(4x)$$

其中，$0\leqslant x\leqslant 10$。利用 fplot 函数可视化 $f(x)$ 的代码如下：

```
syms x
f = x + 10*sin(5*x)+7*cos(4*x)
fplot(f,[0 10],'k')
title(char(f))
```

输出的结果如图 1.1 所示。

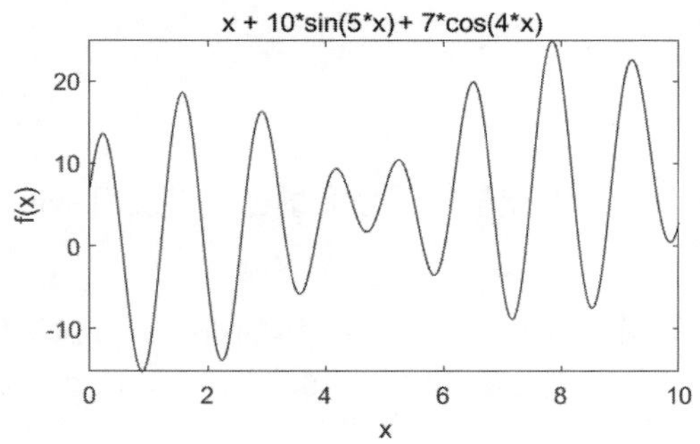

图1.1　fplot函数绘图示例

4. 符号方程

符号方程的创建方法和符号函数相同，在 MATLAB 的方程中，用 == 表示等号。例如，方程 $x^2+y^2=1$ 可以表示为：

```
syms x y
f = x^2 + y^2 == 1
```

1.5.2 符号矩阵计算

符号矩阵是由符号变量组成的矩阵。例如，创建一个元素用字符变量 a 表示的 2 行 3 列符号矩阵的代码为：

```
sym('a',[2,3])
```

可以得到符号矩阵：

```
[a1_1, a1_2, a1_3]
[a2_1, a2_2, a2_3]
```

符号矩阵之间的计算和普通数值矩阵计算相同，都可进行矩阵相乘（*）和逐个元素相乘（.*）两种运算。下面展示两种运算的区别，进而区分两种运算过程。例如，对矩阵 ***A*** 和 ***B*** 进行“*”与“.*”运算，过程如下。

（1）创建 2 行 2 列的符号矩阵 ***A*** 和 ***B***，代码如下：

```
A = sym('a',[2 2])
B = sym('b',[2 2])
```

输出为：

```
A =
[a1_1, a1_2]
[a2_1, a2_2]
B =
[b1_1, b1_2]
[b2_1, b2_2]
```

（2）符号矩阵 ***A*** 和 ***B*** 进行矩阵相乘，得到符号矩阵 ***C***，代码与结果为：

```
C = A*B
C =
[a1_1*b1_1 + a1_2*b2_1, a1_1*b1_2 + a1_2*b2_2]
[a2_1*b1_1 + a2_2*b2_1, a2_1*b1_2 + a2_2*b2_2]
```

（3）符号矩阵 ***A*** 和 ***B*** 进行逐个元素相乘，得到符号矩阵 ***D***，代码与结果为：

```
D = A.*B
D =
[a1_1*b1_1, a1_2*b1_2]
[a2_1*b2_1, a2_2*b2_2]
```

通过将矩阵相乘所得结果 ***C*** 和逐个元素相乘所得结果 ***D*** 进行比较，可以看出，“*”与“.*”是两种完全不同的运算，“*”实现的是线性代数中的矩阵相乘。

1.5.3 符号表达式的化简

符号函数和符号方程都属于符号表达式，区别在于符号函数没有等号，符号方程带等号。此外，符号多项式是一种特殊形式的符号函数。在符号表达式的显示过程中，可以通过 MATLAB 对其进行化简、展开等操作，涉及的具体函数如下。

1. 显示函数 pretty

pretty 函数可以使得符号表达式更简洁，符合一般数学表达习惯。例如，pretty 函数可以将原函数 $(x+2)(x+1)(x+2)$ 显示为 $(x+1)(x+2)^2$，代码如下：

```
syms x
f = (x+2)*(x+1)*(x+2)
g = pretty(f)
```

输出结果为：

```
f =
(x + 1)*(x + 2)^2
g=
                2
(x + 1) (x + 2)
```

2. 合并同类项函数 collect

collect 函数可以使得符号表达式中具有相同次幂的项进行合并。例如，将表达式 $f(x)=(x+2)(x+1)(x+2)$ 中同次幂的项进行合并，可得到 $g(x)=x^3+5x^2+8x+4$，代码如下：

```
syms x
f = (x+2)*(x+1)*(x+2)
g = collect(f)
```

输出结果为：

```
g =
x^3 + 5*x^2 + 8*x + 4
```

3. 展开函数 expand

expand 函数可以将表达式中的各项展开。例如，将符号表达式 $f(x)=\mathrm{e}^{(x+y)^2}$ 展开为 $f(x)=\mathrm{e}^{x^2}\mathrm{e}^{y^2}\mathrm{e}^{2xy}$，代码为：

```
syms x y
f = exp((x+y)^2)
g = expand(f)
```

输出结果为：

```
f =
```

```
exp((x + y)^2)
g=
exp(x^2)*exp(y^2)*exp(2*x*y)
```

4. 嵌套函数 horner

horner 函数可以将符号多项式表示为其嵌套形式。例如，将$f(x)=x^3+5x^2+8x+4$表示为嵌套形式$f(x)=x(x(x+5)+8)+4$，则代码如下：

```
syms x
f = x^3 + 5*x^2 + 8*x + 4
g = horner(f)
```

输出结果为：

```
g = x*(x*(x + 5) + 8) + 4
```

5. 因式分解函数 factor

factor 函数可以对符号多项式进行因式分解。例如，对符号多项式x^3+5x^2+8x+4进行因式分解，代码为：

```
syms x
f = x^3 + 5*x^2 + 8*x + 4
g = factor(f)
```

输出结果为：

```
g =
[x + 1, x + 2, x + 2]
```

6. 化简函数 simplify

simplify 函数可以对符号表达式化简。例如，对符号表达式$(x^3-1)/(x-1)$进行化简，代码如下：

```
syms x
f = (x^3-1)/(x-1)
g = simplify(f)
```

输出化简结果如下：

```
f =
(x^3 - 1)/(x - 1)
g =
x^2 + x + 1
```

1.5.4 符号表达式的替换

MATLAB 提供的 subs 函数可以对符号表达式中的符号变量进行替换，主要有以下几种调用方式：

```
g = subs(f)              % 用工作区中的变量值代替符号表达式f中的值
g = subs(f,new)          % 用新的符号变量new代替f中旧的符号变量
g = subs(f,old,new)      % 用新的符号变量new代替f中旧的符号变量old
```

利用符号表达式的替换功能，可以将符号函数$f(x)$中的符号变量x替换为某一具体数值，从而得到符号函数$f(x)$的函数值。例如，计算函数$f(x)=(x^3-1)/(x-1)$在$x=2$处的函数值，代码为：

```
syms x
f = (x^3-1)/(x-1)
f = subs(f,2)
```

输出结果为 f=7，即可以计算得到$f(x)=(x^3-1)/(x-1)$在$x=2$处的函数值为 7。

1.5.5　符号表达式的微积分

MATLAB 可以对符号表达式进行求极限、微分、积分计算。

1. 符号表达式的极限

在 MATLAB 中，用 limit 函数可以求函数$f(x)$在x趋向于a时的极限$\lim\limits_{x\to a}f(x)$。例如，求x趋向于 0 时函数$f(x)=\sin(x)/x$的极限$\lim\limits_{x\to 0}\sin(x)/x$，计算代码如下：

```
syms x;
f = sin(x)/x;
a = 0;
limit(f,x,a)
```

得到$\lim\limits_{x\to 0}\sin(x)/x=1$。

2. 符号表达式的微分

在 MATLAB 中，用 diff 函数可以进行微分运算，调用格式为：

```
diff(f,x)          % 对符号表达式f求关于x的一阶导数
diff(f,x,n)        % 对符号表达式f求关于x的n阶导数
```

3. 符号表达式的积分

在 MATLAB 中，用 int 函数可以进行积分运算，调用格式为：

```
int(f,x)           % 对符号表达式f求关于x的不定积分
int(f,a,b)         % 对符号表达式f求从a到b的定积分值
```

1.5.6　符号方程的求解

1. 使用 solve 函数求解符号方程

在 MATLAB 中，使用 solve 函数可以求解符号方程。例如，求解$x^2+2x+1=0$的代码如下：

```
syms x
f = x^2 + 2*x + 1 == 0
solve(f,x)
```

得到的结果为：

```
ans =
-1
-1
```

即方程 $x^2+2x+1=0$ 的两个解均为 -1。

如果求解方程组，则可以利用 solve 函数和 subs 函数。例如，求解如下线性方程组：

$$\begin{cases} 2x+y+1=0 \\ 2y+x=0 \end{cases}$$

首先将第一个符号方程 $2x+y+1=0$ 中的符号变量 y 视为已知量，利用 solve 函数得到符号变量 x 的表达式 $x=-(y+1)/2$，然后利用 subs 函数将 $x=-(y+1)/2$ 代入第二个符号方程 $2y+x=0$ 中，消掉第二个符号方程中的 x，得到只有符号变量 y 的符号方程 $2y-(y+1)/2=0$，利用 solve 函数求解这一方程，得到符号变量 y 的值，再利用 subs 函数将其带入 $x=-(y+1)/2$，得到符号变量 x 的值，代码如下：

```
syms x y
f1 = 2*x+y+1
f2 = 2*y +x
fx = solve(f1,x)    % 利用f1求解x的表达式，即将x用y表示
fy = subs(f2,fx)   % 将用y表示的x代入f2，得到只有y的符号方程
y = solve(fy)      % 求解上式，得到y
x = subs(fx,y)     % 代入y得到x
```

得到的结果为：

```
f1 = 2*x + y + 1
f2 = x + 2*y
fx = - y/2 - 1/2
fy = (3*y)/2 - 1/2
y = 1/3
x = -2/3
```

通过 solve 函数和 subs 函数求出方程组的解为：

$$\begin{cases} x=-\dfrac{2}{3} \\ y=\dfrac{1}{3} \end{cases}$$

也可以不使用 subs 函数，直接通过 solve 函数求解方程组，代码如下：

```
syms x y
f1 = 2*x+y+1
f2 = 2*y +x
[x,y] = solve([f1,f2],[x,y])
```

2. 使用 dsolve 函数求解常微分方程

如果求解常微分方程的符号解，可以使用 dsolve 函数。由于涉及符号解，因此在用 dsolve 函

数求解之前，需要先用 diff 函数将常微分方程表示为符号方程。对于如下常微分方程：

$$a\frac{\mathrm{d}x}{\mathrm{d}t}+bx=0$$
$$x(0)=3$$

在 MATLAB 中可以表示为

```
syms x(t) a b
f = a*diff(x,t,1)+ b*x == 0
```

边界条件 $x(0)=3$ 表示为：

```
cond = x(0)==3
```

利用 dsolve 函数的求解命令为：

```
x = dsolve(f,cond)
```

输出结果为：

```
x = 3*exp(-(b*t)/a)
```

即该常微分方程的解为 $x(t)=3\mathrm{e}^{-\frac{bt}{a}}$。

1.6 MATLAB 代码结构

基于 MATLAB 的编程与其他编程语言相同，也有顺序结构、分支结构和循环结构。其中，分支结构可以通过 if-else-end 或 switch-case 语句实现，循环结构可以通过 for-end 或 while-end 语句实现。

1.6.1 顺序结构

在 MATLAB 编程中，顺序结构是程序运算中最简单的一种结构。在顺序结构中，代码按照编写顺序运行。常见的输入、计算、输出就是顺序结构的一种。

顺序结构没有关键词，按照顺序编写相应代码即可实现。例如，在 MATALB 中，通过顺序结构可以实现自变量 x 的输入，并计算 sin(x)，然后进行输出，代码如下：

```
x = input('');
y = sin(x);
print(y);
```

1.6.2 分支结构

分支结构一般与条件判断相关，主要有以下两种实现方法。

1. if-else-end

利用 if、else、elseif、end 关键词，可以实现分支结构。例如，对函数

$$f(x)=\begin{cases}0 & x<0\\ x & 0\leqslant x<1\\ x^2 & x\geqslant 1\end{cases}$$

进行求解运算，代码如下：

```
if x < 0
    f = 0;
elseif x<1
    f = x;
else
    f = x^2
end
```

值得注意的是，MATLAB 实现分支结构时，以关键词 end 结尾。if-else-end 也可以多层嵌套，例如，通过两层分支结构嵌套实现 $f(x)$ 求解的代码如下：

```
if x < 0
    f = 0;
else
    if  x<1
        f = x;
    else
        f = x^2
    end
end
```

2. switch-case

switch 是一种特殊的分支结构，根据某一值执行不同的命令。例如，下面公式中变量 n 控制函数的输出：

$$f(x)=\begin{cases}-x & n=0\\ x & n=1\\ x^2 & n=2\end{cases}$$

通过 if 语句可以实现上述 $f(x)$ 的运算，通过 switch 语句也可以实现其运算，具体代码如下：

```
switch n
    case 0
        f = -x;
    case 1
        f = x;
    case 2
        f = x^2;
end
```

1.6.3 循环结构

在 MATLAB 中，程序的循环结构主要有以下两种实现方式。

1. for-end

程序的循环结构可以通过 for 循环实现，一般循环 N 次的代码如下：

```
for i = 1:N
        循环主体内容
end
```

例如，通过 for 循环可以求数字 1 ~ 50 之和，则代码如下：

```
s = 0;
for i = 1:50
      s = s + i;
end
```

2. while-end

循环结构中的关键字 while 之后为判断条件，当 while 之后的条件满足，则继续循环。例如，同样计算数字 1 ~ 50 之和，while 循环将通过判断 i 是否小于等于 50 进行循环，代码如下：

```
i = 1;
s = 0;
while i <= 50
s = s + i;
i = i + 1;
end
```

此外，循环中还可以插入关键字 break 和 continue，两种循环都可以通过 break 跳出。循环中 continue 的功能是跳过本次循环，继续下一次循环。

本章为 MATLAB 编程基础，首先介绍了 MATLAB 进行科学计算的优势及常用的 MATLAB 帮助文档，然后介绍了 MATLAB 数据类型、MATLAB 基本元素、MATLAB 基本矩阵操作、MATLAB 符号运算、MATLAB 代码结构等。

对于有一定 MATLAB 基础的读者，可简单浏览本章，对于未接触过 MATLAB 的读者，需结合 MATLAB 帮助文档仔细阅读本章，以掌握 MATLAB 编程基础。

第 2 章

MATLAB 数据可视化

MATLAB 有很强的数据可视化能力，可以将数据表示为各种类型的图像，形象化地展示数据的具体含义。本章主要涉及的知识点如下。

- **MATLAB 图窗管理：**了解 MATLAB 的图窗，掌握图形绘制的基本概念。
- **二维图形绘制：**理解并应用不同类型的二维图形绘制。
- **三维图形绘制：**理解并应用不同类型的三维图形绘制。

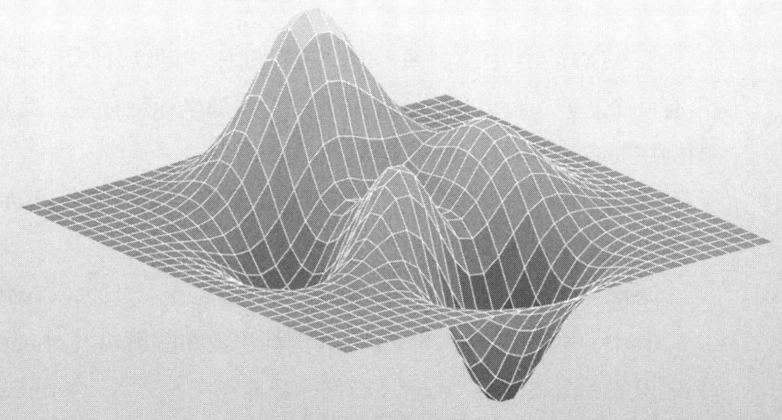

2.1 MATLAB 图窗管理

在 MATLAB 中，图窗的含义类似于画布，在同一图窗上画图，相当于在同一画布上画图。MATLAB 可以同时处理多个图窗，因此，在 MATLAB 绘图时，需要进行图窗管理。

2.1.1 新建图窗

在 MATLAB 绘图之前，可以通过 figure 函数新建图窗。在命令行窗口输入 figure 命令，将会弹出空白图窗。

图窗大小与位置的默认参数为 [232,246,560,420] 像素值，前两位表示图窗左下角位于桌面 [232,246] 像素值处，后两位表示图窗长与宽分别为 560 与 420 像素值。通过 set 命令可以控制图窗的大小与位置，如将图窗 h 的大小调整为 [400,350] 像素值，并将图窗左下角显示在桌面的 [100,100] 像素值处，代码如下：

```
h = figure;
set(h,'position',[100 100 400 350])
```

通过 figure 命令，可以打开多个图窗。使用 close all 命令可以关闭当前打开的所有图窗，使用 close name 命令可以删除具有指定名称的图窗。

2.1.2 设置坐标轴、标题、图例、文字标记

在 MATLAB 中绘制图形时，坐标轴标签可以分别用 xlabel、ylabel 函数添加。在三维图形中，还有一个 *z* 轴，可以用 zlabel 函数对其添加坐标轴标签。此外，图形的标题可以用 title 函数添加，图例用 legend 函数添加。

MATLAB 中图例默认的位置在 NorthEast，即图例显示在右上方。为了方便显示，图例位置可以调整，使用方法为：

```
legend('字符串1','字符串2','字符串3' ,...,'location','位置')
```

其中，'位置' 包括：'North'（图例标识放在图顶端）；'South'（图例标识放在图底端）；'East'（图例标识放在图右方）；'West'（图例标识放在图左方）；'NorthEast' [图例标识放在图右上方（默认）]；'NorthWest'（图例标识放在图左上方）；'SouthEast'（图例标识放在图右下角）；'SouthWest'（图例标识放在图左下角）；'Best'（图标标识放在图框内不与图冲突的最佳位置）。

此外，在上述诸如 'North' 等 ' 位置 ' 字符后加上 'Outside'，即可将图例显示在图框外。例如，legend('f(x)', 'location', "NorthOutside') 表示将图例放在图框外坐标区的上方。

对于所绘图形，还可以使用 text 函数添加文字标记，绘图时在特定位置添加文字标记，能够使图像更易理解。例如，在图中坐标为 (x,y) 处写内容“极大值点”，调用格式为：

```
text(x,y,'极大值点')
```

2.1.3 图形保留

利用 plot 等绘图函数在某一图窗上多次绘图时，只会显示最后的绘图结果，而不保留之前的绘图结果。如果需要同时显示多个 plot 函数绘制结果，可以使用代码 hold on 进行设置。

在同一图窗绘制两条曲线，分别为 $y=x$ 和 $y=x^2$ 在 $0\leqslant x\leqslant 2$ 上的函数曲线，如代码 2-1 所示，曲线图形如图 2.1 所示。

代码2-1

保持当前图形不变

```
h = figure;
set(h,'position',[100 100 400 240]);    % 控制图窗位置和大小
x = 0:0.1:2;
y1 = x;
y2 = x.^2;
plot(x,y1,'k-','linewidth',2)           % 绘制y=x
hold on
plot(x,y2,'k--','linewidth',2)          % 绘制y=x^2
xlabel('x')
ylabel('y')
legend('y=x','y=x^2','location','best')
title('y=x   y=x^2')
saveas(gcf,'fig/fig2_1.bmp')
```

在绘制两条曲线前，首先需要生成相应的曲线数据。在上述代码中，变量 x 为 $0\leqslant x\leqslant 2$ 内的 1×21 维数据，y1 为 $y=x$ 的纵坐标数据，y2 为 $y=x^2$ 的纵坐标数据。

生成数据后开始绘制函数曲线。其中 plot 函数为绘图函数，在图 2.1 的绘制过程中，先使用 plot 函数绘制了线宽为 2 的黑色实线 $y=x$，然后使用 hold on 命令保持当前绘制图形不变，又使用 plot 函数绘制了线宽为 2 的黑色虚线 $y=x^2$；xlabel、ylabel、legend、title 等函数也应用在其中，即添加了坐标轴标签、图例、标题。此外，在上述代码中，图像保存命令为 saveas，gcf 为当前图形，'fig/fig2_1.bmp' 为图像的存储路径与名字。saveas(gcf,'fig/fig2_1.bmp') 表示将当前图像保存在文件 fig 下，图像文件名为 fig2_1.bmp。

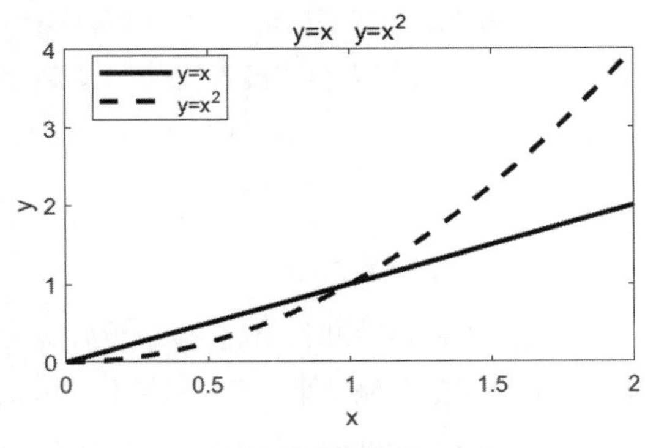

图2.1 保持当前图形不变

此外，可以通过代码 hold off 将保留状态设置为 off，使得绘图时只会显示最后的绘图结果，不保留之前的绘图结果。在代码 2-1 中，如果将 hold on 改为 hold off，则只会显示最后绘制的线宽为 2 的黑色虚线 $y = x^2$。

2.1.4 子图绘制

在 MATLAB 图形绘制中，subplot(m,n,k) 函数可以实现在一个图窗上创建多个子图。其中，subplot (m,n,k) 函数的前两个输入参数 m 与 n 表示子图共有 m 行，每行有 n 个，第三个输入参数 k 表示绘制第 k 个子图。

例如，将图窗分为左右两个子图，在左子图上绘制时，需要在 plot 函数前添加代码 subplot (1,2,1)；在右子图上绘制时，需要在 plot 函数前添加代码 subplot(1,2,2)。将 2.1.3 节中提到的 $y = x$ 和 $y = x^2$ 分别绘制在左右两个子图中，如代码 2-2 所示，结果如图 2.2 所示。

代码2-2

绘制两个子图

```
h = figure;
set(h,'position',[100 100 700 240]);
x = 0:0.1:2;
y1 = x;
y2 = x.^2;
subplot(1,2,1)   % 绘制左子图
plot(x,y1,'k-','linewidth',2)
xlabel('x')
ylabel('y')
title('y=x')
subplot(1,2,2)  % 绘制右子图
plot(x,y2,'k-','linewidth',2)
```

```
xlabel('x')
ylabel('y')
title('y=x^2')
saveas(gcf,'fig/fig2_2.bmp')
```

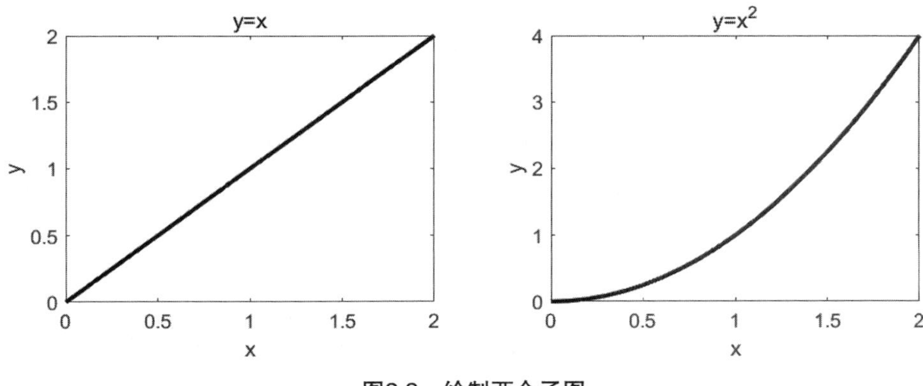

图2.2　绘制两个子图

2.2 二维图形绘制

在 2.1 节中绘制图形时用到了 plot 函数，作为最常用、最基础的二维绘制函数之一，plot 函数能够使用指定的线型、标记和颜色绘制输入点连接构成的线图，本节将对 plot 函数做详细的介绍，说明 plot 函数中线型、线宽、颜色、标记点等的设置。除了 plot 函数绘制的线图，MATLAB 还能绘制散点图、条形直方图、特殊坐标图、函数图等，本节将介绍每一类图中的典型函数，包括散点图绘制函数 scatter、函数图像绘制函数 fplot、条形图绘制函数 bar、极坐标图绘制函数 polarplot、对数坐标轴图像绘制函数 loglog。

2.2.1 二维线图绘制

plot 函数是二维线图绘制函数，其调用格式为：

```
plot(Y)
plot(X,Y)
```

plot(Y) 绘制横坐标为从 1 到 Y 的长度、纵坐标为 Y 的点连接构成的二维黑色实线图；plot(X,Y) 能够绘制横坐标为 X、纵坐标为 Y 的点连接构成的二维黑色实线图。这些点被称为标记点。

在 plot 函数绘制中，可以指定线型、标记点符号、颜色、线宽，当在同一个图窗上绘制多个曲线时，可以使用不同线型、标记、颜色、线宽来区分不同数据。在指定不同曲线前，首先需要了解不同线型、标记、颜色对应的代号。

1. 线型

对于代码 plot(X,Y) 的标记点 (X,Y) 之间的连接线，MATLAB 共有五种不同的线型：实线（-）、虚线（--）、点划线（-.）、点线（:）、无线（none）。其中，图 2.1 分别使用了实线和虚线绘制 $y=x$ 和 $y=x^2$ 在 $0 \leqslant x \leqslant 2$ 上的函数曲线。

2. 标记点符号

对于代码 plot(X,Y) 的标记点 (X,Y)，MATLAB 中共有 15 种标记符号，分别为点（.）、星号（*）、圆圈（o）、加号（+）、叉号（×）、水平线条（_）、垂直线条（|）、方形（s）、菱形（d）、上三角（^）、下三角（v）、左三角（<）、右三角（>）、五角形（p）、六角形（h）。

3. 颜色

MATLAB 平台上颜色的代号主要有红（r）、蓝（b）、黑（k）、白（w）、黄（y）、绿（g）、品红（m）、灰（c）。

根据以上线型、标记点符号、颜色的代号，可以对不同曲线进行设置，实现不同曲线之间的差异化。例如，plot(X,Y,'o--') 表示（X，Y）对应点用圆圈（o）绘制、圆圈之间用虚线（--）连接。

代码 2-1 中有以下两个语句：

```
plot(x,y1,'k-')
plot(x,y2,'k--')
```

其中，“k-”表示绘制的曲线为黑色（k）、实线（-）；“k--”表示绘制的曲线为黑色（k）、虚线（--）。

值得注意的是，当不设置线型而只设置标记点符号时，默认只绘制标记点。例如，代码

```
plot(X,Y,'ko')
```

表示用黑色圆圈绘制标记点，不绘制连接线。

4. 线宽

标记点之间连线的粗细可以通过 linewidth 调整，将线宽修改为 k 的代码为：

```
plot(X,Y,'linewidth',k)
```

在代码 2-1 和代码 2-2 中都有用到 linewidth 修改线宽。

此外，标记点的大小可以通过 markersize 调整，标记填充颜色利用 MarkerFaceColor 进行设置，具体代码如下：

```
X = linspace(0,2,10);
Y = X.^2;
plot(X,Y,'ko--','linewidth',1.5,'markersize',6,'MarkerFaceColor','k')
```

上述代码绘制标记点 (X,Y) 连接形成的曲线，标记点为 6 号黑色填充的圆圈，标记点之间通过

1.5 号线宽的黑色虚线连接，结果如图 2.3 所示。

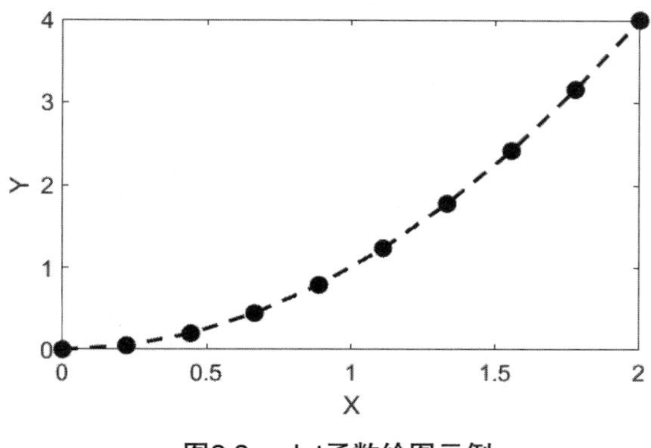

图2.3　plot函数绘图示例

2.2.2　二维散点图绘制

通过 plot 函数也可以绘制散点图，如代码 plot(x,y,'o') 可以绘制用圆圈表示标记点的图像，但 plot 函数绘制散点图时，不能对点的大小、颜色进行单独设置。而 scatter 函数是专门绘制散点图的函数，能够对点进行详细设置，其调用格式如下：

```
scatter(x,y)
scatter(x,y,sz)
scatter(x,y,sz,c)
scatter(___,'filled')
```

scatter(x,y) 表示绘制横坐标为 x、纵坐标为 y 的点的散点图，其中点用空心圆表示。

scatter(x,y,sz) 可以指定圆大小。如果 sz 为标量，则绘制大小相等的圆。如果 sz 为向量，且长度和变量 x、y 的长度相等，则 sz 中每一个值对应 (x,y) 中每一个点的大小。

scatter(x,y,sz,c) 可以指定圆的颜色。如果 c 只有一个元素，则绘制颜色相同的圆。如果 sz 为向量，且长度与变量 x、y 相同，则绘制颜色不同的圆。

scatter(___,'filled') 能够绘制实心散点图。

与 plot 函数相比，scatter 函数可以同时绘制颜色不同、大小不同的散点。例如，根据函数值 sin(x) 的绝对值大小决定点的大小，绘制散点图的代码如下，结果如图 2.4 所示。

```
X = linspace(0,2*pi,50);
Y = sin(X);
sz = 20*abs(Y)+eps;
scatter(X,Y,sz,'k','filled')
```

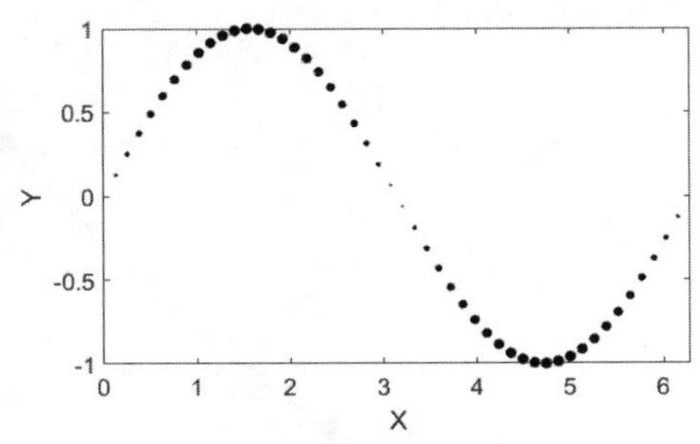

图2.4　scatter函数绘图示例

其中，圆的大小 sz 必须为正数，变量 eps 为 MATLAB 的最小正数，因此，将点 $(\mathrm{x}, \sin \mathrm{x})$ 的大小设置为 $20|\sin \mathrm{x}|+\mathrm{eps}$ 。

2.2.3　二维函数曲线绘制

在使用 2.2.1 节中的 plot 函数绘制图形时需要点的坐标 (X,Y)，当使用 plot 函数绘制某数学函数 $f(x)$ 图像时，绘制的是由函数 $f(x)$ 上的部分点 $(x,f(x))$ 连接形成的线图，因此绘制精度取决于点的数量，标记点越多，plot 函数绘制的线图与真实函数图像越接近。而利用 fplot 函数则可以直接输入数学函数表达式 $f(x)$，绘制该函数表达式 $f(x)$ 的曲线。

fplot 函数与 plot 函数、scatter 函数最主要的区别就在于处理对象不同，plot 函数和 scatter 函数处理已知坐标的点，如 (X,Y)，绘制这些点形成的线图；fplot 函数处理数学函数表达式，如 $\sin(x)$，绘制该表达式对应的曲线。

例如，当绘制数学函数 $f(x)=\sin x$ 、$g(x)=\cos x$ 的曲线时，plot 函数应先定义点的 x 坐标。例如，x=0, 0.5, 5，即 x 取值为从 0 开始以 0.5 递增，直到 5 的所有数，再通过函数计算相应的 $f(x)$ 与 $g(x)$ 值，最后绘图，代码如下：

```
x = 0:0.5:5
f = sin(x)   % 计算sin(x)的值
g = cos(x)   % 计算cos(x)的值
plot(x,f,'k','linewidth',1.5)
hold on
plot(x,g,'k','linewidth',1.5)
```

结果如图 2.5 中的左图所示，由于 plot 函数是由点生成的线图，在上述 plot 函数绘制 $f(x)=\sin x$ 、$g(x)=\cos x$ 两个函数的曲线的过程中，绘图精度取决于点的数量，因此绘制的函数曲线只是近似曲线。绘制图 2.5 中的左图时，自变量 x 取值间隔为 0.5，因此得到的函数曲线明显不光滑，可以减小自变量取值间隔绘制更精确的函数曲线。

而 fplot 函数不需要用点连接生成线，输入函数表达式后，能够直接绘制函数曲线。例如，首先通过符号表达式表示函数 $f(x)$ 与 $g(x)$ ，然后直接使用 fplot(f) 就可绘制 $f(x)$ 的曲线，默认绘制区

间为 [-5,5]，可以通过 fplot(f,[xmin xmax]) 修改绘图区间。将绘图区间设置为 [0,5]，设置曲线线宽为 1.5，并用实线与虚线区分 $f(x)$ 与 $g(x)$，代码如下，结果如图 2.5 中的右图所示。

```
syms x
f = sin(x);
g = cos(x);
fplot(f,[0,5]'k-','linewidth',1.5)
hold on
fplot(g,[0,5]'k--','linewidth',1.5)
legend('sin(x)','cos(x)','location','best')
grid on
```

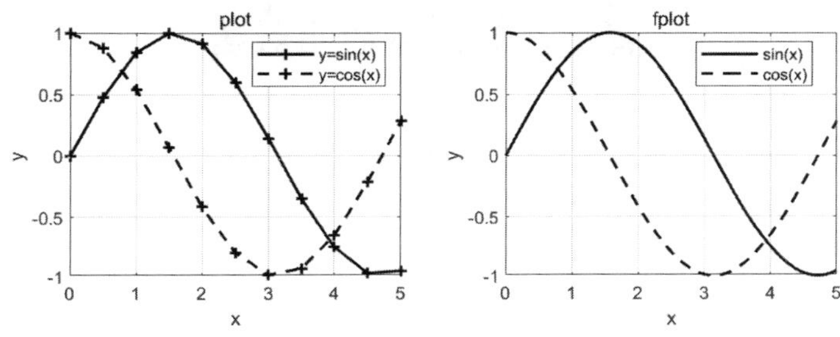

图2.5　plot绘图与fplot绘图示例

根据图 2.5 可以看出，plot 函数绘图精度取决于点的数量，绘制得到的函数曲线只是近似曲线，而 fplot 函数能够绘制精确的函数曲线。

除可绘制符号函数之外，fplot 函数也可以绘制匿名函数 @(x)，例如以下代码，可以绘制 sin(x) 的图像。

```
f = @(x)sin(x);
fplot(f,'k-','linewidth',1.5)
```

2.2.4　其他二维绘制函数

MATLAB 能够根据点的坐标利用 plot 函数绘制线图、利用 scatter 函数绘制散点图，根据函数表达式利用 fplot 函数绘制函数曲线图，还能绘制条形直方图、特殊坐标图。本小节介绍条形图绘制函数 bar、极坐标图绘制函数 polarplot、对数坐标轴图像绘制函数 loglog。

1. bar 函数

bar 是条形图绘制函数，调用格式如下：

```
bar(y)
bar(x,y)
```

其中，bar(y) 表示创建一个条形图，y 代表的每一个元素对应一个条形；bar(x,y) 表示在 x 指定位置绘制条形，除上述两种调用格式外，函数 bar 还可以通过 bar(___,width)、bar(___,color) 格式调整条形图中条形的宽度及颜色，其应用实际代码如下，代码中 0.75 表示条形宽度，字符 k 表示条形颜色为黑色，结果如图 2.6 所示。图中，y 为 10 个 0 和 1 之间的随机数组成的向量。

```
y = rand(10,1);
bar(y,0.75,'k')
```

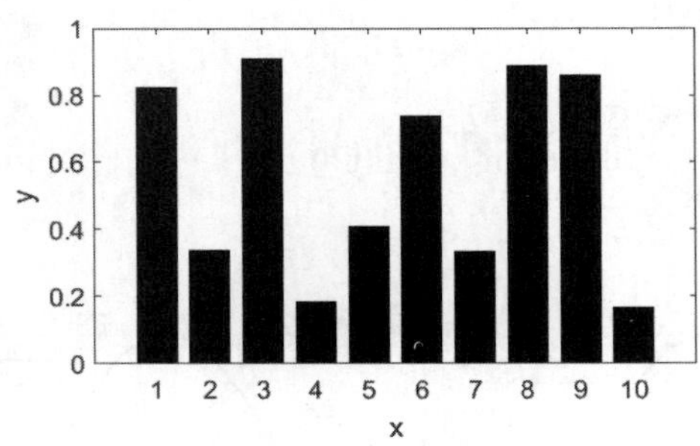

图2.6 bar函数绘图示例

2. polarplot 函数

polarplot 是极坐标图绘制函数，调用格式如下：

```
polarplot(theta,rho)
polarplot(theta,rho,LineSpec)
```

polarplot(theta, rho) 在极坐标中绘制线条，由 theta 表示弧度角，rho 表示每个点的半径值。

polarplot(theta, rho, LineSpec) 设置线条的线型、标记符号和颜色。

绘制 $r=\sin(2\theta)\cos(2\theta)$， $\theta\in[0,2\pi]$ 的极坐标代码如下，结果如图 2.7 所示。

```
theta = linspace(0,2*pi,1000);
r = sin(2*theta).*cos(2*theta);
polarplot(theta,r,'k')
```

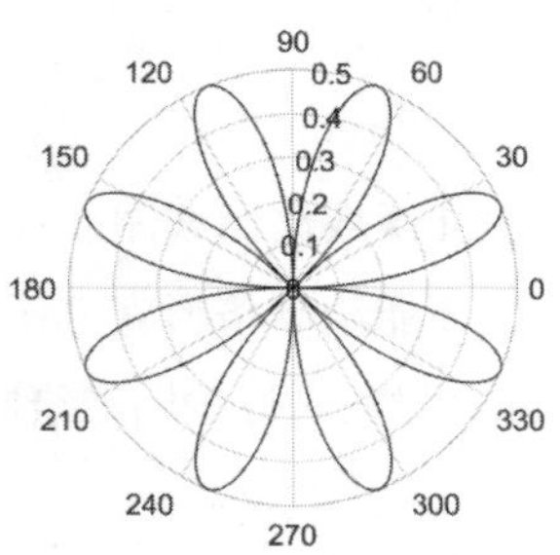

图2.7 polarplot函数绘图示例

3. loglog 函数

在实际应用中，有时绘图需要坐标轴刻度非线性，MATLAB 可以实现特殊坐标轴绘图。例如，semilogx 函数绘制对数坐标 x 轴的图像，semilogy 函数绘制对数坐标 y 轴的图像，loglog 函数绘制

x 轴和 y 轴均为对数轴坐标的图像。loglog 函数应用示例代码如下，结果如图 2.8 所示。

```
x = linspace(0,2,100);
y = x.^2;
loglog(x,y,'k','linewidth',1.5)
title('y=x^2')
xlabel('x')
ylabel('y')
axis([0 2 min(x) max(y)])
```

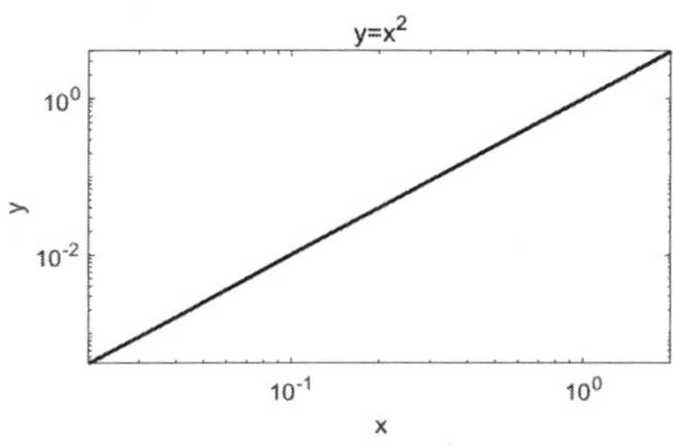

图2.8 loglog函数绘图示例

2.3 三维图形绘制

在实际学习中，除了二维图形，还常常会遇到三维甚至更多维的数据，需要将其可视化。本节介绍三维图形的绘制，主要包括三维曲线图绘制函数 plot3、三维网格图绘制函数 mesh、三维曲面图绘制函数 surf、三维等高线图绘制函数 contour3。

2.3.1 三维曲线图绘制

前面已经学习了通过 plot 函数绘制二维曲线，对于三维曲线，可通过 plot3 函数绘制，基本调用格式为：

```
plot3(x,y,z)
```

其中，x、y、z 为维数相同的向量，plot3(x,y,z) 为绘制坐标为 (x,y,z) 的三维曲线，示例代码如下，结果如图 2.9 所示。

```
z = linspace(0,10*pi,1000);
x = sin(z);
y = cos(z);
plot3(x,y,z,'k','linewidth',1.5)
xlabel('x')
```

```
ylabel('y')
zlabel('z')
```

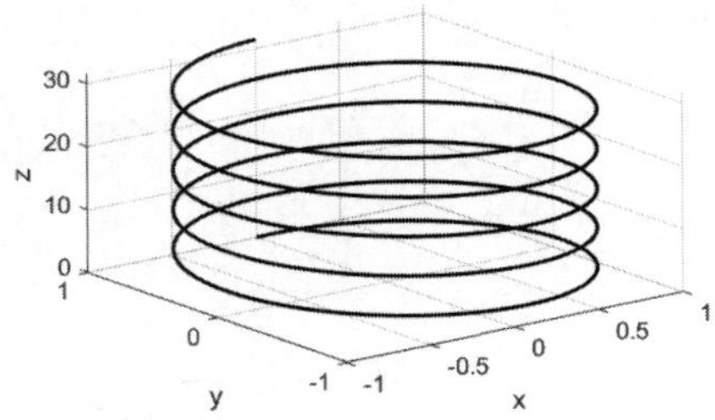

图2.9 plot3函数绘图示例

此外，MATLAB 也可以绘制三维散点图，绘制图形使用的函数为 scatter3。

2.3.2 三维空间图绘制

mesh 函数和 surf 函数都可以绘制三维空间图。其中，mesh 函数是三维网格图绘制函数，能够绘制网格划分的网格图，而 surf 函数是三维曲面图绘制函数，能够绘制平滑着色的曲面图。两种函数的调用格式相同，调用格式为如下：

```
mesh(Z)
mesh(X,Y,Z)
surf(Z)
surf(X,Y,Z)
```

其中，输入变量矩阵 Z 为由矩阵 X 和矩阵 Y 定义的 x-y 平面中的网格上方的高度，当不输入 X 和 Y 时，默认矩阵 Z 中元素的列索引和行索引用作 x 坐标和 y 坐标。

对于输入为自变量 x、y，输出为因变量 z 的二元函数 $z = f(x, y) = x^2 + y^2$，可以利用 mesh 函数绘制其网格图，绘图流程如下。

（1）利用 meshgrid 函数生成 (x,y) 网格坐标点，代码如下：

```
x = linspace(-2,2,25);
y = linspace(-2,2,25);
[X,Y] = meshgrid(x,y);
```

得到的 X、Y 值为 25×25 的矩阵，对应着 625 个点的坐标。

（2）计算不同自变量 x、y 下相应的二元函数值 $z = x^2 + y^2$，绘制 mesh(X,Y,Z)，代码如下：

```
Z = X.^2 + Y.^2;
s = mesh(X,Y,Z)
colormap gray
xlabel('x')
ylabel('y')
zlabel('z')
```

其中，colormap gray 表示设置网格图颜色为灰色，结果如图 2.10 所示。

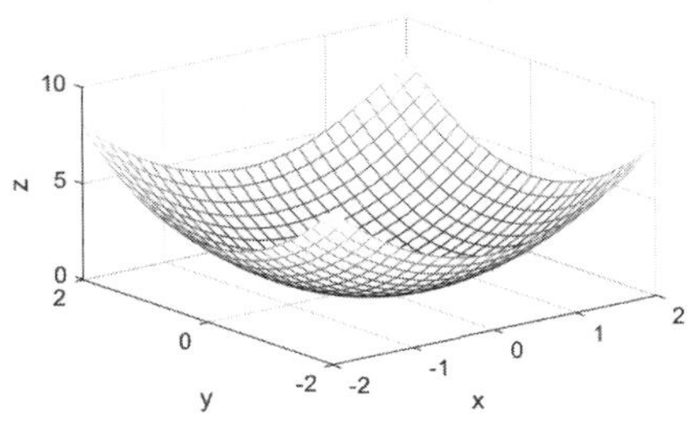

图2.10 mesh函数绘图示例

（3）将绘图代码中的 mesh 函数改为 surf 函数，结果如图 2.11 所示。可见，surf 函数与 mesh 函数得到的三维图只在显示上存在区别。

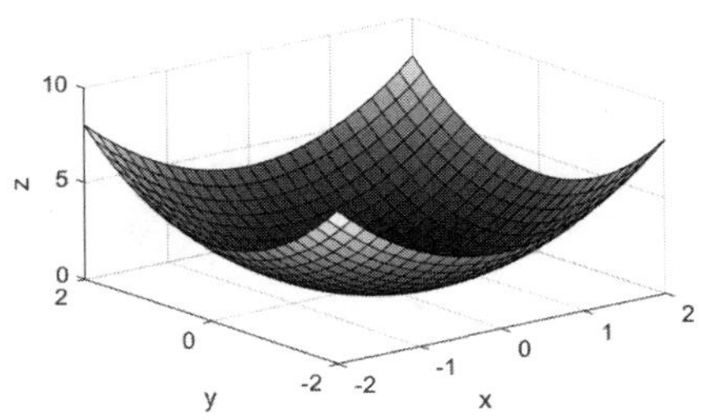

图2.11 surf函数绘图示例

2.3.3 三维等高线图绘制

三维曲面也可以通过等高线来表示，MATLAB 中的 contour 函数可以绘制等高线图，其调用格式如下：

```
contour(Z)
contour(X,Y,Z)
```

例如，对 $f(x,y)=x^2+y^2$ 绘制其等高线图，代码如下，结果如图 2.12 所示。

```
x = linspace(-2,2,25);
y = linspace(-2,2,25);
[X,Y] = meshgrid(x,y);
Z = X.^2 + Y.^2;
contour(X,Y,Z,20)
colormap gray
xlabel('x')
ylabel('y')
grid on
axis equal
```

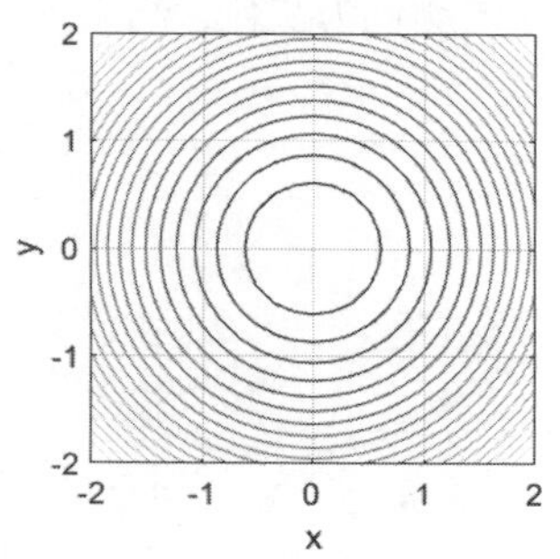

图2.12　contour函数绘图示例

contour3 函数可以在三维空间绘制等高线图，将上述代码中的 contour(X,Y,Z) 改为 contour3 (X,Y,Z)，得到的结果如图 2.13 所示。

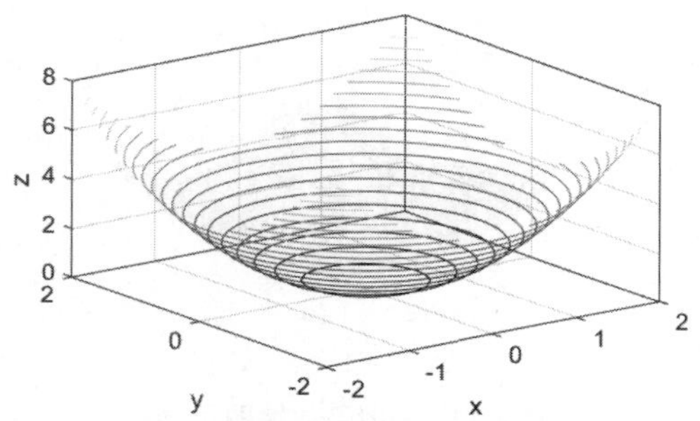

图2.13　contour3函数绘图示例

本章主要介绍了 MATLAB 可视化涉及的基本函数，包括二维线图绘制函数 plot、二维散点图绘制函数 scatter、表达式的二维绘图函数 fplot、条形图绘制函数 bar、极坐标图绘制函数 polarplot、对数坐标轴图像函数 loglog、三维曲线绘制函数 plot3、三维网格图绘制函数 mesh、三维曲面图绘制函数 surf、三维等高线图绘制函数 contour3，并以示例展示说明不同函数的效果。通过本章的学习，读者可以初步掌握 MATLAB 可视化方法，为之后科学计算学习提供可视化基础。

第 3 章

线性方程组求解

几乎所有科学计算问题都涉及线性方程组的求解，例如，在非线性方程求解、常微分方程求解、偏微分方程求解、最优化求解过程中，都会涉及线性方程组的求解问题。本章涵盖了求解线性方程组的消去法、分解法、迭代法等多种算法，主要涉及的知识点如下。

- **MATLAB 求解线性方程组**：应用 MATLAB 函数求解线性方程组。
- **消去法**：理解并编程实现高斯消去法求解线性方程组。
- **分解法**：理解并编程实现三角分解法求解线性方程组。
- **迭代法**：理解迭代法求解线性方程组的基本思路，了解不同迭代算法。

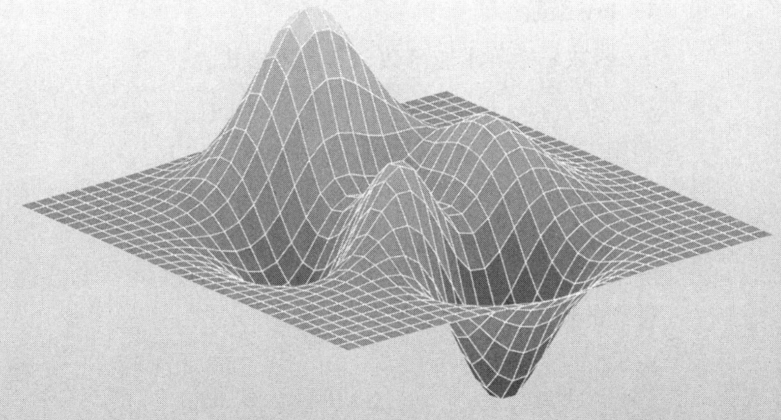

3.1 求解线性方程组的 MATLAB 方法

线性方程组的求解是一个古老的数学问题，可以被表示为矩阵方程求解问题。利用 MATLAB 求解矩阵方程，既可以直接对矩阵求逆得到数值解，也可以通过符号方程得到符号解。

3.1.1 求逆法

求逆法是最直接的求解线性方程组的方法，在 MATLAB 中可以用 inv 函数求逆，也可以通过矩阵左除“\”实现。对于下述线性方程组：

$$\begin{cases} 4x_1 + 3x_2 = 24 \\ 3x_1 + 4x_2 - x_3 = 30 \\ -x_2 + 4x_3 = -24 \end{cases}$$

可以将其整理成矩阵方程 $\boldsymbol{Ax}=\boldsymbol{b}$ 形式，其中

$$\boldsymbol{A} = \begin{bmatrix} 4 & 3 & 0 \\ 3 & 4 & -1 \\ 0 & -1 & 4 \end{bmatrix} \quad \boldsymbol{x} = \begin{bmatrix} x_1 \\ x_2 \\ x_3 \end{bmatrix} \quad \boldsymbol{b} = \begin{bmatrix} 24 \\ 30 \\ -24 \end{bmatrix}$$

矩阵 $\boldsymbol{A}$ 被称为系数矩阵。对矩阵方程 $\boldsymbol{Ax}=\boldsymbol{b}$ 两边同时左乘 $\boldsymbol{A}^{-1}$，得到 $\boldsymbol{x} = \boldsymbol{A}^{-1}\boldsymbol{b}$。在 MATLAB 中，可以通过 inv 函数或矩阵左除计算 $\boldsymbol{A}^{-1}$。

1. inv 函数

inv 函数是矩阵求逆函数，其调用格式为：

```
inv(A)
```

利用 inv 函数求解上述矩阵方程的代码如下：

```
A = [4 3 0;3 4 -1;0 -1 4];
b = [24;30;-24];
x = inv(A)*b
```

得到的输出即为线性方程组的解。

```
x =
    3.0000
    4.0000
   -5.0000
```

2. 矩阵左除

矩阵左除的计算符号为“\”，若 $\boldsymbol{Ax}=\boldsymbol{b}$，则 $\boldsymbol{x}=\boldsymbol{A}\backslash\boldsymbol{b}$，$\boldsymbol{A}\backslash\boldsymbol{b}$=inv($\boldsymbol{A}$)*$\boldsymbol{b}$。矩阵左除也可实现 inv 函数的功能，利用矩阵左除求解上述矩阵方程的代码如下：

```
A = [4 3 0;3 4 -1;0 -1 4];
b = [24;30;-24];
x = A\b
```

其中，代码中 A\b 得到的结果与代码中 inv(A)*b 的结果相同。

3.1.2 求解符号方程组

前面章节中介绍了 solve 函数可以求解符号方程，线性方程组也可表示为符号方程的形式，再利用符号方程的解法进行求解。

对于 3.1.1 节中的线性方程组，首先将其表示为符号方程组的形式：

```
syms x [3 1]
A = [4 3 0;3 4 -1;0 -1 4];
b = [24;30;-24];
eqn = A*x==b
```

其中，符号变量 x 与符号方程 eqn 分别为：

```
x =
x1
x2
x3
eqn =
     4*x1 + 3*x2 == 24
3*x1 + 4*x2 - x3 == 30
      4*x3 - x2 == -24
```

利用 solve 函数求解，代码如下：

```
X = solve(eqn,x)
```

得到的输出为结构体，其中 X.x1=3，X.x2=4，X.x3=–5。

3.2 回代法与前代法

在科学计算中，如果矩阵方程 $\boldsymbol{Ax}=\boldsymbol{b}$ 的系数矩阵 $\boldsymbol{A}$ 对角线以下所有元素均为 0，则称该矩阵为上三角矩阵；如果系数矩阵 $\boldsymbol{A}$ 对角线以上所有元素均为 0，则称该矩阵为下三角矩阵。系数矩阵为上三角矩阵的线性方程组，可以通过回代法求解；系数矩阵为下三角矩阵的线性方程组，可以通过前代法求解。这两种算法也是消去法与分解法的基础。

3.2.1 回代法

对于系数矩阵为上三角矩阵的线性方程组，可以从后往前依次计算未知数，这种算法称为回代法。

例如，对于系数矩阵为上三角矩阵的线性方程组：

$$\begin{bmatrix} a_{11} & a_{12} & \cdots & a_{1n} \\ 0 & a_{22} & \cdots & a_{2n} \\ \vdots & \vdots & & \vdots \\ 0 & 0 & \cdots & a_{nn} \end{bmatrix} \begin{bmatrix} x_1 \\ x_2 \\ \vdots \\ x_n \end{bmatrix} = \begin{bmatrix} b_1 \\ b_2 \\ \vdots \\ b_n \end{bmatrix}$$

最后一个方程为 $a_{nn}x_n = b_n$，只有一个未知数 x_n，可以直接求解 $x_n = b_n / a_{nn}$。将 x_n 代入后，倒数第二个方程只有一个未知数 x_{n-1}，由此，可以依次求解，直到求出 n 个未知数的值。在这一过程中，由于未知数是由后往前代入，依次求解，因此被称为回代法。

回代法求 x_i 的流程如下。

步骤 1： 计算 $x_n = b_n / a_{nn}$。

步骤 2： 对于 $i = n-1, n-2, \cdots, 1$，计算

$$x_i = \left(b_i - \sum_{j=i+1}^{n} a_{ij} x_j \right) / a_{ii}$$

在回代法中，对角线元素 a_{ii} 在每一次计算中均为分母，因此要求上三角矩阵对角线上的元素不为 0。利用 MATLAB 实现回代法，具体如代码 3-1 所示。调用格式为：

```
x = BackSubsitution(U,b)
```

其中，输入矩阵 U 为上三角矩阵，b 为线性方程组 ***Ux=b*** 的等式右项，x 为求得的解。

代码 3-1

回代法的函数实现

```
function x = BackSubsitution(U,b)
n = length(b);
x = zeros(n,1);
for i = n:-1:1
    if U(i,i) == 0
        fprintf('Error: A(%d,%d)=0\n',i,i)
        x = [];
        break
    end
    if i == n
        x(n) = b(n)/U(n,n);
        continue;
    end
```

```
        x(i) = (b(i) -U(i,i+1:end)*x(i+1:end))/U(i,i);
    end
end
```

3.2.2 前代法

对于系数矩阵为下三角矩阵的线性方程组，可以从前往后依次计算未知数，这种算法称为前代法。

例如，对于下三角方程组：

$$\begin{bmatrix} a_{11} & 0 & \cdots & 0 \\ a_{21} & a_{22} & \cdots & 0 \\ \vdots & \vdots & & \vdots \\ a_{n1} & a_{n2} & \cdots & a_{nn} \end{bmatrix} \begin{bmatrix} x_1 \\ x_2 \\ \vdots \\ x_n \end{bmatrix} = \begin{bmatrix} b_1 \\ b_2 \\ \vdots \\ b_n \end{bmatrix}$$

使用前代法求 x_i 的流程如下。

步骤 1： 计算 $x_1 = b_1 / a_{11}$。

步骤 2： 对于 $i = 2,3,\cdots,n$，计算

$$x_i = \left(b_i - \sum_{j=1}^{i-1} a_{ij}x_j\right) / a_{ii}$$

同样地，前代法中对角线元素 a_{ii} 在每一次计算中均为分母，因此要求下三角矩阵对角线元素不为 0。

利用 MATLAB 实现前代法，具体如代码 3-2 所示。调用格式为：

```
x =FormerSubsitution(L,b)
```

其中，L 为下三角矩阵，b 为 ***Lx=b*** 的等式右项，x 为求得的解。

代码3-2

前代法的函数实现

```
function x = FormerSubsitution(U,b)
n = length(b);
x = zeros(n,1);
for i = 1:n
    if U(i,i) == 0
        fprintf('Error: A(%d,%d)=0\n',i,i)
        x = [];
        break
    end
    if i == 1
        x(n) = b(n)/L(n,n);
        continue;
    end
```

```
        x(i) = (b(i) - L(i,1:i-1)*x(1:i-1))/L(i,i);
    end
    end
```

3.3 高斯消去法

对于系数矩阵不为上三角矩阵或下三角矩阵的线性方程组，不能直接应用前代法或回代法。如果直接求逆则计算量大，在利用其他语言编程时不易实现。而高斯消去法可以求解系数矩阵为普通矩阵的线性方程组，其实现过程比求逆法简单，因此被广泛应用。

高斯消去法可以将系数矩阵为普通矩阵的线性方程组转化为系数矩阵为上三角矩阵的线性方程组，进而利用回代法求解，实现在没有舍入误差的情况下通过有限次计算得到精确解。

3.3.1 高斯消去法概述

高斯消去法最早出现于中国的古籍《九章算术》。《九章算术》方程术的“遍乘直除”算法实质上就是解线性方程组的消去法，在西方文献中被称为“高斯消去法”。《九章算术》中记载了一个多元线性方程组问题：

今有上禾三秉，中禾二秉，下禾一秉，实三十九斗；上禾二秉，中禾三秉，下禾一秉，实三十四斗；上禾一秉，中禾二秉，下禾三秉，实二十六斗。问上、中、下禾实一秉各几何？

其中，上禾、中禾、下禾分别为上等稻、中等稻、下等稻，秉为量词捆。题目意为：今有上等稻3捆、中等稻2捆、下等稻1捆，共打出39斗米；有上等稻2捆、中等稻3捆、下等稻1捆，共打出34斗米；有上等稻1捆、中等稻2捆、下等稻3捆，共打出26斗米。问上等稻、中等稻、下等稻各1捆能打出多少斗米？

将其利用矩阵列成线性方程组，则为：

$$\begin{bmatrix} 3 & 2 & 1 \\ 2 & 3 & 1 \\ 1 & 2 & 3 \end{bmatrix}\begin{bmatrix} x \\ y \\ z \end{bmatrix}=\begin{bmatrix} 39 \\ 34 \\ 26 \end{bmatrix}$$

其中，x、y、z分别表示上等稻、中等稻、下等稻各1捆能打出多少斗米。

《九章算术》给出的答案与过程如下：

答曰：上禾一秉，九斗、四分斗之一；中禾一秉，四斗、四分斗之一；下禾一秉，二斗、四分斗之三。

即答案为：上等稻 1 捆能打出九又四分之一斗米；中等稻 1 捆能打出四又四分之一斗米；下等稻 1 捆能打出二又四分之三斗米。

术曰：置上禾三秉，中禾二秉，下禾一秉，实三十九斗于右方。中、左禾列如右方。

遍乘直除法将方程组系数和值从右往左排列，已知上等稻 3 捆、中等稻 2 捆、下等稻 1 捆，共打出 39 斗米，则将 3、2、1、39 置于最右，其他两个公式向左依次列出，得到如下竖式：

$$\begin{array}{ccc} 1 & 2 & 3 \\ 2 & 3 & 2 \\ 3 & 1 & 1 \\ 26 & 34 & 39 \end{array}$$

以右行上禾遍乘中行，而以直除。又乘其次，亦以直除。然以中行中禾不尽者遍乘左行，而以直除。

首先将右行上禾（最右行第一个元素 3）遍乘中行所有元素，再用中行减去右行，直到中行第一个元素为 0，左行也作相同处理；之后，将中行中禾遍乘左行所有元素，再用左行多次减中行，直到左行第二个元素为 0，计算过程如下所示：

$$\begin{array}{ccc} 1 & 2 & 3 \\ 2 & 3 & 2 \\ 3 & 1 & 1 \\ 26 & 34 & 39 \end{array} \Rightarrow \begin{array}{ccc} 1 & 6 & 3 \\ 2 & 9 & 2 \\ 3 & 3 & 1 \\ 26 & 102 & 39 \end{array} \Rightarrow \begin{array}{ccc} 1 & 0 & 3 \\ 2 & 5 & 2 \\ 3 & 1 & 1 \\ 26 & 24 & 39 \end{array} \Rightarrow \begin{array}{ccc} 0 & 0 & 3 \\ 4 & 5 & 2 \\ 8 & 1 & 1 \\ 39 & 24 & 39 \end{array} \Rightarrow \begin{array}{ccc} 0 & 0 & 3 \\ 0 & 5 & 2 \\ 4 & 1 & 1 \\ 11 & 24 & 39 \end{array}$$

左方下禾不尽者，上为法，下为实。实即下禾之实。求中禾，以法乘中行下实，而除下禾之实。余，如中禾秉数而一，即中禾之实。求上禾，亦以法乘右行下实，而除下禾、中禾之实。余，如上禾秉数而一，即上禾之实。实皆如法，各得一斗。

根据上述过程，左行表示下禾（下等稻）4 捆能打出 11 斗米，则下等稻 1 捆能打出 11/4 斗米。将左行下禾（即最左行第三个元素 4）遍乘中行所有元素，再用中行减去左行，直到中行第三个元素为 0，右行也作相同处理，最后再将中行中禾遍乘右行所有元素，右行减中行，直到右行第二个元素为 0，计算过程如下所示：

$$\begin{array}{ccc} 0 & 0 & 3 \\ 0 & 5 & 2 \\ 4 & 1 & 1 \\ 11 & 24 & 39 \end{array} \Rightarrow \begin{array}{ccc} 0 & 0 & 12 \\ 0 & 20 & 8 \\ 4 & 4 & 4 \\ 11 & 96 & 156 \end{array} \Rightarrow \begin{array}{ccc} 0 & 0 & 12 \\ 0 & 20 & 8 \\ 4 & 0 & 0 \\ 11 & 85 & 145 \end{array} \Rightarrow \begin{array}{ccc} 0 & 0 & 12 \\ 0 & 4 & 0 \\ 4 & 0 & 0 \\ 11 & 17 & 111 \end{array} \Rightarrow \begin{array}{ccc} 0 & 0 & 4 \\ 0 & 4 & 0 \\ 4 & 0 & 0 \\ 11 & 17 & 37 \end{array}$$

则 $x=37/4$ 、$y=17/4$ 、$z=11/4$ 。称这种算法为“遍乘直除”算法，在计算过程中，通过不同行之间的加减操作，使得每一行只含有一个未知数，系数矩阵转化为对角矩阵，其本质和解线性方程组的高斯消去法相同。

高斯消去法和遍乘直除法在计算中存在部分区别，遍乘直除法会直接将系数矩阵转化为对角矩阵，而高斯消去法将系数矩阵转化为上三角矩阵后，直接利用回代法从后往前计算未知数。

高斯消去法一般分为两步：第一步将系数矩阵转化成上三角矩阵，第二步通过回代法求解未知数。高斯消去法第一步的消去过程计算示例如下：

$$\begin{bmatrix}3&2&1\\2&3&1\\1&2&3\end{bmatrix}\begin{bmatrix}x\\y\\z\end{bmatrix}=\begin{bmatrix}39\\34\\26\end{bmatrix}\Rightarrow\begin{bmatrix}3&2&1\\0&5/3&1/3\\0&4/3&8/3\end{bmatrix}\begin{bmatrix}x\\y\\z\end{bmatrix}=\begin{bmatrix}39\\8\\13\end{bmatrix}$$

$$\Rightarrow\begin{bmatrix}3&2&1\\0&5/3&1/3\\0&0&12/5\end{bmatrix}\begin{bmatrix}x\\y\\z\end{bmatrix}=\begin{bmatrix}39\\8\\33/5\end{bmatrix}$$

其中，第二行减去第一行的 2/3，使得第二行第一列置零，第三行减去第一行的 1/3，使得第三行第一列置零，然后第三行减去第二行的 4/5，使得第三行第二列置零，最终系数矩阵转化为上三角矩阵。高斯消去法通过矩阵行之间的带系数的加减操作，实现系数矩阵三角化，在矩阵论中，对矩阵行之间的带系数的加减操作称为初等行变换。

调用回代法函数求解上述上三角矩阵线性方程组，代码如下：

```
U = [3 2 1;0 5/3 1/3;0 0 12/5];
b = [39 8 33/5];
x = BackSubsitution(U,b)
```

得到的输出结果如下（与《九章算术》中的结果相同）：

```
x =
    9.2500
    4.2500
    2.7500
```

根据消元顺序，将高斯消去法分为顺序消去法、列主元消去法和全主元消去法。高斯顺序消去法只将系数矩阵化简为上三角矩阵，得到上三角矩阵后，通过回代法即可计算方程的解。

3.3.2 顺序消去法

顺序消去法是最基础的高斯消去法，按照系数矩阵的顺序依次消去系数矩阵下三角部分，将原方程组转化为容易求解的等价上三角组，再通过回代法求出未知数的值。对于线性方程组 $\boldsymbol{Ax}=\boldsymbol{b}$，其增广矩阵为 $[\boldsymbol{A},\boldsymbol{b}]$，如下所示：

$$\begin{bmatrix}a_{11}&a_{12}&\cdots&a_{1n}&b_1\\a_{21}&a_{22}&\cdots&a_{2n}&b_2\\\vdots&\vdots&&\vdots&\vdots\\a_{n1}&a_{n2}&\cdots&a_{nn}&b_n\end{bmatrix}=\begin{bmatrix}a_1\\a_2\\\vdots\\a_n\end{bmatrix}$$

其中，$a_i\in\mathbf{R}^{1\times(n+1)}$。首先将增广矩阵的第一列除 a_{11} 外的元素置零，计算过程为：对 $i=2,\cdots,n$，

计算除了第一行外每一行的因子 $l_i = a_{i1} / a_{11}$，得到新的 a_i 为 $a_i - l_i a_1$。得到新的矩阵：

$$\begin{bmatrix} a_{11} & a_{12} & \cdots & a_{1n} & b_1 \\ 0 & a_{22} & \cdots & a_{2n} & b_2 \\ \vdots & \vdots & & \vdots & \vdots \\ 0 & a_{n2} & \cdots & a_{nn} & b_n \end{bmatrix} = \begin{bmatrix} a_1 \\ a_2 \\ \vdots \\ a_n \end{bmatrix}$$

对之后的每一列进行同样的操作，将矩阵 $\boldsymbol{A}$ 对角线之下的元素全部置零，即为顺序消去法。

假设前 $k-1$ 列主对角元素以下的元素均已置零，将第 k 列主对角元素以下的元素置零的公式为

$$[\boldsymbol{A},\boldsymbol{b}]'_{k+1:n,k:n+1} = [\boldsymbol{A},\boldsymbol{b}]_{k+1:n,k:n+1} - \boldsymbol{L}[\boldsymbol{A},\boldsymbol{b}]_{k,k:n+1}$$

其中，$[\boldsymbol{A},\boldsymbol{b}]'_{k+1:n,k:n+1}$ 为第 k 列置零时需要更新的值，即增广矩阵的第 $k+1$ 行到最后一行的第 k 列到最后一列，矩阵 $\boldsymbol{L}$ 的计算公式为

$$\boldsymbol{L} = \frac{\boldsymbol{A}_{k+1:n,k}}{a_{kk}}$$

矩阵 $\boldsymbol{L}$ 为第 $k+1$ 行到最后一行的第 k 列除以 a_{kk}。 $[\boldsymbol{A},\boldsymbol{b}]_{k,k:n+1}$ 为增广矩阵的第 k 行的第 k 列到最后一列，示意图如图 3.1 所示。

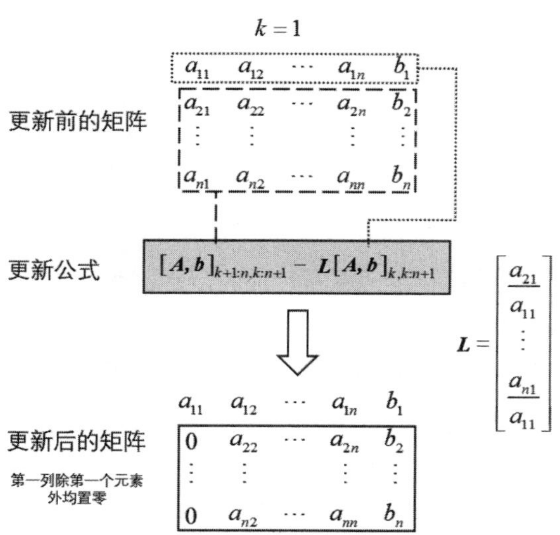

图3.1 顺序消去法矩阵运算示意图

顺序消去法每一步都会除以对角线元素 a_{kk}，被称为“主元”，只有当所有主元不为 0 时，顺序消去法才能正常计算。

顺序消去法的函数实现如代码 3-3 所示。其调用格式为：

```
x = GaussElimination1(A,b)
[x,L] = GaussElimination1(A,b)
[x,L,b] = GaussElimination1(A,b)
```

其中，输入变量 A、b 为原线性方程组 $\boldsymbol{Ax}=\boldsymbol{b}$ 的系数矩阵与常数矩阵，输出变量 L、b 为消元

后的 ***Lx*=*b*** 的系数矩阵与常数矩阵，输出变量 x 为方程组的解。

代码3-3

顺序消去法的函数实现

```
function [x,L,b] = GaussElimination1(A,b)
n = length(b);
A = [A,b];
flag = ;
for i = 1:n-1
    if A(i,i) == 0                    % 主元为0
        fprintf('Error: A(%d,%d)=0\n',i,i)
        flag = true;
        break
    end
    l = A(i+1:n,i)./A(i,i);
    A(i+1:end,i:end) = A(i+1:end,i:end) - l*A(i,i:end);
end
if flag
    x = [];    L = [];    b = [];
else
    L = A(:,1:n);
    b = A(:,end);
    x = BackSubsitution(L,b);
end
end
```

注意　当主元为 0 时，不能使用顺序消去法求解线性方程组，函数在命令行输出 Error，并将输出设为空。

调用顺序消去法 GaussElimination1 函数求解《九章算术》中的线性方程组，如代码 3-4 所示。

代码3-4

顺序消去法的应用

```
A = [3 2 1;2 3 1;1 2 3];
b = [39;34;26];
[x,L,b] = GaussElimination1(A,b)
```

得到的结果为：

```
x =
    9.2500
    4.2500
    2.7500
L =
```

```
    3.0000    2.0000    1.0000
         0    1.6667    0.3333
         0         0    2.4000
b =
   39.0000
    8.0000
    6.6000
```

顺序消去法只能求解系数矩阵主元不为 0 的线性方程组，例如，调用 GaussElimination1 函数求解如下线性方程组：

$$\begin{bmatrix} 0 & -1 & 4 \\ 4 & 3 & 0 \\ 3 & 4 & -1 \end{bmatrix}\begin{bmatrix} x_1 \\ x_2 \\ x_3 \end{bmatrix}=\begin{bmatrix} -24 \\ 24 \\ 30 \end{bmatrix}$$

代码为：

```
A1 = [0 -1 4;4 3 0;3 4 -1];
b1 = [-24;24;30];
[x,L,b] = GaussElimination1(A1,b1);
```

输出结果为：

```
Error: A(1,1)=0
x =      []
L =      []
b =      []
```

从上面的输出结果可以发现，当主元为 0 时，顺序消去法函数的返回值出现了 Error 错误。可见，对于主元为 0 的线性方程组，需要采用其他算法求解。

3.3.3 列主元消去法

对于顺序消去法无法求解主元为 0 的情况，可以通过选主元法解决。本小节介绍选主元法中的列主元消去法。例如，对于下面使用顺序消去法无法解决的方程：

$$\begin{bmatrix} 0 & -1 & 4 \\ 4 & 3 & 0 \\ 3 & 4 & -1 \end{bmatrix}\begin{bmatrix} x_1 \\ x_2 \\ x_3 \end{bmatrix}=\begin{bmatrix} -24 \\ 24 \\ 30 \end{bmatrix}$$

可以将其增广矩阵进行“行变换”，消元时按列选择绝对值最大的元素作为主元，如：

$$\begin{bmatrix} 0 & -1 & 4 & -24 \\ 4 & 3 & 0 & 24 \\ 3 & 4 & -1 & 30 \end{bmatrix} \underset{1\leftrightarrow 2}{\overset{\text{行变换}}{\Rightarrow}} \begin{bmatrix} 4 & 3 & 0 & 24 \\ 0 & -1 & 4 & -24 \\ 3 & 4 & -1 & 30 \end{bmatrix} \overset{\text{消元}}{\Rightarrow} \begin{bmatrix} 4 & 3 & 0 & 24 \\ 0 & -1 & 4 & -24 \\ 0 & 7/4 & -1 & 12 \end{bmatrix}$$

$$\underset{2\leftrightarrow 3}{\overset{\text{行变换}}{\Rightarrow}} \begin{bmatrix} 4 & 3 & 0 & 24 \\ 0 & 7/4 & -1 & 12 \\ 0 & -1 & 4 & -24 \end{bmatrix} \overset{\text{消元}}{\Rightarrow} \begin{bmatrix} 4 & 3 & 0 & 24 \\ 0 & 7/4 & -1 & 12 \\ 0 & 0 & 24/7 & -120/7 \end{bmatrix}$$

增广矩阵行与行之间的交换，实际上就是线性方程组中方程顺序的交换，未知数的顺序没有被改变。在对第 k 列进行消元时，将该列第 k 行到最后一行绝对值最大的元素作为主元，通过行变换将其变换到第 k 行。示意图如图 3.2 所示。

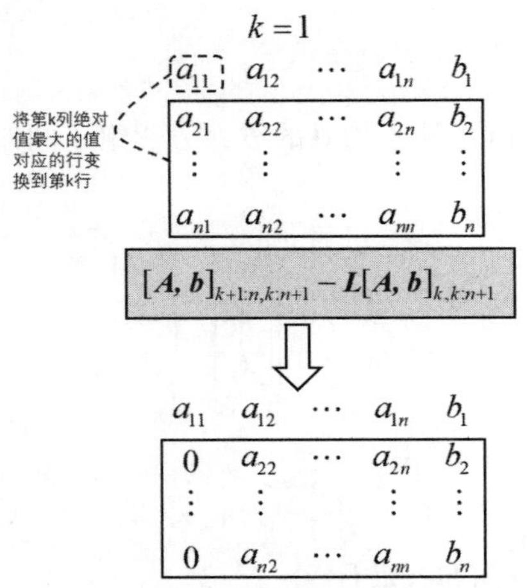

图3.2　列主元消去法矩阵运算示意图

列主元消去法的函数实现如代码 3-5 所示。调用格式如下：

```
x = GaussElimination2(A,b)
[x,L] = GaussElimination2(A,b)
[x,L,b] = GaussElimination2(A,b)
```

其中，输入变量 A、b 分别为原线性方程组 $Ax=b$ 的系数矩阵与常数矩阵，输出变量 L 为列主元消去后的 $Lx=b$ 的系数矩阵，输出变量 x 为方程组的解。

代码3-5

列主元消去法的函数实现

```
function [x,L,b] = GaussElimination2(A,b)
n = length(b);
A = [A,b];
flag = ;
for i = 1:n-1
    [~,k] = max(abs(A(i:end,i)));        % 找到绝对值最大的元素作为主元
    A([i,k+i-1],:) = A([k+i-1 i],:);     % 行变换
    if A(i,i) == 0
        fprintf('Error: A(%d,%d)=0\n',i,i)
        flag = true;
        break
    end
    l = A(i+1:n,i)./A(i,i);
```

```
        A(i+1:end,i:end) = A(i+1:end,i:end) - l*A(i,i:end);
    end
    if flag
        x = [];
        L = [];
        b = [];
    else
        L = A(:,1:n);
        b = A(:,end);
        x = BackSubsitution(L,b);
    end
    end
```

对前文顺序消去法无法求解主元为 0 的线性方程组，利用列主元消去法进行求解，如代码 3-6 所示。

代码3-6

列主元消去法的应用

```
A = [0 -1 4;4 3 0;3 4 -1];
b = [-24;24;30];
[x,L,b] = GaussElimination2(A,b)
```

得到的结果为

```
x =
    3.0000
    4.0000
   -5.0000
L =
    4.0000    3.0000         0
         0    1.7500   -1.0000
         0         0    3.4286
b =
   24.0000
   12.0000
  -17.1429
```

可以发现，使用列主元消去法所得的结果与分析结果相同。

3.3.4 全主元消去法

全主元消去法是在系数矩阵全部元素中选择绝对值最大的元素作为主元的高斯消去法。与列主元消去法相比，全主元消去法选主元的范围更大，在消元时，通过行列变换将系数矩阵中绝对值最大的元素放于主元位置，计算示例如下所示：

$$\begin{bmatrix}0 & -1 & 4 & -24\\4 & 3 & 0 & 24\\3 & 4 & -1 & 30\end{bmatrix}\xrightarrow[1\leftrightarrow 2]{\text{行变换}}\begin{bmatrix}4 & 3 & 0 & 24\\0 & -1 & 4 & -24\\3 & 4 & -1 & 30\end{bmatrix}\xrightarrow{\text{消元}}\begin{bmatrix}4 & 3 & 0 & 24\\0 & -1 & 4 & -24\\0 & 7/4 & -1 & 12\end{bmatrix}$$

$$\xrightarrow[2\leftrightarrow 3]{\text{列变换}}\begin{bmatrix}4 & 0 & 3 & 24\\0 & 4 & -1 & -24\\0 & -1 & 7/4 & 12\end{bmatrix}\xrightarrow{\text{消元}}\begin{bmatrix}4 & 0 & 3 & 24\\0 & 4 & -1 & -24\\0 & 0 & 3/2 & 6\end{bmatrix}$$

在全主元消去法中，由于有列变换，未知数的顺序会发生变化。如上例，根据最后的上三角矩阵求得的结果为$[x_1,x_3,x_2]$的解。调用回代法求解验证，代码为：

```
L = [4 0 3; 0 4 -1; 0 0 3/2]
b = [ 24 -24 6]
x = BackSubsitution(L,b)
```

输出为：

```
x =
     3
    -5
     4
```

全主元消去法的函数实现如代码 3-7 所示。调用格式如下：

```
x = GaussElimination3(A,b)
[x,L] = GaussElimination3(A,b)
[x,L,b] = GaussElimination3(A,b)
```

其中，输入变量 A、b 分别为原线性方程组 ***Ax=b*** 的系数矩阵与常数矩阵，输出变量 L 为全主元消元后的 ***Lx=b*** 的系数矩阵，输出变量 x 为方程组的解。

代码3-7

全主元消去法的函数实现

```
function [x,L,b] = GaussElimination3(A,b)
n = length(b);
x_no = 1:n;
A = [A,b];
flag = ;
for i = 1:n-1
[k1,k2] = find(abs(A(i:end,i:n))==max(max(abs(A(i:end,i:n)))));% 找主元
    k1 = k1(1);
    k2 = k2(1);
    A([i,k1+i-1],:) = A([k1+i-1 i],:);          % 交换行
    A(:,[i,k2+i-1]) = A(:,[k2+i-1,i]);          % 交换列
    x_no([i,k2+i-1]) = x_no([k2+i-1,i]);        % 记录列交换的位置
    if A(i,i) == 0
        fprintf('Error: A(%d,%d)=0\n',i,i)
```

```
            flag = true;
            break
        end
        l = A(i+1:n,i)./A(i,i);
        A(i+1:end,i:end) = A(i+1:end,i:end) - l*A(i,i:end);
    end
    if flag
        x = [];
        L = [];
        b = [];
    else
        L = A(:,1:n);
        b = A(:,end);
        x = BackSubsitution(L,b);
        x = x(x_no);                                % 将解更新为x1、x2、x3的顺序
    end
    end
```

对前文顺序消去法无法求解主元为0的线性方程组，利用全主元消去法进行求解，如代码3-8所示。

代码3-8

全主元消去法的应用

```
A = [0 -1 4;4 3 0;3 4 -1];
b = [-24;24;30];
[x,L,b] = GaussElimination3(A,b)
```

得到的结果为：

```
x =
     3
     4
    -5
L =
    4.0000         0    3.0000
         0    4.0000   -1.0000
         0         0    1.5000
b =
    24
   -24
     6
```

使用全主元消去法所得的结果与分析结果相同。

3.4 线性方程组的分解法

分解法是一种基于矩阵分解的线性方程组求解算法，常用的矩阵分解法为 LU 分解。通过 LU 分解，将线性方程组的系数矩阵 $\boldsymbol{A}$ 分解为一个单位下三角矩阵 $\boldsymbol{L}$ 和一个上三角矩阵 $\boldsymbol{U}$ 的乘积，即 $\boldsymbol{A}=\boldsymbol{LU}$，再利用前代法与回代法求解线性方程组。本节首先对 LU 分解法求解线性方程组进行简单介绍，再引入 LU 分解法的具体算法。

3.4.1 LU 分解法概述

在 MATLAB 中，通过 lu 函数能够实现矩阵的 LU 分解，可在命令行窗口输入如下代码：

```
help lu
```

将会得到矩阵分解 lu 函数的介绍，如下所示：

```
lu - lu 矩阵分解
    此MATLAB函数将满矩阵或稀疏矩阵A分解为一个上三角矩阵U和一个经过置换的下三角矩阵L，使得
A = L*U。
```

调用 lu 函数对前文《九章算术》中的线性方程组的系数矩阵 $\boldsymbol{A}$ 进行 LU 分解，如代码 3-9 所示。其中矩阵 $\boldsymbol{A}$ 为：

$$\begin{bmatrix} 3 & 2 & 1 \\ 2 & 3 & 1 \\ 1 & 2 & 3 \end{bmatrix}$$

代码3-9

lu 函数的应用

```
format rat
A = [3 2 1;2 3 1;1 2 3];
[L,U] = lu(A)
```

得到的单位下三角矩阵 $\boldsymbol{L}$ 和上三角矩阵 $\boldsymbol{U}$ 为：

```
L =
        1              0              0
        2/3            1              0
        1/3            4/5            1
U =
        3              2              1
        0              5/3            1/3
        0              0             12/5
```

即 $A=LU$ 为：

$$\begin{bmatrix}3&2&1\\2&3&1\\1&2&3\end{bmatrix}=\begin{bmatrix}1&0&0\\2/3&1&0\\1/3&4/5&1\end{bmatrix}\begin{bmatrix}3&2&1\\0&5/3&1/3\\0&0&12/5\end{bmatrix}$$

通过LU分解，得到 $A=LU$，将其代入原线性方程组 $Ax=b$，则线性方程组 $Ax=b$ 转化为 $LUx=b$。令 $y=Ux$，用向量 y 代替向量 Ux，代入 $LUx=b$，则得到 $Ly=b$。因为矩阵 L 为下三角矩阵，可以通过前代法求得向量 y。求出向量 y 之后，由于矩阵 U 是上三角矩阵，可以通过回代法求解 $Ux=y$，得到原线性方程组的解 x。因此，使用LU分解法求解线性方程组 $Ax=b$ 的算法流程如下。

步骤1： 对系数矩阵 A 进行LU分解，得到 $A=LU$，将原线性方程组记为 $LUx=b$，令 $y=Ux$。

步骤2： 通过前代法求解下三角矩阵线性方程组 $Ly=b$，得到中间解 y。

步骤3： 通过回代法求解上三角矩阵线性方程组 $Ux=y$，得到原线性方程组的解 x。

利用3.2节中的前代法与回代法函数，求解线性方程组，代码如下：

```
y = FormerSubsitution(L,b)
x = BackSubsitution(U,y)
```

得到的结果如下：

```
y =
      39
       8
      33/5
x =
      37/4
      17/4
      11/4
```

利用LU分解，求解线性方程组的过程如下所示：

$$\underbrace{\begin{bmatrix}3&2&1\\2&3&1\\1&2&3\end{bmatrix}}_{A}x=\underbrace{\begin{bmatrix}39\\34\\26\end{bmatrix}}_{b}\ \underset{\text{得到}A=LU}{\overset{\text{LU分解}}{\Rightarrow}}\ \underbrace{\begin{bmatrix}1&0&0\\2/3&1&0\\1/3&4/5&1\end{bmatrix}}_{L}\underbrace{\underbrace{\begin{bmatrix}3&2&1\\0&5/3&1/3\\0&0&12/5\end{bmatrix}}_{U}x}_{y}=\underbrace{\begin{bmatrix}39\\34\\26\end{bmatrix}}_{b}$$

$$\underbrace{\begin{bmatrix}1&0&0\\2/3&1&0\\1/3&4/5&1\end{bmatrix}}_{L}y=\underbrace{\begin{bmatrix}39\\34\\26\end{bmatrix}}_{b}\ \underset{\text{得到}y}{\overset{\text{前代法求解}Ly=b}{\Rightarrow}}\ y=\begin{bmatrix}39\\8\\33/5\end{bmatrix}$$

$$\underbrace{\begin{bmatrix}3&2&1\\0&5/3&1/3\\0&0&12/5\end{bmatrix}}_{U}x=\underbrace{\begin{bmatrix}39\\8\\33/5\end{bmatrix}}_{y}\ \underset{\text{得到}x}{\overset{\text{回代法求解}Ux=y}{\Rightarrow}}\ x=\begin{bmatrix}37/4\\17/4\\11/4\end{bmatrix}$$

3.4.2 LU 分解的实现

LU 分解本质上是高斯消去法的一种表达形式，前面介绍了通过 MATLAB 自带的 lu 函数实现矩阵的 LU 分解，下面再介绍基于高斯消去法的 LU 分解实现过程。

在高斯消去法中，对线性方程组的系数矩阵 $\boldsymbol{A}$ 进行初等行变换，将系数矩阵转化为上三角矩阵，而对矩阵 $\boldsymbol{A}$ 进行一次初等行变换，等价于矩阵 $\boldsymbol{A}$ 左乘一个对应的初等矩阵 $\boldsymbol{L}$。

高斯消去法计算示例如下：

$$\begin{bmatrix}3&2&1\\2&3&1\\1&2&3\end{bmatrix}\boldsymbol{x}=\begin{bmatrix}39\\34\\26\end{bmatrix}\Rightarrow\begin{bmatrix}3&2&1\\0&5/3&1/3\\0&4/3&8/3\end{bmatrix}\boldsymbol{x}=\begin{bmatrix}39\\8\\13\end{bmatrix}\Rightarrow\begin{bmatrix}3&2&1\\0&5/3&1/3\\0&0&12/5\end{bmatrix}\boldsymbol{x}=\begin{bmatrix}39\\8\\33/5\end{bmatrix}$$

其中，第一次变换为第二行减去第一行的 2/3，第三行减去第一行的 1/3，使得第二行第一列置零，利用线性方程组 $\boldsymbol{Ax}=\boldsymbol{b}$ 两边同时左乘初等矩阵 $\boldsymbol{L}_1$ 表示这一过程，得到 $\boldsymbol{L}_1\boldsymbol{Ax}=\boldsymbol{L}_1\boldsymbol{b}$，具体如下：

$$\underbrace{\begin{bmatrix}1&0&0\\-2/3&1&0\\-1/3&0&1\end{bmatrix}}_{\boldsymbol{L}_1}\underbrace{\begin{bmatrix}3&2&1\\2&3&1\\1&2&3\end{bmatrix}}_{\boldsymbol{A}}\boldsymbol{x}=\underbrace{\begin{bmatrix}1&0&0\\-2/3&1&0\\-1/3&0&1\end{bmatrix}}_{\boldsymbol{L}_1}\underbrace{\begin{bmatrix}39\\34\\26\end{bmatrix}}_{\boldsymbol{b}}\Rightarrow\underbrace{\begin{bmatrix}3&2&1\\0&5/3&1/3\\0&0&12/5\end{bmatrix}}_{\boldsymbol{L}_1\boldsymbol{A}}\boldsymbol{x}=\underbrace{\begin{bmatrix}39\\8\\13\end{bmatrix}}_{\boldsymbol{L}_1\boldsymbol{b}}$$

第二次变换为第三行减去第二行的 4/5，使得第三行第二列置零，利用线性方程组 $\boldsymbol{L}_1\boldsymbol{Ax}=\boldsymbol{L}_1\boldsymbol{b}$ 两边同时左乘初等矩阵 $\boldsymbol{L}_2$ 表示这一过程：

$$\underbrace{\begin{bmatrix}1&0&0\\0&1&0\\0&-5/4&1\end{bmatrix}}_{\boldsymbol{L}_2}\underbrace{\begin{bmatrix}3&2&1\\0&5/3&1/3\\0&0&12/5\end{bmatrix}}_{\boldsymbol{L}_1\boldsymbol{A}}\boldsymbol{x}=\underbrace{\begin{bmatrix}1&0&0\\0&1&0\\0&-5/4&1\end{bmatrix}}_{\boldsymbol{L}_2}\underbrace{\begin{bmatrix}39\\8\\13\end{bmatrix}}_{\boldsymbol{L}_1\boldsymbol{b}}\Rightarrow\underbrace{\begin{bmatrix}3&2&1\\0&5/3&1/3\\0&0&12/5\end{bmatrix}}_{\boldsymbol{L}_2\boldsymbol{L}_1\boldsymbol{A}}\boldsymbol{x}=\underbrace{\begin{bmatrix}39\\8\\33/5\end{bmatrix}}_{\boldsymbol{L}_2\boldsymbol{L}_1\boldsymbol{b}}$$

综上，用左乘初等矩阵表示上述消元过程可以记为：

$$\underbrace{\begin{bmatrix}1&0&0\\0&1&0\\0&-5/4&1\end{bmatrix}}_{\boldsymbol{L}_2}\underbrace{\begin{bmatrix}1&0&0\\-2/3&1&0\\-1/3&0&1\end{bmatrix}}_{\boldsymbol{L}_1}\underbrace{\begin{bmatrix}3&2&1\\2&3&1\\1&2&3\end{bmatrix}}_{\boldsymbol{A}}\boldsymbol{x}=\underbrace{\begin{bmatrix}1&0&0\\0&1&0\\0&-5/4&1\end{bmatrix}}_{\boldsymbol{L}_2}\underbrace{\begin{bmatrix}1&0&0\\-2/3&1&0\\-1/3&0&1\end{bmatrix}}_{\boldsymbol{L}_1}\begin{bmatrix}39\\34\\26\end{bmatrix}$$

每一次消元过程，可以看作一次初等变换，对于 n 维线性方程组，可以得到：

$$\boldsymbol{L}_n\boldsymbol{L}_{n-1}\cdots\boldsymbol{L}_1\boldsymbol{A}=\boldsymbol{L}_n\boldsymbol{L}_{n-1}\cdots\boldsymbol{L}_1\boldsymbol{b}$$

做 n 次初等变换后，系数矩阵转化为上三角矩阵，记为 $\boldsymbol{U}=\boldsymbol{L}_n\boldsymbol{L}_{n-1}\cdots\boldsymbol{L}_1\boldsymbol{A}$，则原系数矩阵可以表示为：

$$\boldsymbol{A}=\underbrace{\left(\boldsymbol{L}_n\boldsymbol{L}_{n-1}\cdots\boldsymbol{L}_1\right)^{-1}}_{\boldsymbol{L}}\underbrace{\boldsymbol{L}_n\boldsymbol{L}_{n-1}\cdots\boldsymbol{L}_1\boldsymbol{A}}_{\boldsymbol{U}}=\underbrace{\boldsymbol{L}_1^{-1}\boldsymbol{L}_2^{-1}\cdots\boldsymbol{L}_n^{-1}}_{\boldsymbol{L}}\underbrace{\boldsymbol{L}_n\boldsymbol{L}_{n-1}\cdots\boldsymbol{L}_1\boldsymbol{A}}_{\boldsymbol{U}}$$

其中，每一次初等变换的变换矩阵 $\boldsymbol{L}_k$，与高斯消去法中的消去因子有关，公式为：

$$\boldsymbol{L}_k=\boldsymbol{I}-\boldsymbol{l}_k\boldsymbol{e}_k^{\mathrm{T}}$$

将其称为高斯变换。其中，$\boldsymbol{I}$ 为 n 阶单位矩阵，$\boldsymbol{e}_k$ 表示 $\boldsymbol{I}$ 的第 k 列，$\boldsymbol{l}_k=(0,\cdots,0,l_{k+1,k},\cdots,l_{n,k})$ 为高斯向量，$l_{i,k}=a_{ik}/a_{kk}$。

已知高斯变换 $\boldsymbol{L}_k$ 具有如下性质。

性质 1： $\boldsymbol{L}_k^{-1}=\left(\boldsymbol{I}-\boldsymbol{l}_k\boldsymbol{e}_k^{\mathrm{T}}\right)^{-1}=\boldsymbol{I}+\boldsymbol{l}_k\boldsymbol{e}_k^{\mathrm{T}}$。

性质 2： 矩阵 $\boldsymbol{A}$ 在高斯变换 $\boldsymbol{L}_k$ 作用下，结果为 $\boldsymbol{L}_k\boldsymbol{A}=\left(\boldsymbol{I}-\boldsymbol{l}_k\boldsymbol{e}_k^{\mathrm{T}}\right)\boldsymbol{A}=\boldsymbol{A}-\boldsymbol{l}_k\left(\boldsymbol{e}_k^{\mathrm{T}}\boldsymbol{A}\right)$，其中 $\boldsymbol{e}_k^{\mathrm{T}}\boldsymbol{A}$ 为矩阵 $\boldsymbol{A}$ 的第 k 行。

性质 3： 若 $j<k$，则 $\boldsymbol{L}_j\boldsymbol{L}_k=\boldsymbol{I}-\boldsymbol{l}_j\boldsymbol{e}_j^{\mathrm{T}}-\boldsymbol{l}_k\boldsymbol{e}_k^{\mathrm{T}}$。

用高斯变换得到的下三角矩阵为：

$$
\begin{aligned}
\boldsymbol{L}&=\boldsymbol{L}_1^{-1}\boldsymbol{L}_2^{-1}\cdots\boldsymbol{L}_n^{-1}=\left(\boldsymbol{I}+\boldsymbol{l}_1\boldsymbol{e}_1^T\right)\left(\boldsymbol{I}+\boldsymbol{l}_2\boldsymbol{e}_2^T\right)\cdots\left(\boldsymbol{I}+\boldsymbol{l}_n\boldsymbol{e}_n^T\right)\\
&=\boldsymbol{I}+\boldsymbol{l}_1\boldsymbol{e}_1^T+\boldsymbol{l}_2\boldsymbol{e}_2^T+\cdots+\boldsymbol{l}_n\boldsymbol{e}_n^T
\end{aligned}
$$

根据上述性质，高斯消去法实现 LU 分解如代码 3-10 所示。调用格式如下：

```
[L,U] = LUDecomposition(A)
```

其中，输入变量 A 为待分解矩阵，输出变量 L 和 U 分别为分解后的下三角矩阵和上三角矩阵，输出变量 x 为方程组的解。

代码3-10

高斯消去法实现 LU 分解

```
function [L,U] = LUDecomposition(A)
n = length(A);
L = zeros(n);
U = zeros(n);
for i = 1:n
    A(i+1:n,i) = A(i+1:n,i)/A(i,i);
    A(i+1:n,i+1:n) = A(i+1:n,i+1:n) - A(i+1:n,i)*A(i,i+1:n);
end
L = eye(n) + tril(A,-1);
U = triu(A);
end
```

在上述代码中，循环结束后，矩阵 A 的上三角部分存放矩阵 U，下三角部分存放矩阵 L。在命令行输入以下代码：

```
[L,U] = LUDecomposition(A)
```

得到的结果为：

```
L =
       1           0           0
       2/3         1           0
       1/3         4/5         1
```

```
U =
        3              2              1
        0              5/3            1/3
        0              0              12/5
```

使用高斯消去法实现 LU 分解的结果与 lu 函数得到的结果相同。值得注意的是，并不是每一个矩阵都能进行 LU 分解，当 ***A*** 的所有顺序主子式都不为 0 时，矩阵 ***A*** 可以分解为 ***A***=***LU***。

3.4.3 其他分解法

常见的矩阵三角分解除了 LU 分解外，还有 QR 分解和 Cholesky 分解。

1. QR 分解

矩阵的 QR 分解就是把矩阵分解为一个正交矩阵 ***Q*** 和一个上三角矩阵 ***R*** 的乘积，在 MATLAB 中可以调用 qr 函数来实现，调用格式为：

```
[Q,R]=qr(X)
```

例如，输入如下代码：

```
A = [3 2 1;2 3 1;1 2 3];
[Q,R]=qr(A)
```

可以得到如下输出：

```
Q =
   -0.8018    0.5774    0.1543
   -0.5345   -0.5774   -0.6172
   -0.2673   -0.5774    0.7715
R =
   -3.7417   -3.7417   -2.1381
         0   -1.7321   -1.7321
         0         0    1.8516
```

2. Cholesky 分解

当矩阵 ***A*** 为对称正定矩阵时，可以分解为 $\boldsymbol{A}=\boldsymbol{R}^{\mathrm{T}}\boldsymbol{R}$（其中 ***R*** 为上三角矩阵），这一过程称为 Cholesky 分解。在 MATLAB 中可以通过 chol 函数实现 Cholesky 分解，调用 chol 函数的示例代码为：

```
A = [3 2 1;2 3 1;1 1 3]
R = chol(A)
```

得到的输出为：

```
R =
    1.7321    1.1547    0.5774
         0    1.2910    0.2582
         0         0    1.6125
```

3.5 线性方程组的迭代解法

除了高斯消去法和矩阵三角分解法外，线性方程组还可以通过迭代法进行求解。迭代法通过构造迭代格式，生成迭代序列，使得迭代序列逐渐逼近真实解。

线性方程组的迭代法求解过程由迭代初始值和迭代格式组成，不同的迭代算法可以构造不同的迭代格式，本节主要介绍雅可比（Jacobi）迭代法和高斯 - 赛德尔（Gauss-Seidel）迭代法。此外，并不是每一种迭代格式生成的迭代序列都能收敛到真实解，这涉及了迭代的收敛性及收敛速度。

3.5.1 Jacobi 迭代法

1. 算法原理与步骤

对于如下线性方程组：

$$\begin{bmatrix} a_{11} & a_{12} & \cdots & a_{1n} \\ a_{21} & a_{22} & \cdots & a_{2n} \\ \vdots & \vdots & & \vdots \\ a_{n1} & a_{n2} & \cdots & a_{nn} \end{bmatrix} \begin{bmatrix} x_1 \\ x_2 \\ \vdots \\ x_n \end{bmatrix} = \begin{bmatrix} b_1 \\ b_2 \\ \vdots \\ b_n \end{bmatrix}$$

当 $a_{ii} \neq 0$ 时，可以等价变形为：

$$\begin{bmatrix} a_{11}x_1 \\ a_{22}x_2 \\ \vdots \\ a_{nn}x_n \end{bmatrix} + \begin{bmatrix} 0 & a_{12} & \cdots & a_{1n} \\ a_{21} & 0 & \cdots & a_{2n} \\ \vdots & \vdots & & \vdots \\ a_{n1} & a_{n2} & \cdots & 0 \end{bmatrix} \begin{bmatrix} x_1 \\ x_2 \\ \vdots \\ x_n \end{bmatrix} = \begin{bmatrix} b_1 \\ b_2 \\ \vdots \\ b_n \end{bmatrix}$$

更换后，则有

$$\begin{bmatrix} x_1 \\ x_2 \\ \vdots \\ x_n \end{bmatrix} = -\begin{bmatrix} 0 & a_{12}/a_{11} & \cdots & a_{1n}/a_{11} \\ a_{21}/a_{22} & 0 & \cdots & a_{2n}/a_{22} \\ \vdots & \vdots & & \vdots \\ a_{n1}/a_{nn} & a_{n2}/a_{nn} & \cdots & 0 \end{bmatrix} \begin{bmatrix} x_1 \\ x_2 \\ \vdots \\ x_n \end{bmatrix} + \begin{bmatrix} b_1/a_{11} \\ b_2/a_{22} \\ \vdots \\ b_n/a_{nn} \end{bmatrix}$$

可以根据上式构造迭代格式，进行迭代计算，得到线性方程组的迭代数值解。上述过程的矩阵描述为：线性方程组 $\boldsymbol{Ax}=\boldsymbol{b}$ 的系数矩阵为 $\boldsymbol{A}=\boldsymbol{D}+\boldsymbol{L}+\boldsymbol{U}$，其中，$\boldsymbol{D}=\mathrm{diag}(a_{11},a_{22},\cdots,a_{nn})$ 为矩阵 $\boldsymbol{A}$ 的对角线组成的方阵，$\boldsymbol{L}$ 为矩阵 $\boldsymbol{A}$ 的不包含对角线的下三角矩阵，$\boldsymbol{U}$ 为矩阵 $\boldsymbol{A}$ 的不包含对角线的上三角矩阵。$\boldsymbol{Ax}=\boldsymbol{b}$ 的等价形式为 $\boldsymbol{Dx}=-(\boldsymbol{L}+\boldsymbol{U})\boldsymbol{x}+\boldsymbol{b}$，即 $\boldsymbol{x}=-\boldsymbol{D}^{-1}(\boldsymbol{L}+\boldsymbol{U})\boldsymbol{x}+\boldsymbol{D}^{-1}\boldsymbol{b}$。由此得到 Jacobi 迭代的迭代格式为：

$$\boldsymbol{x}_{k+1}=-\boldsymbol{D}^{-1}(\boldsymbol{L}+\boldsymbol{U})\boldsymbol{x}_k+\boldsymbol{D}^{-1}\boldsymbol{b}$$

得到迭代格式后，根据上述分析，Jacobi 迭代法求解方程的流程如下。

给定待求解线性方程组 $\boldsymbol{Ax}=\boldsymbol{b}$、容忍误差 ε。选定解的初值 $\boldsymbol{x}_0$，根据 Jacobi 迭代法给出迭代格式 $\boldsymbol{x}_{k+1}=-\boldsymbol{D}^{-1}(\boldsymbol{L}+\boldsymbol{U})\boldsymbol{x}_k+\boldsymbol{D}^{-1}\boldsymbol{b}$。

步骤 1：根据第 k 次迭代结果 $\boldsymbol{x}_k$，计算下一次迭代结果 $\boldsymbol{x}_{k+1}=-\boldsymbol{D}^{-1}(\boldsymbol{L}+\boldsymbol{U})\boldsymbol{x}_k+\boldsymbol{D}^{-1}\boldsymbol{b}$。

步骤 2：如果 $\max\{|\boldsymbol{x}_{k+1}-\boldsymbol{x}_k|\}<\varepsilon$，则转到步骤 3，否则 $k=k+1$，转到步骤 1。

步骤 3：停止迭代，输出 $\hat{\boldsymbol{x}}=\boldsymbol{x}_{k+1}$。

值得注意的是，利用 MATLAB 实现 Jacobi 迭代法求解线性方程组，为了防止代码陷入死循环，需要给定最大迭代次数，当迭代次数达到设定的最大迭代次数时，需要退出循环。其他迭代法也需要设计最大迭代次数。

2. 算法的 MATLAB 实现

使用 Jacobi 迭代法求解线性方程组如代码 3-11 所示。Jacobi 迭代法的调用格式如下：

```
[x,k,X] = Jacobi(A,b)
[x,k,X] = Jacobi(A,b,ep)
[x,k,X] = Jacobi(A,b,ep,it_max)
```

其中，输入变量 A、b 分别为原线性方程组 $\boldsymbol{Ax}=\boldsymbol{b}$ 的系数矩阵与常数矩阵，ep 为容忍误差（默认为 10^{-5}），it_max 为最大迭代次数（默认为 100）；输出变量 x 为方程组的解，k 为迭代次数，X 为迭代每一次的解。

注意　上述不同调用格式的区别在于输入变量与输出变量的选择，对于函数的输入变量而言，MATLAB 可以省略有默认值的输入变量，如 [x, k, X]=Jacobi(A,b) 省略了输入变量 ep 与 it_max；对于函数的输出变量而言，MATLAB 可以自由选择需要输出的变量的个数，如 x=Jacobi(A, b) 这一调用格式只输出变量 x。后文中各种函数的不同调用格式也是由于输入变量与输出变量不同带来的，在此进行统一说明。

代码 3-11

Jacobi 迭代法求解线性方程组

```
function [x,k,X] = Jacobi(A,b,ep,it_max)
if nargin < 4
    it_max = 100;
end
if nargin < 3
    ep = 1e-5;
end
d = diag(A);
L = tril(A,-1);
U = triu(A,1);
if min(abs(d)) < 1e-10
    error('Error:diag(A) exists 0.')
```

```
end
n = length(b);
x = zeros(n,1);
X = x;
k = 0;
invD = spdiags(1./d,0,n,n);
B = -invD*(L+U);
f = invD*b;
while k < it_max
    y = B*x + f;
X = [X,y];
    if norm(y-x,inf) < ep
        break
    end
    x = y;
    k = k + 1;
end
end
```

在代码中，设定的初值为全零向量。此外，在判断是否跳出循环时使用无穷范数 norm(y-x,inf)，其公式为

$$\|y-x\|_\infty = \max_{i=1,\cdots,n}\{|y_i - x_i|\}$$

3. 算法应用举例

调用 Jacobi 迭代法函数计算：

$$\begin{bmatrix} 11 & -3 & -2 \\ -1 & 5 & -3 \\ -2 & -12 & 19 \end{bmatrix} \boldsymbol{x} = \begin{bmatrix} 3 \\ 6 \\ -7 \end{bmatrix}$$

设定容忍误差为 10^{-5}，具体实现见代码 3-12。

代码3-12

Jacobi 迭代法函数调用实例

```
A = [11,-3,-2;-1,5,-3;-2,-12,19];
b = [3;6;-7];
[x,k] = Jacobi(A,b)
```

输出为：

```
x =
    1.0000
    2.0000
    1.0000
k =
```

```
32
```

因此，Jacobi 算法迭代 32 次得到精度为 10^{-5}（默认精度）的解 $\boldsymbol{x}=[1,2,1]^{\mathrm{T}}$。Jacobi 迭代法收敛过程如图 3.3 所示。其中，左子图为解随迭代次数的变化过程逐渐收敛到 $\boldsymbol{x}=[1,2,1]^{\mathrm{T}}$，右子图为迭代中每一次的解 $\boldsymbol{x}_k$ 代入原始方程的误差，即

$$\|\boldsymbol{A}\boldsymbol{x}_k-\boldsymbol{b}\|_\infty$$

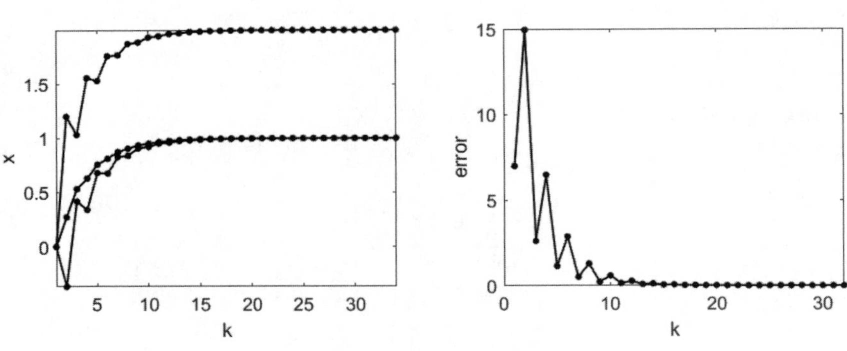

图3.3　Jacobi迭代法收敛过程

4．收敛性分析

在上述示例中，由图 3.3 可以看出，Jacobi 迭代法收敛。需要注意的是，并不是每个线性方程组都能通过 Jacobi 迭代法求得接近真实解的数值解，这取决于迭代格式的收敛性。如果对任意初始向量，迭代格式产生的迭代序列都有极限，则称该迭代法是收敛的。

对于如下迭代格式：

$$\boldsymbol{x}_{k+1}=\boldsymbol{M}\boldsymbol{x}_k+\boldsymbol{g}$$

在 Jacobi 迭代中，其迭代矩阵 $\boldsymbol{M}=-\boldsymbol{D}^{-1}(\boldsymbol{L}+\boldsymbol{U})$，常数项 $\boldsymbol{g}=\boldsymbol{D}^{-1}\boldsymbol{b}$。在线性方程组迭代法中，迭代是否收敛取决于迭代格式 $\boldsymbol{x}_{k+1}=\boldsymbol{M}\boldsymbol{x}_k+\boldsymbol{g}$ 中的矩阵 $\boldsymbol{M}$，只有当矩阵 $\boldsymbol{M}$ 的特征值绝对值均小于 1，迭代才会收敛。为了方便判断迭代格式是否收敛，将矩阵 $\boldsymbol{M}$ 特征值中的绝对值最大值定义为谱半径 $\rho(\boldsymbol{M})$，谱半径的公式为：

$$\rho(\boldsymbol{M})=\max\{|\lambda|:\lambda\in\lambda(\boldsymbol{M})\}$$

其中，$\lambda(\boldsymbol{M})$ 表示矩阵 $\boldsymbol{M}$ 的所有特征值，其谱半径 $\rho(\boldsymbol{M})$ 为矩阵 $\boldsymbol{M}$ 特征值中的最大绝对值。定义谱半径之后，迭代格式的收敛条件可以简单表示为“线性方程组迭代法收敛的充分必要条件是迭代矩阵 $\boldsymbol{M}$ 的谱半径小于 1”。在 MATLAB 中，矩阵的特征值可以通过函数 eig() 计算，因此矩阵 A 是谱半径的计算代码为：

```
max(abs(eig(A)))
```

计算上面线性方程组的 Jacobi 迭代法相应的迭代矩阵谱半径代码为：

```
n = length(b);
d = diag(A);
L = tril(A,-1);
U = triu(A,1);
invD = spdiags(1./d,0,n,n);
B = -invD*(L+U);
p = max(abs(eig(B)))
```

输出结果为：

```
p =
    0.7134
```

谱半径小于1，Jacobi迭代法收敛，与实际相符合。

3.5.2 Gauss-Seidel 迭代法

1. 算法原理与步骤

除了Jacobi迭代法外，Gauss-Seidel迭代法也是一种常用的求解线性方程组的算法。Gauss-Seidel迭代法的矩阵描述为：线性方程组 $\boldsymbol{Ax}=\boldsymbol{b}$ 的系数矩阵 $\boldsymbol{A}=\boldsymbol{D}+\boldsymbol{L}+\boldsymbol{U}$，则 $\boldsymbol{Ax}=\boldsymbol{b}$ 的等价形式为 $(\boldsymbol{D}+\boldsymbol{L})\boldsymbol{x}=-\boldsymbol{Ux}+\boldsymbol{b}$，即 $\boldsymbol{x}=-(\boldsymbol{D}+\boldsymbol{L})^{-1}\boldsymbol{Ux}+(\boldsymbol{D}+\boldsymbol{L})^{-1}\boldsymbol{b}$。由此得到Gauss-Seidel迭代法的迭代格式为：

$$\boldsymbol{x}_{k+1}=-(\boldsymbol{D}+\boldsymbol{L})^{-1}\boldsymbol{U}\boldsymbol{x}_k+(\boldsymbol{D}+\boldsymbol{L})^{-1}\boldsymbol{b}$$

Gauss-Seidel迭代法求解方程的流程如下。

给定待求解线性方程组 $\boldsymbol{Ax}=\boldsymbol{b}$、容忍误差 ε。选定解的初值 $\boldsymbol{x}_0$，根据Gauss-Seidel迭代法给出迭代格式 $\boldsymbol{x}_{k+1}=-(\boldsymbol{D}+\boldsymbol{L})^{-1}\boldsymbol{U}\boldsymbol{x}_k+(\boldsymbol{D}+\boldsymbol{L})^{-1}\boldsymbol{b}$。

步骤1：根据第 k 次迭代结果 $\boldsymbol{x}_k$，计算下一次迭代结果 $\boldsymbol{x}_{k+1}$；

步骤2：如果 $\max\{|\boldsymbol{x}_{k+1}-\boldsymbol{x}_k|\}<\varepsilon$，则转到步骤3，否则 $k=k+1$，转到步骤1；

步骤3：停止迭代，输出 $\hat{\boldsymbol{x}}=\boldsymbol{x}_{k+1}$。

算法步骤与Jacobi迭代法相同，只有迭代格式存在区别。

2. 算法的MATLAB实现

Gauss-Seidel迭代法求解线性方程组如代码3-13所示。调用格式如下：

```
[x,k,X] = GaussSeidel(A,b)
[x,k,X] = GaussSeidel(A,b,ep)
[x,k,X] = GaussSeidel(A,b,ep,it_max)
```

其中，输入变量A、b为原线性方程组 $\boldsymbol{Ax}=\boldsymbol{b}$ 的系数矩阵与常数矩阵，ep为容忍误差（默认为 10^{-5}），it_max为最大迭代次数（默认为100）；输出变量x为方程组的解，k为迭代次数，X为迭代每一次的解。

代码3-13

Gauss-Seidel 迭代法求解线性方程组

```
function [x,k,X] = GaussSeidel(A,b,ep,it_max)
if nargin < 4
    it_max = 100;
end
if nargin < 3
    ep = 1e-5;
end
n = length(b);
x = zeros(n,1);
X = x;
k = 0;
B = -tril(A)\triu(A,1);
f = tril(A)\b;
while k < it_max
    y = B*x + f;
    X = [X,y];
    if norm(y-x,inf) < ep
        break
    end
    x = y;
    k = k + 1;
end
end
```

Gauss-Seidel 迭代法的实现代码与 Jacobi 迭代法的基本相同，只有迭代矩阵 $\boldsymbol{B}$ 和常数项 $\boldsymbol{f}$ 的计算不同，其计算过程运用了 MATLAB 中矩阵的左除（\），在第 1 章中有介绍，左除规则为 $\boldsymbol{A}\backslash\boldsymbol{C}=\text{inv}(\boldsymbol{A})*\boldsymbol{C}$。此外，公式中 $\boldsymbol{D}+\boldsymbol{L}$ 在 MATLAB 中可以直接通过代码 tril(A) 实现，$\boldsymbol{U}$ 直接通过代码 triu(A,1) 实现。

3. 算法应用举例

调用 Gauss-Seidel 迭代法函数计算

$$\begin{bmatrix} 11 & -3 & -2 \\ -1 & 5 & -3 \\ -2 & -12 & 19 \end{bmatrix} \boldsymbol{x} = \begin{bmatrix} 3 \\ 6 \\ -7 \end{bmatrix}$$

设定容忍误差为 10^{-5}，具体实现见代码 3-14。

代码3-14

Gauss-Seidel 函数调用实例

```
A = [11,-3,-2;-1,5,-3;-2,-12,19];
b = [3;6;-7];
[x,k] = GaussSeidel(A,b)
```

输出为:

```
x =
    1.0000
    2.0000
    1.0000
k =
    17
```

因此，Gauss-Seidel 算法迭代 17 次得到精度为 10^{-5}（默认精度）的解 $\boldsymbol{x}=\left[1,2,1\right]^{\mathrm{T}}$。该迭代法的收敛过程如图 3.4 所示。其中，左图为解随迭代次数的变化过程，逐渐收敛到 $\boldsymbol{x}=\left[1,2,1\right]^{\mathrm{T}}$，右图为迭代误差。

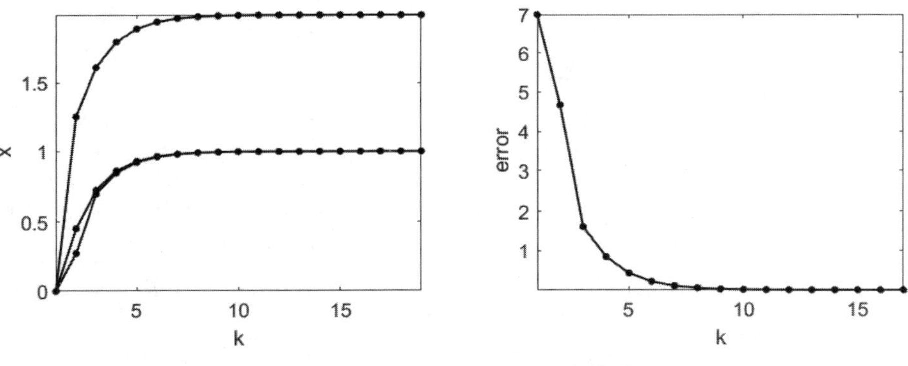

图3.4　Gauss-Seidel迭代法收敛过程

将图 3.3 和图 3.4 进行对比，Gauss-Seidel 迭代法的收敛次数更少，计算迭代矩阵的谱半径，代码如下:

```
B = -tril(A)\triu(A,1);
p = max(abs(eig(B)))
```

得到结果为:

```
p =
    0.5094
```

谱半径小于 1，Gauss-Seidel 迭代法收敛。实际上，迭代矩阵谱半径可以衡量迭代矩阵的收敛速度，谱半径越小，迭代速度越快，达到设定精度的迭代次数越少。

本章以线性方程组的求解为核心，首先介绍了求解线性方程组的 MATLAB 命令，主要包括求逆法和符号解法；然后介绍了三角方程组的特殊解法，包括上三角矩阵线性方程组的回代法和下三角矩阵线性方程组的前代法。

在前代法的基础上，介绍了系数矩阵不是三角矩阵的线性方程组的高斯消去法，根据消元顺序不同，有顺序消去法、列主元消去法和全主元消去法。之后，继续介绍了 LU 分解法，解决的也是系数矩阵不是三角矩阵的线性方程组。

最后介绍了线性方程组的迭代算法，包括 Jacobi 迭代法和 Gauss-Seidel 迭代法。将所有算法做一个简单对比分析，如表 3.1 所示。

表 3.1　线性方程组求解算法对比

类别	算法	求解的问题	注意
三角方程组求解算法	回代法	系数矩阵为上三角矩阵	无
	前代法	系数矩阵为下三角矩阵	
高斯消去法	顺序消去法	系数矩阵主元不为 0	将系数矩阵转化为上三角矩阵，调用回代法求解
	列主元消去法	解决顺序消去法不能求解的线性方程组	
	全主元消去法		
三角分解法	LU 分解法	系数矩阵的所有顺序主子式都不为 0	将原问题转化为两个子问题，分别调用回代法和前代法求解两个子问题
迭代法	Jacobi 迭代法	迭代矩阵谱半径小于 1	$\boldsymbol{x}_{k+1} = -\boldsymbol{D}^{-1}(\boldsymbol{L}+\boldsymbol{U})\boldsymbol{x}_k + \boldsymbol{D}^{-1}\boldsymbol{b}$
	Gauss-Seidel 迭代法	迭代矩阵谱半径小于 1	$\boldsymbol{x}_{k+1} = -(\boldsymbol{D}+\boldsymbol{L})^{-1}\boldsymbol{U}\boldsymbol{x}_k + (\boldsymbol{D}+\boldsymbol{L})^{-1}\boldsymbol{b}$

第 4 章

非线性方程求解

非线性方程的求解是科学计算的经典问题之一。本章主要介绍 MATLAB 求解非线性方程函数，以及具体非线性方程求解算法，主要涉及的知识点如下。

- **MATLAB 非线性方程求解函数：** 了解并应用 MATLAB 函数求解非线性方程。
- **二分法：** 掌握二分法进行非线性方程求解的基本原理并编程实现。
- **不动点迭代法：** 掌握不动点迭代法进行非线性方程求解的基本原理并编程实现。
- **牛顿迭代法：** 掌握牛顿迭代法进行非线性方程求解的基本原理并编程实现。
- **弦截法：** 掌握弦截法进行非线性方程求解的基本原理并编程实现。

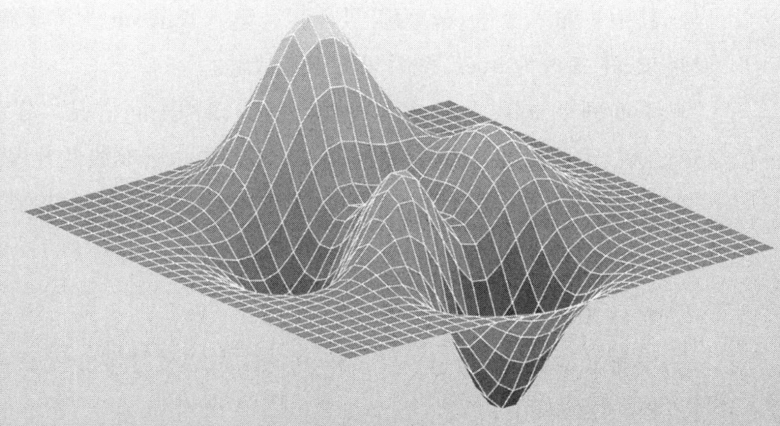

4.1 求解非线性方程的 MATLAB 函数

非线性方程是指含有非线性函数的方程。与线性方程相比，无论是解的存在性，还是求根公式，非线性方程都比线性方程复杂得多。对于不存在求根公式，难以直接求解的非线性方程，只能利用迭代法求其数值解，这既对算法要求很高，又需要大量计算。

为了解决这一问题，MATLAB 提供了若干求解非线性方程的函数，使用者即使不了解迭代法，也可以求解非线性方程。本节介绍相应的 MATLAB 函数，主要有 solve 函数、vpasolve 函数、fzero 函数和 fsolve 函数。

4.1.1 solve 函数

solve 函数是求符号方程符号解（解析解）的函数。在 MATLAB 中，非线性方程可以用符号方程表示。符号方程的建立可参见 1.5.1 节。例如，用符号方程表示非线性方程 $2^x - x - 1 = 0$，代码如下：

```
sysm x
eqn = 2^x - x - 1 == 0
```

MATLAB 的 solve 函数可以直接求解符号方程的符号解，其调用格式如下：

```
solve(eqn)
solve(eqn, var)
solve(eqn, 'Real', true)
```

其中，输入变量 eqn 为符号方程，输入变量 var 为待求解的符号变量。在第三个调用格式中，设置 'Real' 参数为 true，此时只输出实数解。

下面列举 solve 函数求解符号方程的四种不同情况，分别为 solve 函数求解普通非线性方程、solve 函数求非线性方程的实数解、solve 函数求解非线性方程组及无法求出符号解的情况。

1. solve 函数求解非线性方程

solve 函数求解符号方程的调用格式如下：

```
solve(eqn)
```

求解非线性方程 $f(x) = \mathrm{e}^x - 1 = 0$，首先定义符号方程 $\mathrm{e}^x - 1 = 0$，然后利用 solve 函数求解该符号方程，代码如下：

```
syms x
f = exp(x)-1;
eqn = f == 0;
x = solve(eqn)
```

得到输出结果为：

```
x = 0
```

即非线性方程 $e^x-1=0$ 的解为 $x=0$。利用 fplot 函数绘制 $f(x)=e^x-1$ 并将 $f(x)=0$ 的解在图中标出，代码如下，结果如图 4.1 所示。

```
h = figure;
set(h,'position',[100 100 400 240]);
k = [-1 1];
fplot(f,k,'k','linewidth',1.5)
grid on
hold on
title(char(f))
plot(x,subs(f,x),'ko','MarkerFaceColor','k','MarkerSize',6)
xlabel('x')
ylabel('f(x)')
```

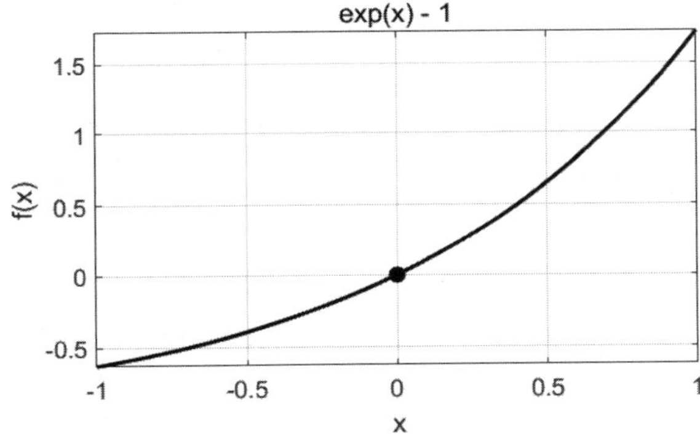

图4.1　$f(x)=e^x-1$的结果示意图

2. solve 函数求非线性方程的实数解

solve 函数只输出实数解的调用格式如下：

```
solve(eqn, 'Real', true)
```

对于存在虚数解的非线性方程，solve 函数默认求出所有解。例如，对于 $f(x)=x^5-3125$，求 $f(x)=0$ 的解的代码如下：

```
syms x
f = x^5 - 3125;
eqn = f == 0;
solve(eqn)
```

得到的解为：

```
ans =
                                5
- (2^(1/2)*(5 - 5^(1/2))^(1/2)*5i)/4 - (5*5^(1/2))/4 - 5/4
  (2^(1/2)*(5 - 5^(1/2))^(1/2)*5i)/4 - (5*5^(1/2))/4 - 5/4
```

```
    (5*5^(1/2))/4 - (2^(1/2)*(5^(1/2) + 5)^(1/2)*5i)/4 - 5/4
    (5*5^(1/2))/4 + (2^(1/2)*(5^(1/2) + 5)^(1/2)*5i)/4 - 5/4
```

后四个解为虚数解，若只求 $f(x)=0$ 的实数解，可以设置 solve 函数的 'Real' 参数为 true，代码如下：

```
syms x
f = x^5 - 3125;
eqn = f == 0;
solve(eqn,x,'Real',true)
```

得到的结果只有实数解 5。

3. solve 函数求解非线性方程组

solve 函数求解符号方程组的调用方法和求符号方程相同。例如，利用 solve 函数求如下非线性方程组的实数解：

$$\begin{cases} x^3 - y = 0 \\ x + y - 1 = 0 \end{cases}$$

代码如下：

```
syms x y
[x,y] = solve([x^3-y==0,x+y-1==0],[x,y] ,'Real',true)
```

输出结果为：

```
x =
1/(3*((31^(1/2)*108^(1/2))/108 - 1/2)^(1/3)) - ((31^(1/2)*108^(1/2))/108 - 1/2)^(1/3)
y =
((31^(1/2)*108^(1/2))/108 - 1/2)^(1/3) - 1/(3*((31^(1/2)*108^(1/2))/108 - 1/2)^(1/3)) + 1
```

注意　用 solve 函数求得的解会用分数精确表示，如果想得到其小数形式，可以通过 vpa() 函数进行转化。例如，对于下面的代码：

```
syms x y
[x,y] = solve([x^3-y==0,x+y-1==0],[x,y] ,'Real',true)
x = vpa(x)
y = vpa(y)
```

得到结果为：

```
x =
0.68232780382801932736948373971105
y =
0.31767219617198067263051626028895
```

当方程数小于未知量数时，需要设置求解变量，未被设置为求解变量的未知数会被视为参数。例如，求解含有两个未知量的非线性方程 $f(x,y)=x^3+xy+y=0$，当设置求解变量为 y 时，会将变量 x 视为参数，代码如下：

```
syms x y
f = x^3 + x*y + y == 0;
```

```
y = solve(f,y)
```

得到的结果为：

```
y =
-x^3/(x + 1)
```

即

$$y=\frac{-x^3}{x+1}$$

此时求解变量 y 的结果用变量 x 表示。

4. 无法求出符号解

对于无法求出符号解的非线性方程，solve 函数会给出利用 vpasolve 函数求得的数值解。例如，求 $f(x)=\mathrm{e}^x-1-\sin(2\pi x)=0$ 的解，代码如下：

```
syms x
f = exp(x)-1-sin(2*pi*x);
solve(f==0)
```

得到的结果为：

```
警告: Unable to solve symbolically. Returning a numeric solution using vpasolve.
> 位置: sym/solve (第 304 行)
ans =
0
```

即 solve 函数不能求得 $f(x)=0$ 的符号解，只能通过数值求解算法求得其中一个数值解为 0，数值求解函数为 vpasolve。

4.1.2 vpasolve 函数

vpasolve 函数是求符号方程数值解的函数。当非线性方程 $f(x)=0$ 没有解析解时，可以通过数值方法求得其数值解，数值解求解函数为 vpasolve，其调用格式和 solve 函数相同，如下所示：

```
vpasolve(eqn)
vpasolve(eqn,var)
```

其中，输入变量 eqn 为符号方程，输入变量 var 为待求解的符号变量。

调用 vpasolve 函数求 $f(x)=2x^4+3x^3-4x^2-3x+2=0$ 的解，代码如下：

```
syms x
f = 2*x^4 + 3*x^3 - 4*x^2 - 3*x + 2;
eqn = f == 0;
vpasolve(eqn, x)
```

得到的结果为：

```
-2.0
```

```
-1.0
 0.5
 1.0
```

利用 solve 函数求解的代码为：

```
solve(eqn, x)
```

输出结果为：

```
-2
-1
1/2
1
```

可见，vpasolve 函数求得的结果与 solve 函数求得的结果数值相同，但一个是数值解，一个是解析解。

利用 fplot 函数画出 $f(x)=2x^4+3x^3-4x^2-3x+2$ 的曲线，并将 vpasolve 函数求得的解用黑色实心点标记出，代码如下，结果如图 4.2 所示。

```
syms x
f = 2*x^4 + 3*x^3 - 4*x^2 - 3*x + 2;
fplot(f,[-2.5 1.5],'k')
hold on
plot(vpasolve(f == 0, x),0,'ko','MarkerFaceColor','k','MarkerSize',6)
grid on
xlabel('x')
ylabel('f(x)')
title(char(f))
```

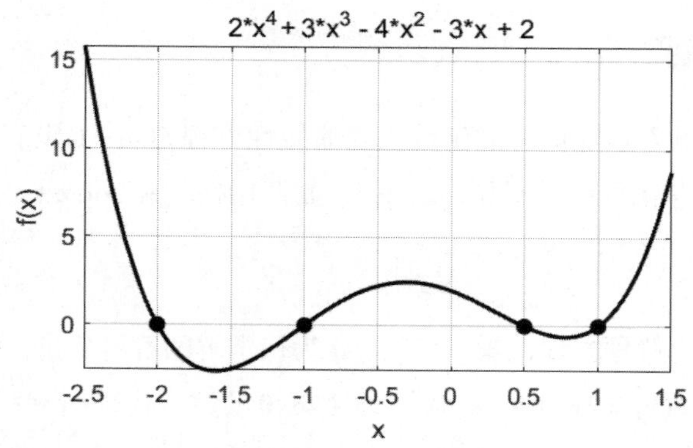

图4.2 $f(x)$=0结果示意图

4.1.3 fzero 函数

fzero 函数是单变量非线性函数 $f(x)$ 的求根函数，可以求得 $f(x)=0$ 的解，不能求解多变量非线性函数。由于 fzero 函数的本质是利用迭代法求非线性函数$f(x)$变号的位置，因此需要设定迭代初值，fzero 函数返回初值附近的函数零点，且无法求出不变号零点。fzero 函数的调用格式如下：

```
x = fzero(fun,x0)
```

其中，输入变量 fun 为求根函数$f(x)$对应的函数句柄，x0 为迭代初值。例如，求非线性方程$f(x)=x^2+x-1=0$在$x=0$附近的解，则将迭代初值 x0 设为 0，并定义相应的函数句柄 f，求解代码如下：

```
f = @(x)x^2+x-1;
x = fzero(f,0)
```

得到的结果为：

```
x =
    0.6180
```

fzero 函数求得的根与迭代初值 x0 有关。若将初值改为 -2，求非线性函数$f(x)=x^2+x-1$在$x=-2$附近的根，代码如下：

```
f = @(x)x^2+x-1;
x = fzero(f,-2)
```

得到的输出为：

```
x =
   -1.6180
```

4.1.4 fsolve 函数

MATLAB 的 fzero 函数不能求解多变量非线性方程组，而 fsolve 函数既可以求解单变量非线性方程，又可以求解多变量非线性方程组。

与 fzero 函数相同，fsolve 函数是基于迭代法求得非线性方程（组）的数值解，因此需要设定迭代初值，当非线性方程存在多个解时，求得的解与初值相关。fsolve 函数的调用格式如下：

```
x = fsolve(fun,x0)
```

其中，输入变量 fun 为待求解的非线性方程$f(x)=0$中的函数句柄$f(x)$，输入变量 x0 为迭代初值，输出变量 x 为求得的非线性方程的解。下面通过两个实例介绍 fsolve 函数求解非线性方程和非线性方程组的过程。

1. 求解非线性方程

求非线性方程$f(x)=2x^4+3x^3-4x^2-3x+2=0$在$x=0$附近的解，首先用函数句柄 f 表示非线性函数$f(x)$，迭代初值 x0 设为 0，则代码如下：

```
f = @(x)2*x^4 + 3*x^3 - 4*x^2 - 3*x + 2;
x0 = 0;
x = fsolve(f,x0)
```

得到的结果为：

```
Equation solved.
fsolve completed because the vector of function values is near zeromeasured by the value of the function tolerance, and the problem appears regular as measured by the gradient.
<stopping criteria details>
x =
0.5000
```

fsolve 函数只能求得非线性方程的一个解，且取决于初值。如果改变初值，将会得到不同的解。例如，将初值设为 1.5，代码如下：

```
f = @(x)2*x^4 + 3*x^3 - 4*x^2 - 3*x + 2;
x = fsolve(f,1.5)
```

得到的输出结果为：

```
Equation solved.
fsolve completed because the vector of function values is near zero
as measured by the value of the function tolerance,
and the problem appears regular as measured by the gradient.
<stopping criteria details>
x =
    1.0000
```

2. 求解非线性方程组

fsolve 函数求解非线性方程组时，需要将其转化为 $F(x)=0$ 的形式，并编写一个函数表示该线性方程组。例如，求如下非线性方程组在 (0,0) 附近的解：

$$\begin{cases} x^3 = y \\ x + y = 1 \end{cases}$$

首先将其整理为 $F(x)=0$ 的形式，其中用 x_1 表示原变量 x，用 x_2 表示原变量 y，具体如下：

$$\begin{cases} x_1^3 - x_2 = 0 \\ x_1 + x_2 - 1 = 0 \end{cases}$$

编写函数表示该多变量方程 $F(x)$，代码如下：

```
function F = root2d(x)
F(1) = x(1)^3-x(2);
F(2) = x(1)+x(2)-1;
end
```

再调用 fsolve 函数，代码为：

```
fsolve(@root2d,[0 0])
```

得到的解为：

```
x =
```

```
    0.6823    0.3177
```

此外，非线性方程组也可以用如下的匿名函数形式表示：

```
root2d = @(x)[ x(1)^3-x(2), x(1)+x(2)-1];
```

综上，四种非线性方程求解函数对比如表 4.1 所示。

表 4.1　MATLAB 非线性方程求解函数

函数	调用格式	输入	输出	求解对象
solve	solve(eqn,var)	符号方程（组）eqn 符号变量 var	多项式型：全部符号解 非多项式型：若可符号解则得到根	符号方程（组）eqn 的解
vpasolve	vpasolve(eqn,var)		多项式型：全部数值解 非多项式型：随机初值得到一个实数根	
fzero	fzero(f,x0)	单变量函数句柄 f 初值 x0	根据初值得到一个实数根	一维函数 f 变号的位置
sfolve	fsolve(f,x0)	函数（组）句柄 f 初值 x0		方程（组）f=0 的解

4.2 非线性方程的数值求解算法

前面介绍了 MATLAB 求解非线性方程的几种函数，并未介绍具体非线性方程的求解算法，本节介绍具体求解算法。

非线性方程 $f(x)=0$ 求解的理论依据为：在区间 $[a,b]$ 上，如果 $f(a)f(b)<0$，则在区间 $[a,b]$ 内方程 $f(x)=0$ 至少存在一个实根。若在区间 $[a,b]$ 内有且只有一个根，则称 $[a,b]$ 为方程 $f(x)=0$ 的一个隔根区间。

求解非线性方程的算法分为两大类：区间收缩法和迭代法。区间收缩法主要有二分法、黄金分割法，迭代法主要包括不动点迭代法、牛顿迭代法、弦截法等。

4.2.1 二分法

二分法是较简单的非线性方程 $f(x)=0$ 求解算法。对于在区间 $[a,b]$ 上连续且两端异号（$f(a)f(b)<0$）的函数 $f(x)$，二分法将区间从中点处一分为二，并选择两端异号的子区间作为新的区间 $[a,b]$，使区间的两个端点逐步逼近零点，进而得到零点近似值，即非线性方程 $f(x)=0$ 的数值解。

1. 算法原理与步骤

二分法计算过程比较简单，根据中点的函数值大小来压缩区间，具体流程如下。

给定待求根函数$f(x)$、隔根区间$[a_0,b_0]$、指定精度ε。要求若真实值为x^*，二分法求得的结果为$\hat{x}$，则求解结果$\hat{x}$满足$\left|\hat{x}-x^*\right|<\varepsilon$。

步骤 1： 计算函数$f(x)$在第i次迭代后区间$[a_i,b_i]$中点x_i处的函数值$f(x_i)$。

步骤 2： 如果$f(a_i)f(x_i)>0$，则$f(a_i)$与$f(x_i)$同号，零点在另一子区间$[x_i,b_i]$，则压缩隔根区间$[a_{i+1},b_{i+1}]=[x_i,b_i]$。

如果$f(a_i)f(x_i)<0$，则$f(a_i)$与$f(x_i)$异号，零点在子区间$[a_i,x_i]$，则更新$[a_{i+1},b_{i+1}]=[a_i,x_i]$。

如果$f(x_i)=0$，则找到$f(x)=0$的解$\hat{x}=x_i$，搜索结束。

步骤 3： 如果更新后的区间长度$b_{i+1}-a_{i+1}<2\varepsilon$，则跳转到步骤 4，否则令$i=i+1$，跳转到步骤 1。

步骤 4： 停止迭代，输出$\hat{x}=(a_{i+1}+b_{i+1})/2$。

根据二分法，求$x^2+x-1=0$在区间[0,1]上的解示意图，如图 4.3 所示。

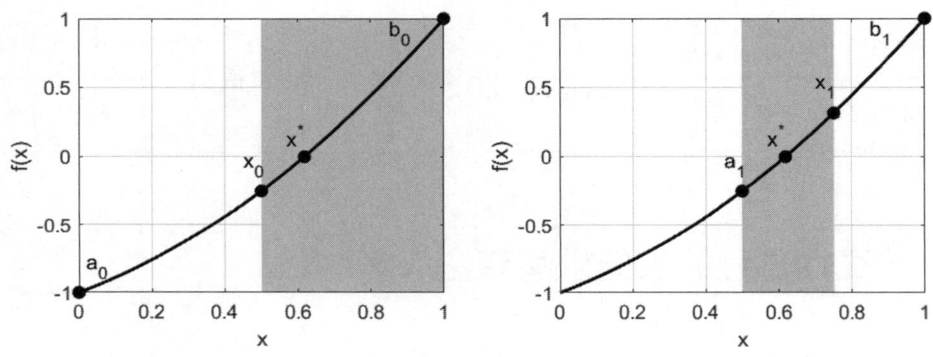

图4.3　二分法示意图

在图 4.3 中左图的第一次迭代中，$f(a_0)f(x_0)>0$，两者同号，因此零点不在子区间$[a_0,x_0]$，区间收缩为$[x_0,b_0]$，如灰色部分所示；在右图的第二次迭代中，$f(a_1)f(x_1)<0$，区间收缩为$[a_1,x_1]$。

2. 算法的 MATLAB 实现

根据算法原理与步骤编写 MATLAB 代码，实现基于二分法的非线性函数求解。其中，二分法函数名为 BinarySearch，该函数能够求非线性函数$f(x)$在隔根区间$[a,b]$上的零点（区间满足$f(a)f(b)<0$）。具体实现如代码 4-1 所示。调用格式如下：

```
[x,x_set] = BinarySearch(fun,a0,b0)
[x,x_set] = BinarySearch(fun,a0,b0,eps)
[x,x_set] = BinarySearch(fun,a0,b0,eps,N)
```

其中，fun 为求根函数$f(x)$；a0 为搜索区间起始点；b0 为搜索区间终止点；eps 为最优点的容忍误差，默认为10^{-6}；N 为最大迭代次数，默认为 1000；x 为求得的根；x_set 为每次迭代的解的集合。

代码4-1

二分法的函数实现

```
function [x,x_set] = BinarySearch(fun,a0,b0,eps,N,varargin)
if nargin<4 | isempty(eps)
    eps = 1e-6;
end
if nargin<5 | isempty(N)
    N = 1e3;
end
x = (a0+b0)/2;
x_set = [];
for i = 1:N
    x = (a0+b0)/2;
    x_set = [x_set,x];
    if fun(a0)*fun(x) < 0
        b0 = x;
    elseif fun(a0)*fun(x) > 0
        a0 = x;
    else
        fprintf('The Binary Search algorithm iterates %d times to find the x:%f. \n',i,x)
        break
    end
    if b0 - a0 < eps*2
        x = (a0+b0)/2;
        x_set = [x_set,x];
        fprintf('The Binary Search algorithm iterates %d times to find the x:%f. \n',i,x)
        break
    end
end
if i == N
    fprintf('The Binary Search algorithm has iterated %d times and has not yet found x.\n',N)
end
end
```

如果迭代 N 次还未收敛，就跳出循环。因此，算法终止有两种可能：迭代 N 次仍未收敛；区间长度小于 2ε，满足精度要求 $|x_k - x^*| < \varepsilon$，迭代收敛。

3. 算法应用举例

调用二分法函数求非线性函数 $f(x)=x^3-3x-1$ 在区间 $[0,2]$ 上的零点，即如下非线性方程的根。

$$f(x)=x^3-3x-1=0 \qquad x\in[0,2]$$

首先判断解是否存在，计算非线性函数在区间端点上的值，$f(0)=-1$，$f(2)=1$，区间两端函数值异号，解存在。然后定义函数句柄 fun，调用二分法函数 BinarySearch，求得 $f(x)=x^3-3x-1=0$ 在区间 $[0,2]$ 上的解。

具体实现如代码 4-2 所示。

代码4-2

BinarySearch 函数调用实例

```
fun = @(x)x^3-3*x-1;
a0 = 0;
b0 = 2;
[x,x_set] = BinarySearch(fun,a0,b0);
```

得到的结果为：

```
The Binary Search algorithm iterates 20 times to find the x:1.879386.
```

算法迭代 20 次求得误差为 10^{-6} 的解为 1.879386。二分法迭代收敛过程如图 4.4 所示。

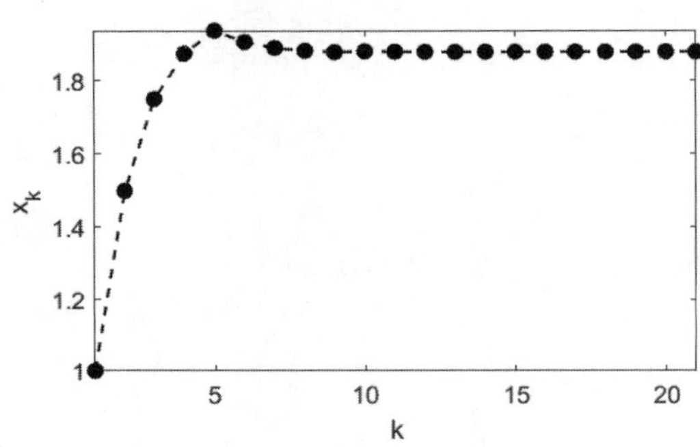

图4.4　二分法迭代收敛过程

利用 solve 函数求精确解，代码如下：

```
syms x
x = vpa(solve(x^3-3*x-1,x))
```

得到的结果为：

```
x =
-0.34729635533386069770343325353863
  -1.5320888862379560704047853011108
   1.8793852415718167681082185546495
```

计算 solve 函数得到的精确解与前文二分法得到的数值解之间的误差，为 0.000000706（保留三位有效数字），二分法要求误差小于 10^{-6}，满足精度要求。

4. 算法分析

由于二分法在每次迭代中都会将求解区间缩小一半，而解的精度取决于求解区间的大小，因此二分法求得的解的精度与迭代次数有直接关系，可以利用二分法迭代次数控制求解精度。对于第 k 次迭代的隔根区间 $[a_k,b_k]$，其中点记为 x_k，则其与真实值 x^* 的误差估计为：

$$\left|x_k - x^*\right| \leqslant \frac{b_k - a_k}{2} = \frac{b_0 - a_0}{2^{k+1}}$$

若求解精度为 ε，即满足

$$\left|x_k - x^*\right| \leqslant \frac{b_0 - a_0}{2^{k+1}} < \varepsilon$$

则二分法的迭代次数 k 应该满足

$$k > \log_2 \frac{b_0 - a_0}{\varepsilon} - 1$$

因此，二分法的迭代次数取决于初始区间长度 $b_0 - a_0$ 及求解精度 ε。

算法应用举例中问题 $f(x) = x^3 - 3x - 1 = 0$，$x \in [0,2]$ 的初始区间长度为 2，求解精度为 10^{-6}（默认值），在此条件下计算理论迭代次数如下：

$$k > \log_2 \frac{2}{10^{-6}} - 1 \approx 19.9316$$

理论迭代次数大于 19.9，即理论中迭代 20 次后的解满足精度要求，仿真结果显示实际迭代 20 次，理论分析与实际相符合。

二分法运算简单，容易实现，而且对函数 $f(x)$ 要求不高，只需要其在区间 $[a_0, b_0]$ 上连续。但不能用于求复根及偶数重根，收敛速度慢。因此，二分法常被用来为其他求根方法提供初值。

4.2.2 黄金分割法

二分法是以区间中点为分割点，将求解区间依次收缩为原来的 1/2，而黄金分割法以两个黄金点 c、d 为分割点，将隔根区间 $[a,b]$ 分成三个子区间，每次迭代，将求解区间收缩为其中一个子区间。黄金分割点示意图如图 4.5 所示，其中 $r = (\sqrt{5} - 1)/2$ 为黄金分割点对应的比值。

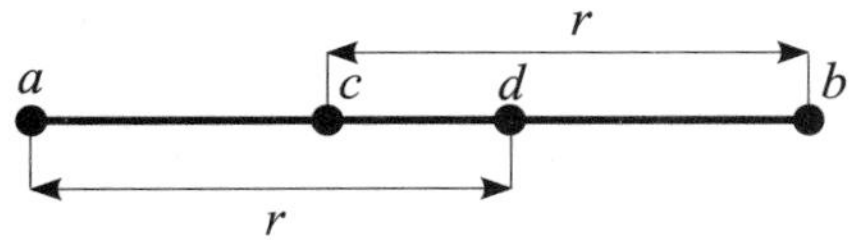

图4.5 黄金分割点示意图

1. 算法原理与步骤

黄金分割法处理的问题与二分法相同，都是求隔根区间内方程的解，即 $f(x) = 0$，$x \in [a_0, b_0]$，其中 $f(a_0)f(b_0) < 0$。在原区间内取两个黄金分割点，使得原区间被分为三个子区间，由于隔根区间内有且只有一个根，因此三个子区间只有一个子区间内有根，根据三个子区间端点函数值是否异号判断根的位置，并用该子区间作为下一次迭代的区间。

黄金分割法示意图如图 4.6 所示，求解 $x^2 + x - 1 = 0$ 在区间 $[-1,1]$ 上的解，图中灰色部分为收缩

之后的区间。x^* 为非线性方程在区间 $[-1,1]$ 上的真实解。

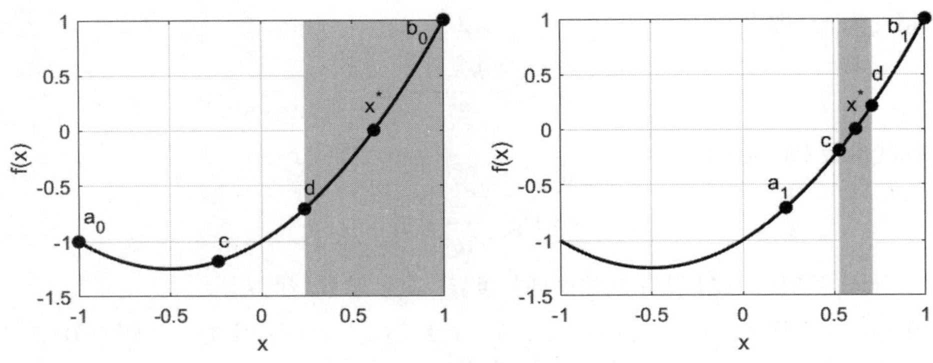

图4.6　黄金分割法示意图

图 4.6 中左图为第一次迭代示意图。由于 $f(a_0)f(c)>0$，区间 $[a_0,c]$ 两端函数值同号，因此根不位于区间 $[a_0,c]$；由于 $f(c)f(d)>0$，区间 $[c,d]$ 两端函数值同号，因此根不位于该区间；$f(d)f(b_0)<0$，根位于区间 $[d,b_0]$。原隔根区间 $[a_0,b_0]$ 收缩为 $[d,b_0]$，并将其记为下一次迭代的原区间 $[a_1,b_1]$。

图 4.6 中右图为第二次迭代示意图。由于 $f(c)f(d)<0$，因此隔根区间 $[a_1,b_1]$ 收缩为 $[c,d]$。经过两次迭代后，隔根区间明显缩小，从 $[-1,1]$ 收缩为右图中的灰色部分。

黄金分割法的求解函数具体流程如下。

给定待求解函数 $f(x)$、隔根区间 $[a_0,b_0]$、容忍误差 ε。

步骤 1： 在第 i 次迭代后区间 $[a_i,b_i]$ 取两个黄金分割点：$c=a_i+(1-r)(b_i-a_i)$，$d=a_i+r(b_i-a_i)$，其中 $r=(\sqrt{5}-1)/2$。利用这两个黄金分割点将区间分为三个子区间：$[a_i,c]$、$[c,d]$、$[d,b_i]$。

步骤 2： 计算非线性函数 $f(x)$ 在子区间端点上的函数值：$f(a_i)$、$f(c)$、$f(d)$、$f(b_i)$。

步骤 3： 根据子区间的端点函数值是否异号，判断根的位置：

如果 $f(a_i)f(c)<0$，根在子区间 $[a_i,c]$ 内，则将隔根区间收缩为 $[a_{i+1},b_{i+1}]=[a_i,c]$，并执行步骤 4；

如果 $f(c)f(d)<0$，根在子区间 $[c,d]$ 内，则将隔根区间收缩为 $[a_{i+1},b_{i+1}]=[c,d]$，并执行步骤 4；

如果 $f(c)f(a_i)>0$，根不在 $[a_i,c]$ 内，已知根也不在 $[c,d]$ 内，则根在子区间 $[d,b_i]$ 内，将隔根区间收缩为 $[a_{i+1},b_{i+1}]=[d,b_i]$。

步骤 4： 如果更新后的区间长度 $b_{i+1}-a_{i+1}<2\varepsilon$，则转到步骤 5，否则令 $i=i+1$，转到步骤 1。

步骤 5： 停止迭代，输出黄金分割法求得的数值解 $\hat{x}=(a_{i+1}+b_{i+1})/2$。

2. 算法的 MATLAB 实现

根据算法原理与步骤，利用 MATLAB 实现黄金分割法函数，求非线性函数 $f(x)$ 在隔根区间 $[a,b]$ 上的零点（隔根区间满足 $f(a)f(b)<0$）。具体实现如代码 4-3 所示。黄金分割法的调用格式为：

```
[x,x_set] = GoldenSearch(f,a0,b0)
[x,x_set] = GoldenSearch(f,a0,b0,eps)
[x,x_set] = GoldenSearch(f,a0,b0,eps,N)
```

其中，f 为待求解函数 $f(x)$；a0 为搜索区间起始点；b0 为搜索区间终止点；eps 为最优点的容忍误差，默认为 10^{-6}；N 为最大迭代次数，默认为 1000；x 为函数在区间 [a0,b0] 上的零点；x_set 为每次迭代的解的集合。

代码4-3

黄金分割法的函数实现

```
function [x,x_set] = GoldenSearch(f,a0,b0,eps,N,varargin)
if nargin<4 | isempty(eps)
    eps = 1e-6;
end
if nargin<5 | isempty(N)
    N = 1e3;
end
x = (a0+b0)/2;
x_set = [];
r = (sqrt(5)-1)/2;
for i = 1:N
    x = (a0+b0)/2;
    x_set = [x_set,x];
    c = a0 + (1-r)*(b0-a0);
    d = a0 + r*(b0-a0);
    fc = f(c);
    fd = f(d);
    if fc*fd<0
        a0 = c;
        b0 = d;
    elseif fc*f(a0) > 0
        a0 = d;
        b0 = b0;
    else
        a0 = a0;
        b0 = c;
    end
    if b0 - a0 < 2*eps
        x = (a0+b0)/2;
        x_set = [x_set,x];
        fprintf('The Golden Search algorithm iterates %d times to find the x:%f.
\n',i,x)
        break
    end
```

```
    end
    if i == N
        fprintf('The Golden Search algorithm has iterated %d times and has not yet found x.\n',N)
    end
    end
```

3. 算法应用举例

以 4.2.1 节的方程为例，调用黄金分割法函数计算：

$$f(x)=x^3-3x-1=0 \qquad x\in[0,2]$$

具体实现过程与调用二分法相同，见代码 4-4。

代码4-4

黄金分割法的函数调用实例

```
fun = @(x)x^3-3*x-1;
a0 = 0;
b0 = 2;
[x,x_set] = GoldenSearch(fun,a0,b0);
```

输出结果为：

```
The Golden Search algorithm iterates 13 times to find the x:1.879384.
```

算法迭代 13 次求得误差为 10^{-6} 的解为 1.879384。黄金分割法迭代收敛过程如图 4.7 所示。

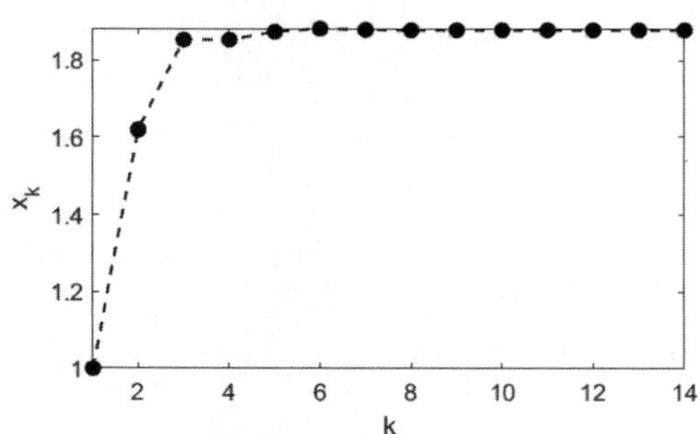

图4.7　黄金分割法迭代收敛过程

4.2.3　不动点迭代法

二分法与黄金分割法都是给定一个隔根区间 $[a,b]$，利用中点或黄金分割点将其分为多个子区间，根据子区间端点函数值是否异号，判断非线性函数 $f(x)=0$ 的解的位置，实现区间的收缩，使得区间端点逐渐逼近非线性函数的解。这两种算法都属于区间收缩法。

除了区间收缩法外，非线性方程另一种求解算法为迭代法。本节介绍的不动点迭代法就是迭代法的一种。迭代法的基本思路为：根据待求解的非线性方程$f(x)=0$，构建迭代格式$x_{k+1}=\varphi(x_k)$，其中x_k为第k次迭代的非线性方程的近似解，x_{k+1}为第$k+1$次迭代的非线性方程的近似解。如果已知迭代格式$x_{k+1}=\varphi(x_k)$和第k次迭代的非线性方程的近似解x_k，则可以计算第$k+1$次迭代的非线性方程的近似解x_{k+1}。给定初值x_0后，根据$x_1=\varphi(x_0)$可以得到x_1，进而得到x_2、x_3、x_4……即迭代数列$\{x_k\}$，只要设计合理的迭代格式，迭代数列$\{x_k\}$就能收敛到非线性方程的真实解x^*。下面从算法原理与步骤、算法的 MATLAB 实现及算法应用举例三个方面介绍不动点迭代法。

1. 算法原理与步骤

不动点迭代法是一种经典的非线性方程迭代求解算法，基本思路是将函数$f(x)=0$改写成等价形式$x=\varphi(x)$，则对于满足原方程$f(x)=0$的真实解x^*，也满足$x^*=\varphi(x^*)$，这个点被称为不动点，$\varphi(x)$被称为迭代函数，$x_{k+1}=\varphi(x_k)$被称为迭代格式，其中x_k为第k次迭代结果，x_{k+1}为第$k+1$次迭代结果，根据迭代格式可以由x_k计算x_{k+1}。

显然，非线性方程$f(x)=0$的等价形式$x=\varphi(x)$并不是唯一的。例如，非线性方程$f(x)=x^3-3x-1=0$的等价形式有以下两种：

$$x=\varphi_1(x)=(3x+1)^{\frac{1}{3}}$$

$$x=\varphi_2(x)=\frac{1}{3}(x^3-1)$$

并不是所有迭代格式都可以求出收敛到真值的迭代序列$\{x_k\}$。迭代格式需要满足一定条件，该条件被称为不动点迭代法的收敛性定理，具体如下。

当满足以下两个条件时：

（1）$x\in[a,b]$，$\varphi(x)\in[a,b]$；

（2）$\varphi(x)$在$[a,b]$上可导，且$\varphi'(x)\leqslant L<1$。

可以推出：

（1）$x=\varphi(x)$存在唯一解x^*；

（2）迭代格式$x_{k+1}=\varphi(x_k)$收敛到x^*；

（3）

$$|x_k-x^*|\leqslant\frac{L^k}{1-L}|x_1-x_0|$$

$$|x_k-x^*|\leqslant\frac{L}{1-L}|x_k-x_{k-1}|$$

不动点迭代法示意图如图 4.8 所示，迭代函数$x=\varphi(x)$的解即为$y=x$与$y=\varphi(x)$的交点。从图 4.8 可以看出，根据迭代格式$x_{k+1}=\varphi(x_k)$生成的迭代数列$\{x_k\}$逐渐接近$y=x$与$y=\varphi(x)$的交点。

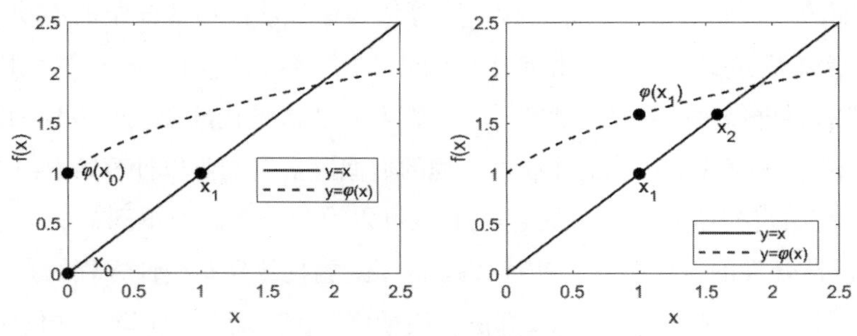

图4.8　不动点迭代法示意图

根据上述分析，不动点迭代法的求解方程流程如下。

给定待求解函数$f(x)$、隔根区间$[a,b]$、容忍误差ε。选定初值x_0，可根据二分法计算得到初值，也可按照经验选定；根据不动点迭代法的收敛性定理，选定迭代函数$\varphi(x)$。

步骤 1： 根据第i次迭代结果x_i，计算下一次迭代结果$x_{i+1}=\varphi(x_i)$。

步骤 2： 如果$|x_{i+1}-x_i|<\varepsilon$，则转至步骤 3，否则令$i=i+1$，转至步骤 1。

步骤 3： 停止迭代，输出$\hat{x}=x_{i+1}$。

2. 算法的 MATLAB 实现

利用 MATLAB 实现不动点迭代法，具体实现如代码 4-5 所示。不动点迭代法函数名为 FixedPoint，输入待求解的非线性方程$f(x)=0$的函数句柄$f(x)$、迭代初值后，输出利用不定点迭代法求得的非线性方程的数值解，其调用格式为：

```
[x,x_set] = FixedPoint(f,x0)
[x,x_set] = FixedPoint(f,x0,eps)
[x,x_set] = FixedPoint(f,x0,eps,N)
```

其中，f 为待求解函数$f(x)$；x0 为迭代初值；eps 为最优点的容忍误差，默认为10^{-6}；N 为最大迭代次数，默认为 1000；x 为迭代收敛结果；x_set 为每次迭代的解的集合。

代码4-5

不动点迭代法的函数实现

```
function [x,x_set] = FixedPoint(f,x0,eps,N,varargin)
if nargin<4 | isempty(eps)
    eps = 1e-6;
end
if nargin<5 | isempty(N)
    N = 1e3;
end
x = x0;
x_set = [x];
for i = 1:N
```

```
        x = f(x);
        x_set = [x_set,x];
        if abs(x_set(i+1)-x_set(i)) < eps
            fprintf('The Fixed Point algorithm iterates %d times to find the x:%f.
\n',i,x)
            break
        end
    end
    if i == N
        fprintf('The Fixed Point algorithm has iterated %d times and has not yet found
x.\n',N)
    end
    end
```

3. 算法应用举例

这里依然以 4.2.1 节的方程为例，使用不动点迭代法来计算

$$f(x)=x^3-3x-1=0 \qquad x\in[0,2]$$

根据迭代收敛性定理，在区间 $[0,2]$ 内选择迭代函数

$$x=\varphi(x)=(3x+1)^{\frac{1}{3}}$$

初值选为 0，具体实现见代码 4-6。

代码4-6

不动点迭代法的函数调用实例

```
fun = @(x)(3*x+1)^(1/3);
x0 = 0;
[x_target,x_set] = FixedPoint(fun,x0);
```

输出结果为：

```
The Fixed Point algorithm iterates 13 times to find the x:1.879385.
```

算法迭代 13 次求得误差为 10^{-6} 的解为 1.879385。不动点迭代法迭代收敛过程如图 4.9 所示。

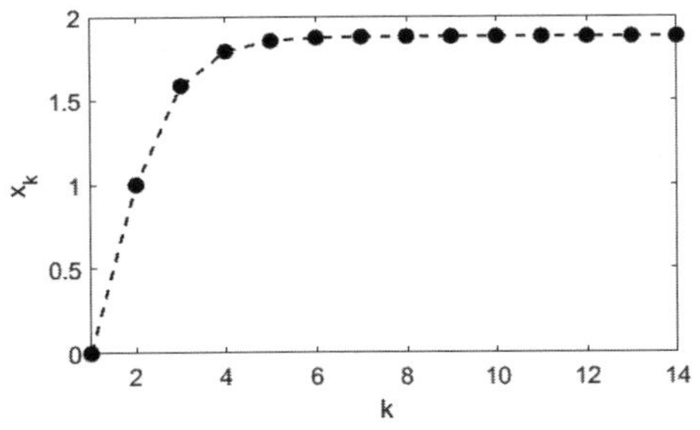

图4.9 不动点迭代法迭代收敛过程

4.2.4 牛顿迭代法

牛顿迭代法，又被称为牛顿 - 拉夫逊方法，是牛顿在 17 世纪提出的一种在实数域和复数域上近似求解方程的方法，它利用切线零点近似非线性函数零点来满足误差要求。

1. 算法原理与步骤

将非线性方程 $f(x)=0$ 在 x_k 处泰勒展开，得到

$$f(x)=f(x_k)+f'(x_k)(x-x_k)+\frac{f''(x_k)(x-x_k)^2}{2!}+\cdots=0$$

只保留泰勒展开的前两项，并令其为 0，求得的解为 x_{k+1}，即

$$x_{k+1}=x_k-\frac{f(x_k)}{f'(x_k)}$$

上述迭代格式被称为牛顿迭代格式。牛顿迭代法示意图如图 4.10 所示。牛顿迭代法的几何解释为：在迭代点 $(x_k,f(x_k))$ 处做切线，切线方程为 $y=f(x_k)+f'(x_k)(x-x_k)$，则切线方程与 x 轴的交点，即为下一次迭代值 x_{k+1}。牛顿迭代法体现了“以直代曲”的思路，在每一次迭代中，利用迭代点处切线的零点拟合函数的零点，直到满足误差要求。

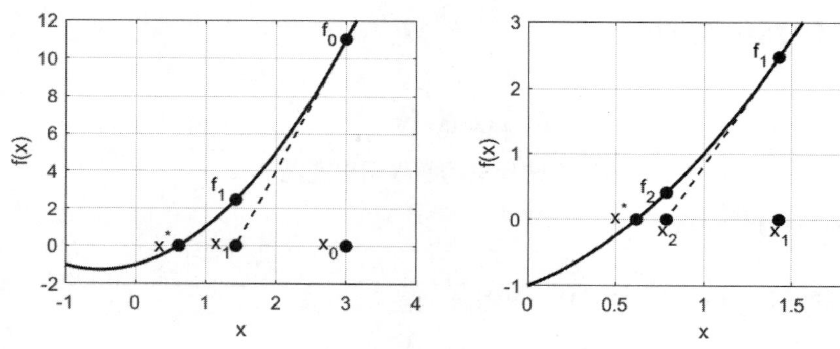

图4.10 牛顿迭代法示意图

牛顿迭代法对初值 x_0 要求较高。其全局收敛性定理为：设 x^* 为 $f(x)=0$ 在 $[a,b]$ 内的根，若

（1）$\forall x\in[a,b]$，$f'(x)$、$f''(x)$ 连续且不变号；

（2）选取 $x_0\in[a,b]$，使得 $f(x_0)f''(x_0)>0$；

则牛顿迭代所产生的数列收敛到 x^*。

全局收敛性较难满足时，可以利用牛顿迭代法的局部收敛性确定初值，牛顿迭代法的局部收敛要求初值必须取得充分接近方程的根才能保证迭代序列收敛到 x^*。

根据上述分析，牛顿迭代法的求解方程流程如下：

给定待求解函数 $f(x)$、隔根区间 $[a,b]$、容忍误差 ε，选定初值 x_0，可根据二分法计算得到初值，也可按照经验选定；计算一阶导数 $f'(x)$。

步骤 1： 根据第 i 次迭代结果 x_i，计算下一次迭代结果 $x_{i+1}=x_i-f(x_i)/f'(x_i)$。

步骤 2： 如果 $|x_{i+1}-x_i|<\varepsilon$，则转到步骤 3，否则令 $i=i+1$，转到步骤 1。

步骤 3： 停止迭代，最后一次迭代解即为满足精度要求的解，输出牛顿迭代法求得的非线性方程数值解 $\hat{x}$ 为 x_{i+1}。

2. 算法的 MATLAB 实现

利用 MATLAB 实现牛顿迭代法，具体实现如代码 4-7 所示。牛顿迭代法函数名为 Newton，在输入非线性方程 $f(x)=0$ 对应的函数句柄 $f(x)$ 、$f(x)$ 一阶导数 $f'(x)$ 对应的函数句柄、迭代初值后，能够输出非线性方程 $f(x)=0$ 的解，其调用格式为：

```
[x,x_set] = Newton(f,g,x0)
[x,x_set] = Newton(f,g,x0,eps)
[x,x_set] = Newton(f,g,x0,eps,N)
```

其中，f 为待求解函数 $f(x)$；g 为待求解函数的一阶导数 $f'(x)$；x0 为迭代初值；eps 为最优点的容忍误差，默认为 10^{-6}；N 为最大迭代次数，默认为 1000；x 为迭代收敛结果；x_set 为每次迭代的解的集合。

代码4-7

牛顿迭代法的函数实现

```
function [x,x_set] = Newton(f,g,x0,eps,N,varargin)
if nargin<4 | isempty(eps)
    eps = 1e-6;
end
if nargin<5 | isempty(N)
    N = 1e3;
end
x = x0;
x_set = [x];
for i = 1:N
    x = x - g(x)\f(x);
    x_set = [x_set,x];
    if norm(x_set(:,i+1)-x_set(:,i)) < eps
        fprintf('The Newton algorithm iterates %d times to find the x:',i)
        for i = 1:length(x)
            fprintf('%f ',x(i))
        end
        fprintf('.\n')
        break
    end
end
if i == N
```

```
    fprintf('The Newton algorithm has iterated %d times and has not yet found x.\n',N)
end
end
```

3. 算法应用举例

利用牛顿迭代法计算

$$f(x) = x^3 - 3x - 1 = 0 \qquad x \in [0,2]$$

迭代格式为

$$x_{k+1} = x_k - \frac{f(x_k)}{f'(x_k)} = x_k - \frac{x^3 - 3x - 1}{3x^2 - 3}$$

由于 $f'(x) = 3x^2 - 3$ 在区间 $[0,2]$ 内函数值变号，因此不满足全局收敛性定理。根据局部收敛性定理，只有当初值接近真实值，才能收敛。任选初值为 0，具体实现见代码 4-8。

代码4-8

牛顿迭代法的函数调用实例 1

```
f = @(x)x^3-3*x-1;
g = @(x)3*x^2-3;
x0 = 0;
[x_target,x_set] = Newton(f,g,x0);
```

得到输出结果为：

```
The Newton algorithm iterates 4 times to find the x:-0.347296.
```

因此，算法迭代 4 次求得精度为 10^{-6} 的解为 −0.347296，但此解不在 $[0,2]$ 内，修改初值为 2，得到输出结果为：

```
The Newton algorithm iterates 4 times to find the x:1.879385.
```

牛顿迭代法迭代收敛过程如图 4.11 所示。

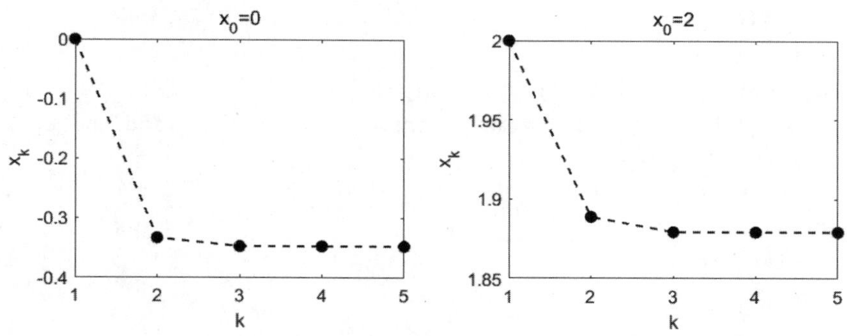

图4.11　牛顿迭代法迭代收敛过程

图 4.11 展示了牛顿迭代法的初值分别取为 0 和 2，会得到非线性方程不同的解，由于题目是求非线性方程在区间 [0, 2] 上的解，因此初值应该取为 2。对于这一类不满足全局收敛条件的非线性方程求解问题，在选择初值时可以进行多次猜测，直到得到满足题目要求且收敛的解。

4. 非线性方程组求解

牛顿迭代法不仅可以计算非线性方程的解，还可以计算非线性方程组 $F(x)=0$ 的解，记 $x=[x_1,\cdots,x_n]^{\mathrm{T}}$，非线性方程组为：

$$F(x)=\begin{bmatrix} f_1(x) \\ \vdots \\ f_n(x) \end{bmatrix}=0_{n\times 1}$$

$F(x)$ 关于 x 的 Jacobi 矩阵为：

$$J(x)=\left(\frac{\partial F}{\partial x}\right)=\begin{bmatrix} \frac{\partial f_1}{\partial x_1} & \cdots & \frac{\partial f_1}{\partial x_n} \\ \vdots & & \vdots \\ \frac{\partial f_n}{\partial x_1} & \cdots & \frac{\partial f_n}{\partial x_n} \end{bmatrix}$$

迭代格式为：

$$x^{(k+1)}=x^{(k)}-J^{-1}(x^{(k)})F(x^{(k)})$$

观察代码 4-7，其迭代格式为：

```
x = x - g(x)\f(x);
```

左除计算在 1.4.3 节中有介绍，g(x)\f(x)=inv(g(x))*f(x)。

因此，可以直接调用 Newton 函数实现非线性方程组的求解。例如，求 $y=x^3$ 和 $x+y=1$ 的实数解，非线性方程组为：

$$F(x)=\begin{bmatrix} f_1(x) \\ f_2(x) \end{bmatrix}=\begin{bmatrix} x_1^3-x_2 \\ x_1+x_2-1 \end{bmatrix}=\mathbf{0}_{2\times 1}$$

对应的 Jacobi 矩阵为：

$$J(x)=\begin{bmatrix} \frac{\partial f_1}{\partial x_1} & \frac{\partial f_1}{\partial x_2} \\ \frac{\partial f_2}{\partial x_1} & \frac{\partial f_2}{\partial x_2} \end{bmatrix}=\begin{bmatrix} 3x_1^2 & -1 \\ 1 & 1 \end{bmatrix}$$

初值选为 [2;2]，具体实现如代码 4-9 所示。

代码4-9

牛顿迭代法的函数调用实例 2

```
fun = @(x)[x(1).^3 - x(2);x(1)+x(2)-1];
gun = @(x)[3*x(1).^2  -1;1 1];
x0 = [2;2];
[x_target,x_set] = Newton(fun,gun,x0);
```

所得结果为：

```
The Newton algorithm iterates 6 times to find the x:0.682328 0.317672.
```

因此，算法迭代 6 次求得非线性方程组精度为 10^{-6} 的解为 0.682328 和 0.317672。非线性方程组牛顿迭代法迭代过程如图 4.12 所示，左图为 x_1 与 x_2 随着迭代次数的变化过程，右图将非线性方程组 $F(x)=0$ 中两个非线性方程用二维曲线绘制出，$F(x)=0$ 的解即为两条曲线的交点，并将前两次迭代的解在图中表示出来。

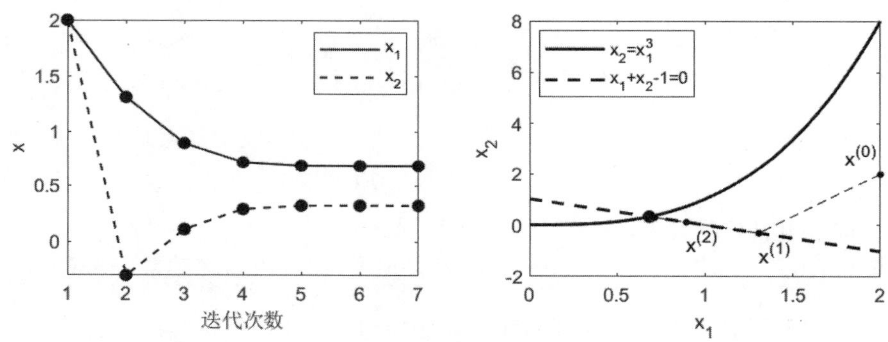

图4.12　非线性方程组牛顿迭代法迭代过程

5. 牛顿下山法

牛顿迭代法是求解非线性方程 $f(x)=0$ 最常用的方法之一，该方法在单根附近二阶收敛。但要选用合适的初值 x_0 近似才能保证牛顿迭代法收敛。为克服这一缺点，可使用牛顿下山法。

牛顿下山法是牛顿迭代法的一种变形算法，是牛顿迭代法和下山法的综合运用。下山法即要求将每次迭代过程得到的值与其前一步进行绝对值的比较，确保每一次迭代后的近似值的绝对值小于前一项。迭代公式为：

$$x_{k+1}=x_k-\alpha_k\frac{f(x_k)}{f'(x_k)}\quad 0<\alpha_k\leqslant 1$$

α_k 被称为下山因子，在第 k 次迭代中，首先取 $\alpha_k=1$，计算 x_{k+1}，如果满足 $|f(x_{k+1})|<|f(x_k)|$，则进行下一次循环，否则令 $\alpha_k=\alpha_k/2$，重新计算 x_{k+1}，直到满足 $|f(x_{k+1})|<|f(x_k)|$。

利用 MATLAB 实现牛顿下山法，如代码 4-10 所示。自定义的牛顿下山法的函数名为

NewtonDownHill，在输入非线性方程 $f(x)=0$ 对应的函数句柄 $f(x)$ 、$f(x)$ 一阶导数对应的函数句柄、迭代初值后，能够输出非线性方程的解，其调用格式如下：

```
[x,x_set] = NewtonDownHill(f,g,x0)
[x,x_set] = NewtonDownHill (f,g,x0,eps)
[x,x_set] = NewtonDownHill (f,g,x0,eps,N)
```

其中，f 为待求解函数 $f(x)$ ；g 为待求解函数的一阶导数 $f'(x)$ ；x0 为迭代初值；eps 为最优点的容忍误差，默认为 10^{-6} ；N 为最大迭代次数，默认为 1000 ；x 为迭代收敛结果；x_set 为每次迭代的解的集合。

代码4-10

牛顿下山法的函数实现

```
function [x,x_set,Alpha] = NewtonDownHill(f,g,x0,eps,N,varargin)
if nargin<4 | isempty(eps)
    eps = 1e-6;
end
if nargin<5 | isempty(N)
    N = 1e3;
end
x = x0;
x_set = [x];
Alpha = [];
for i = 1:N
    alpha = 1;
    x_new = x - alpha*g(x)\f(x);
    k = 0;
    while norm(f(x_new))  > norm(f(x))
        alpha = alpha./2;
        x_new = x - alpha*g(x)\f(x);
        k = k + 1;
        if k>9
            break
        end
    end
    x = x_new;
    x_set = [x_set,x];
    Alpha = [Alpha,alpha];
    if norm(x_set(:,i+1)-x_set(:,i)) < eps
        fprintf('The Newton Down Hill algorithm iterates %d times to find the x:',i)
        for j = 1:length(x)
            fprintf('%f ',x(j))
        end
        fprintf('.\n')
```

```
            break
        end
    end
    if i == N
        fprintf('The Newton Down Hill algorithm has iterated %d times and has not yet found x.\n',N)
    end
    end
```

为了防止程序陷入死循环，设 α 最小值为 2^{-10}。

除了牛顿下山法外，牛顿迭代法还有其他变形。在牛顿迭代法中，需要计算 Jacobi 矩阵的逆矩阵，矩阵的逆计算比较复杂，可以用正定矩阵 $\boldsymbol{G}_k$ 代替 Jacobi 矩阵 $\boldsymbol{J}(x^{(k)})$，简化计算过程，这种方法称为拟牛顿法。

4.2.5 弦截法

第 4.2.4 节介绍的牛顿迭代法本质上是一种切线法，通过切线零点逐渐逼近曲线零点，进而求得非线性方程的解。本节介绍弦截法，通过弦线零点逐渐逼近曲线零点，得到曲线零点，即非线性方程的解。

1. 算法原理与步骤

求非线性方程 $f(x)=0$ 在隔根区间 $[a_0,b_0]$ 上的解，已知隔根区间两端点满足 $f(a_0)f(b_0)<0$，利用端点之间连线与 x 轴的交点 x_0 作为近似值。弦截法示意图如图 4.13 所示。

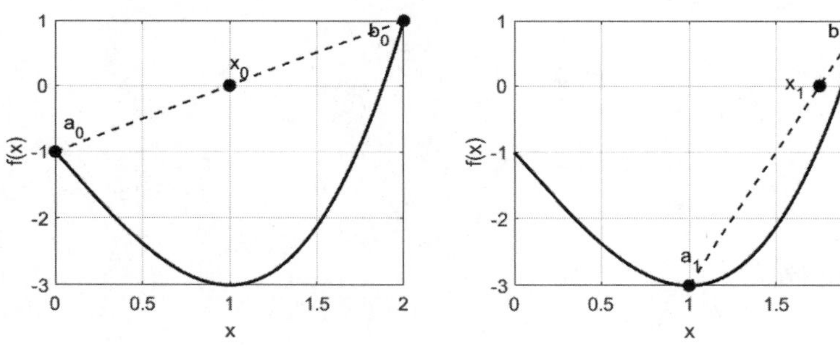

图4.13 弦截法示意图

弦截法的几何解释为：做隔根区间 $[a_k,b_k]$ 的弦线，弦线方程为

$$y=\frac{f(b_k)-f(a_k)}{b_k-a_k}(x-a_k)+f(a_k)$$

则弦线方程与 x 轴的交点即为非线性方程解的近似值 x_k，计算公式为

$$x_k=a_k-f(a_k)\frac{b_k-a_k}{f(b_k)-f(a_k)}$$

求得 x_k 后，根据 $f(x_k)$ 的符号缩减隔根区间：如果 $f(a_k)f(x_k)>0$，则令 $a_{k+1}=x_k$；如果 $f(a_k)f(x_k)<0$，则令 $b_{k+1}=x_k$。具体流程如下。

步骤 1：给定待求根函数 $f(x)$、隔根区间 $[a_0,b_0]$、指定精度 ε。计算函数 $f(x)$ 在第 i 次迭代后区间 $[a_i,b_i]$ 弦线零点 x_i 处的函数值 $f(x_i)$。

步骤 2：如果 $f(a_i)f(x_i)>0$，区间 $[a_i,x_i]$ 端点函数值同号，压缩隔根区间 $[a_{i+1},b_{i+1}]=[x_i,b_i]$；

如果 $f(a_i)f(x_i)<0$，区间 $[a_i,x_i]$ 端点函数值异号，更新 $[a_{i+1},b_{i+1}]=[a_i,x_i]$；

如果 $f(x_i)=0$，则找到解 $\hat{x}$，搜索结束。

步骤 3：如果 $|x_i-x_{i-1}|<\varepsilon$，则跳转到步骤 4，否则令 $i=i+1$，跳转到步骤 1。

步骤 4：停止迭代，输出 $\hat{x}=x_i$。

2. 算法的 MATLAB 实现

利用 MATLAB 实现弦截法，如代码 4-11 所示。弦截法函数名称为 Secant，该函数能够实现输入函数句柄与隔根区间后，输出该函数句柄对应的非线性方程的解，其调用格式如下：

```
[x,x_set] = Secant(fun,a0,b0)
[x,x_set] = Secant(fun,a0,b0,eps)
[x,x_set] = Secant(fun,a0,b0,eps,N)
```

其中，fun 为求根函数 $f(x)$；a0 为搜索区间起始点；b0 为搜索区间终止点；eps 为最优点的容忍误差，默认为 10^{-6}；N 为最大迭代次数，默认为 1000；x 为求得的根；x_set 为每次迭代的解的集合。

代码4-11

弦截法的函数实现

```
function [x,x_set] = Secant(fun,a0,b0,eps,N,varargin)
if nargin<4 | isempty(eps)
    eps = 1e-6;
end
if nargin<5 | isempty(N)
    N = 1e3;
end
x = a0 - fun(a0)*(b0-a0)/(fun(b0)-fun(a0));
x_set = x;
for i = 1:N
    if fun(a0)*fun(x) < 0
        b0 = x;
    elseif fun(a0)*fun(x) > 0
        a0 = x;
    else
        fprintf('The Secant algorithm iterates %d times to find the x:%f. \n',i,x)
        break
```

```
        end
        if i>2 & norm(x_set(end)-x_set(end-1)) < eps
            fprintf('The Secant algorithm iterates %d times to find the x:%f. \n',i,x)
            break
        end
        x = a0 - fun(a0)*(b0-a0)/(fun(b0)-fun(a0));
        x_set = [x_set,x];
    end
    if i == N
        fprintf('The Secant algorithm has iterated %d times and has not yet found x.\n',N)
    end
    end
```

3. 算法应用举例

下面使用弦截法来计算方程：

$$f(x)=x^3-3x-1=0 \qquad x\in[0,2]$$

具体实现如代码 4-12 所示。

代码4-12

弦截法的函数调用实例

```
fun = @(x)x^3-3*x-1;
a0 = 0;
b0 = 2;
[x_target,x_set] = Secant(fun,a0,b0);
```

输出结果为：

```
The Secant algorithm iterates 8 times to find the x:1.879385.
```

因此，算法迭代 8 次求得误差为 10^{-6} 的解为 1.879385。弦截法迭代收敛过程如图 4.14 所示。

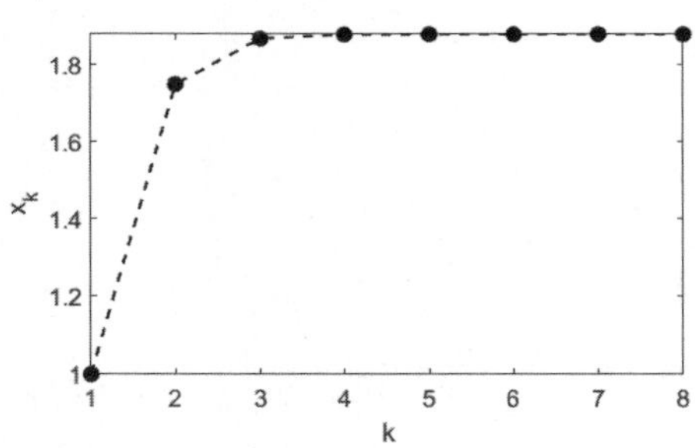

图4.14　弦截法迭代收敛过程

牛顿迭代法和弦截法都是先将 $f(x)$ 线性化后再求根，但线性化方式不同：牛顿迭代法是作切线的方程，弦截法是作弦线的方程。此外，牛顿迭代法只需一个初值，弦截法需要两个初值。

4.3 非线性方程求解算法对比

第 4.2 节介绍了多个非线性方程的求解算法，本节将所有算法做一个简单对比分析，处理的问题为求 $f(x)=x^3-3x-1=0$ 在 1.5 附近（隔根区间为 $[0,2]$ ）的解，结果如表 4.2 所示。

表 4.2　非线性方程求解算法对比

类别	算法	迭代格式	初值	迭代次数
区间收缩算法	二分法	$x_k=\dfrac{a_k+b_k}{2}$	$[0,2]$	20
	黄金分割法			13
混合算法	弦截法	$x_k=a_k-f(a_k)\dfrac{b_k-a_k}{f(b_k)-f(a_k)}$		8
迭代算法	不动点迭代法	$x_{k+1}=(3x_k+1)^{\frac{1}{3}}$	2	10
	牛顿迭代法	$x_{k+1}=x_k-\dfrac{f(x_k)}{f'(x_k)}=x_k-\dfrac{{x_k}^3-3x_k-1}{3{x_k}^2-3}$	2	4

由表 4.2 可以看出，牛顿迭代法只需要迭代 4 次就可以得到满足精度要求的解，是收敛最快的算法。弦截法将区间收缩与迭代算法结合起来，迭代 8 次就能得到满足精度要求的解，其迭代次数小于不动点迭代法，大于牛顿迭代法。

本章讲述了利用 MATLAB 求解非线性方程（组）的函数，包括求解符号方程的 solve、vpasolve 函数和求解函数句柄表示的方程的 fzero、fsolve 函数，并对四种函数进行对比分析。在此基础上，编程实现了一些经典的非线性方程求解算法，包括二分法、黄金分割法两个区间收缩算法，以及不动点迭代法、牛顿迭代法、弦截法三个迭代算法，并对迭代算法的收敛性做了简单分析，在牛顿迭代法的介绍中补充了牛顿下山法。在学习本章内容之后，读者可以利用 MATLAB 函数快速求解非线性方程，并掌握求解非线性方程的常用算法，为在其他编程语言下求解非线性方程提供理论基础。

第5章

数值优化

最优化是指在一定约束条件下使得目标函数取得最大（最小）值的过程，数值优化算法即通过数值计算方法解决最优化问题。在实际生活中，大量决策问题都可以建模为优化问题，这些问题可以通过 MATLAB 提供的优化函数求解，也可以基于 MATLAB 编程实现相应的优化算法，求得最优解。本章主要涉及的知识点如下。

- **最优化问题建模与分类**：了解最优化问题的建模过程与分类。
- **MATLAB 优化函数**：学会使用不同优化问题的求解函数。
- **无约束最优化算法**：掌握常见的无约束最优化算法，并编程实现。
- **约束最优化算法**：掌握常见的约束最优化算法。
- **经典智能优化算法**：了解经典智能优化算法，并学会调用。

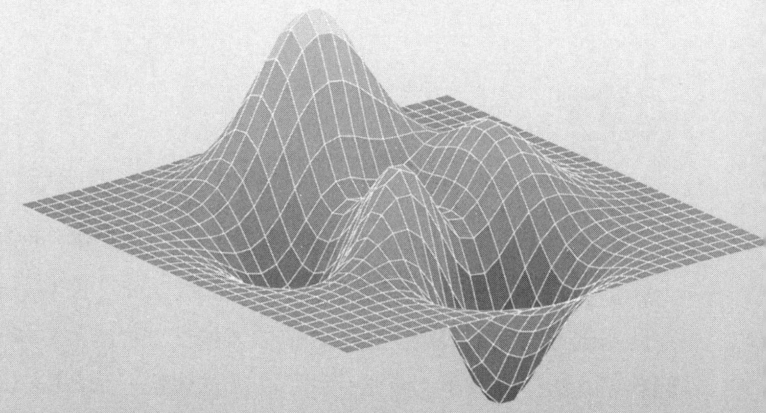

5.1 最优化问题简介

最优化问题是现实生活中常见的数学问题。本节根据实际生活中的例子介绍最优化问题的优化目标、约束条件、决策变量等概念，理解这些概念是学习数值优化的基础，并引入最优化问题的分类，为下文最优化问题求解奠定基础。

5.1.1 最优化问题概念

所谓最优化问题，就是求一个目标函数在给定集合上的极值，几乎所有类型的最优化问题都可以用以下数学模型来描述：

$$\min f(x) \quad s.t. \ x \in \boldsymbol{K}$$

其中，$\boldsymbol{K}$ 为给定可行域，一般由等式约束和不等式约束组成；$f(x)$ 是定义在 $\boldsymbol{K}$ 上的一元或多元函数；x 被称为决策变量（也被称为优化变量）。

最优化问题一般包括优化目标和约束条件。例如，某建筑公司要同时给 9 个工地供应水泥，已知第 i 个工地的坐标为 (a_i, b_i)，水泥日需求量为 c_i 吨，具体数据如表 5.1 所示。该公司计划建两个水泥料场A、B，水泥的日储量分别为25吨和30吨，若料场至每个工地之间均有直线道路相连，问：如何选择料场位置，才能使总运力最小？

表 5.1 工地坐标与水泥日需求量

工地	横坐标（千米）	纵坐标（千米）	日需求量（吨）
1	1.19	1.25	3.21
2	2.6	3.02	6.12
3	7.99	1.01	5.31
4	0.84	2.73	4.29
5	0.48	4.9	4.95
6	4.15	0.64	7.08
7	5.16	5.31	7.65
8	3.64	7.03	6.12
9	7.06	6.89	9.18

上述水泥料场选址问题属于最优化问题中常见的供应与选址问题，对该问题进行分析并建模。首先对变量进行定义，定义料场 j 的位置为 (x_j, y_j)，A 为料场 1，B 为料场 2；定义料场 j（j=1、2）的日储量为 e_j 吨；定义从料场 j 运往工地 i 的水泥量为 c_{ij} 吨。

选址问题的优化目标为总运力最小，即

$$\min\sum_{j=1}^{2}\sum_{i=1}^{9}c_{ij}\sqrt{(x_j-a_i)^2+(y_j-b_i)^2}$$

上述公式即为料场选址问题的优化目标（也被称为目标函数），模型的决策变量是优化函数中的变量，在此问题中为 c_{ij} 与 (x_j, y_j)。

在最优化问题中，除了优化目标，约束条件也必不可少。假设每日运送到工地 i 的水泥量和工地的日需求量 c_i 相同，得到约束条件为：

$$\sum_{j=1}^{2}c_{ij}=c_i \qquad i=1,\cdots,9$$

由于料场有储量约束，得到约束条件为：

$$\sum_{i=1}^{9}c_{ij}\leqslant e_j \qquad j=1,2$$

同时，从料场 j 运往工地 i 的水泥量 c_{ij} 应满足 $0\leqslant c_{ij}\leqslant c_i$。

上述即为此选址问题的数学模型。通过分析，可以得到最优化问题的定义：最优化问题是通过选择一组参数（决策变量），在满足一系列约束条件的情况下，使得优化目标得到最优值的过程。

5.1.2 最优化问题分类

根据最优化问题的约束条件、决策变量和约束目标的形式的差别，可以将其分为以下几类。

1. 无约束优化问题与约束优化问题

根据是否有约束条件，可以将最优化问题分为无约束优化问题和约束优化问题，两种问题的求解算法不同。无约束优化问题可以直接采用二分法、梯度下降法、牛顿迭代法等优化算法求解，而约束优化问题需要拉格朗日乘子法等处理约束条件，将其转化为无约束优化问题，再进行求解。

在约束优化问题中，还可以根据约束条件将其分为等式约束优化问题和不等式约束优化问题。前面提到的水泥料场选址问题为约束优化问题。

2. 整数优化问题与非整数优化问题

在一些实际问题中，决策变量可能必须取整数，这类优化问题称为整数优化问题，如活动人员安排等问题中，人数必须为整数。与整数优化问题对应的即为非整数优化问题，上述水泥料场选址问题为非整数优化问题。

此外，还有一类特殊的整数优化问题，当决策变量只能取 0 和 1 时，称为 0/1 规划问题。

3. 线性优化问题与非线性优化问题

根据优化目标函数和约束条件的形式，可以将优化问题分为线性优化问题与非线性优化问题。在线性优化问题中，目标函数与约束条件均为决策变量的线性函数，不涉及变量的耦合与高次，可以表示为：

$$\min \boldsymbol{f}^{\mathrm{T}}\boldsymbol{x} \quad s.t.\begin{cases}\boldsymbol{Ax}\leqslant\boldsymbol{b}\\ \boldsymbol{A}_{\mathrm{eq}}\boldsymbol{x}=\boldsymbol{b}_{\mathrm{eq}}\\ \boldsymbol{lb}\leqslant\boldsymbol{x}\leqslant\boldsymbol{ub}\end{cases}$$

其中，$\boldsymbol{x}$ 为 $n\times1$ 维决策变量，线性优化问题的优化目标为线性函数，各个决策变量的权重为 $n\times1$ 维向量 $\boldsymbol{f}$。将所有等式约束条件和不等式约束条件整理为矩阵形式，$\boldsymbol{x}$ 的取值范围约束为 $\boldsymbol{lb}\leqslant\boldsymbol{x}\leqslant\boldsymbol{ub}$。

非线性优化问题的目标函数或约束函数是决策变量的非线性函数。5.1.1 节的水泥料场选址问题为非线性优化问题，可以表示为：

$$\min f(\boldsymbol{x}) \quad s.t.\begin{cases}c(\boldsymbol{x})\leqslant 0\\ c_{\mathrm{eq}}(\boldsymbol{x})=0\\ \boldsymbol{Ax}\leqslant\boldsymbol{b}\\ \boldsymbol{A}_{\mathrm{eq}}\boldsymbol{x}=\boldsymbol{b}_{\mathrm{eq}}\\ \boldsymbol{lb}\leqslant\boldsymbol{x}\leqslant\boldsymbol{ub}\end{cases}$$

非线性优化问题的约束条件也可能为非线性函数，将非线性等式约束整理为 $c_{\mathrm{eq}}(\boldsymbol{x})=0$，非线性不等式约束整理为 $c(\boldsymbol{x})\leqslant 0$，其他与线性优化问题相同。

在非线性优化问题中，有两类特殊的非线性优化问题：二次规划、几何规划。二次规划的目标函数为二次函数，约束条件为线性约束；几何规划的目标函数和约束条件均由广义多项式构成。

5.2 MATLAB 最优化函数

本节在 5.1 节中介绍的各类优化问题的基础上，引入 MATLAB 求解各类优化问题的优化函数，并根据实例介绍其调用方法。涉及的函数主要有：线性优化函数 linprog、混合整数线性优化函数 intlinprog、非线性优化函数 fmincon，并对其他优化函数做了简单介绍。

5.2.1 线性优化函数 linprog

线性优化函数 linprog 是求解线性规划问题（也被称为线性优化问题）的函数，在输入线性规划目标变量、约束条件后，能够输出使得优化目标最小化的决策变量取值。其中，线性规划问题的优化目标、约束条件均为决策变量的线性函数，其标准形式为：

$$\min \boldsymbol{f}^{\mathrm{T}}\boldsymbol{x} \quad s.t.\begin{cases}\boldsymbol{Ax}\leqslant\boldsymbol{b}\\ \boldsymbol{A}_{\mathrm{eq}}\boldsymbol{x}=\boldsymbol{b}_{\mathrm{eq}}\\ \boldsymbol{lb}\leqslant\boldsymbol{x}\leqslant\boldsymbol{ub}\end{cases}$$

上式中，$\boldsymbol{x}$ 为 $n\times1$ 维决策变量，可以记为 $\boldsymbol{x}=[x_1,x_2,\cdots,x_n]^{\mathrm{T}}$；$\boldsymbol{f}$ 为 $n\times1$ 维向量，可以记为 $\boldsymbol{f}=[f_1,f_2,\cdots,f_n]^{\mathrm{T}}$，则优化目标展开为：

$$\boldsymbol{f}^{\mathrm{T}}\boldsymbol{x}=[f_1,f_2,\cdots,f_n]\begin{bmatrix}x_1\\ \vdots\\ x_n\end{bmatrix}=f_1x_1+\cdots+f_nx_n$$

$\boldsymbol{Ax}\leqslant\boldsymbol{b}$ 为线性不等式约束的矩阵形式。例如，线性不等式约束方程组与其矩阵形式如下：

$$\begin{cases}a_{11}x_1+a_{12}x_2+\cdots+a_{1n}x_n\leqslant b_1\\ a_{21}x_1+a_{22}x_2+\cdots+a_{2n}x_n\leqslant b_2\end{cases}\Rightarrow\underbrace{\begin{bmatrix}a_{11}&a_{12}&\cdots&a_{1n}\\ a_{21}&a_{22}&\cdots&a_{2n}\end{bmatrix}}_{\boldsymbol{A}}\boldsymbol{x}\leqslant\underbrace{\begin{bmatrix}b_1\\ b_2\end{bmatrix}}_{\boldsymbol{b}}$$

$\boldsymbol{A}_{\mathrm{eq}}\boldsymbol{x}=\boldsymbol{b}_{\mathrm{eq}}$ 为线性等式约束的矩阵形式；决策变量的取值范围为 $\boldsymbol{lb}\leqslant\boldsymbol{x}\leqslant\boldsymbol{ub}$，$\boldsymbol{lb}$ 与 $\boldsymbol{ub}$ 分别为决策变量的下界与上界，其维度与决策变量 $\boldsymbol{x}$ 相同。

线性优化函数 linprog 根据其处理的优化问题的约束条件的不同，有多种调用格式，例如：

```
x = linprog(f,A,b)
x = linprog(f,A,b,Aeq,beq)
x = linprog(f,A,b,Aeq,beq,lb,ub)
[x,fval] = linprog(……)
[x,fval,exitflag,output] = linprog(……)
```

其中，输入变量 f 为线性优化目标 min $\boldsymbol{f}^{\mathrm{T}}\boldsymbol{x}$ 对应的决策变量的系数向量 $\boldsymbol{f}$，输入变量 A 和 b 为不等式约束 $\boldsymbol{Ax}\leqslant\boldsymbol{b}$ 中的矩阵 $\boldsymbol{A}$ 与向量 $\boldsymbol{b}$，输入变量 Aeq 和 beq 为等式约束中的矩阵 $\boldsymbol{A}_{\mathrm{eq}}$ 与向量 $\boldsymbol{b}_{\mathrm{eq}}$，输入变量 lb 与 ub 为决策变量的下界与上界；输出变量 x 为最优决策变量的取值，输出变量 fval 为取最优决策变量时的目标函数值。下面分别介绍每个调用格式解决的最优化问题。

1. x = linprog(f,A,b)

该调用格式的输入变量只有 3 个，分别为线性优化目标系数 f、不等式约束矩阵 A 及不等式约束中的向量 b，求解的线性优化问题模型如下：

$$\min\ \boldsymbol{f}^{\mathrm{T}}\boldsymbol{x}\quad s.t.\boldsymbol{Ax}\leqslant\boldsymbol{b}$$

该调用方式的约束条件只有线性不等式约束 $\boldsymbol{Ax}\leqslant\boldsymbol{b}$。

2. x = linprog(f,A,b,Aeq,beq)

该调用格式用来求解 min $\boldsymbol{f}^{\mathrm{T}}\boldsymbol{x}$，约束条件有不等式约束 $\boldsymbol{Ax}\leqslant\boldsymbol{b}$ 与等式约束 $\boldsymbol{A}_{\mathrm{eq}}\boldsymbol{x}=\boldsymbol{b}_{\mathrm{eq}}$，求解的线性优化问题模型如下：

$$\min\ \boldsymbol{f}^{\mathrm{T}}\boldsymbol{x}\quad s.t.\begin{cases}\boldsymbol{Ax}\leqslant\boldsymbol{b}\\ \boldsymbol{A}_{\mathrm{eq}}\boldsymbol{x}=\boldsymbol{b}_{\mathrm{eq}}\end{cases}$$

注意　如果待求解的优化问题只有等式约束而没有不等式约束，也需要采用这一调用方式，令 A=[]，b=[]。

3. x = linprog(f,A,b,Aeq,beq,lb,ub)

该调用格式用来求解 min $\boldsymbol{f}^{\mathrm{T}}\boldsymbol{x}$，约束条件有不等式约束 $\boldsymbol{Ax}\leqslant\boldsymbol{b}$、等式约束 $\boldsymbol{A}_{\mathrm{eq}}\boldsymbol{x}=\boldsymbol{b}_{\mathrm{eq}}$，以及决策变量的下界 $\boldsymbol{lb}$ 与上界 $\boldsymbol{ub}$，使得 $\boldsymbol{lb}\leqslant\boldsymbol{x}\leqslant\boldsymbol{ub}$。求解的线性优化问题模型如下：

$$\min \boldsymbol{f}^{\mathrm{T}}\boldsymbol{x} \quad s.t.\begin{cases}\boldsymbol{Ax}\leqslant\boldsymbol{b}\\ \boldsymbol{A}_{\mathrm{eq}}\boldsymbol{x}=\boldsymbol{b}_{\mathrm{eq}}\\ \boldsymbol{lb}\leqslant\boldsymbol{x}\leqslant\boldsymbol{ub}\end{cases}$$

4. [x,fval] = linprog(f,A,b,Aeq,beq,lb,ub)

上述 linprog 函数的返回值为决策变量的最优值 $\boldsymbol{x}$，除了 $\boldsymbol{x}$ 之外，函数还可以返回其他变量。例如，当调用格式为：

```
[x,fval] = linprog(……)
[x,fval,exitflag,output] = linprog(……)
```

返回的值包括：决策变量取值 $\boldsymbol{x}$ 及对应的最小值 fval，说明退出条件的值 exitflag，包含优化过程信息的结构体 output。linprog 函数还有其他的调用格式，具体可参考函数帮助文档。

在利用 linprog 函数求解线性优化问题之前，需要先将其整理为矩阵形式，如不等式约束 $\boldsymbol{Ax}\leqslant\boldsymbol{b}$、等式约束 $\boldsymbol{A}_{\mathrm{eq}}\boldsymbol{x}=\boldsymbol{b}_{\mathrm{eq}}$。

以下面线性优化问题为例，说明利用 linprog 函数求解线性优化问题的具体流程。

$$\min\left(-x_1-\frac{x_2}{3}\right) \quad s.t.\begin{cases}x_1+x_2\leqslant 2\\ x_1+\dfrac{x_2}{4}\leqslant 1\\ x_1-x_2\leqslant 2\\ -\dfrac{x_1}{4}-x_2\leqslant 1\\ -x_1-x_2\leqslant -1\\ -x_1+x_2\leqslant 2\\ x_1+\dfrac{x_2}{4}=\dfrac{1}{2}\\ -1\leqslant x_1\leqslant 1.5\\ -0.5\leqslant x_2\leqslant 1.25\end{cases}$$

首先可以将目标函数整理为矩阵形式 $\boldsymbol{f}^{\mathrm{T}}\boldsymbol{x}$，具体如下：

$$\min\left(-x_1-\frac{x_2}{3}\right)\Rightarrow \min\underbrace{\begin{bmatrix}-1 & -1/3\end{bmatrix}}_{\boldsymbol{f}^{\mathrm{T}}}\underbrace{\begin{bmatrix}x_1\\ x_2\end{bmatrix}}_{\boldsymbol{x}}$$

则 $\boldsymbol{f}=\begin{bmatrix}-1 & -1/3\end{bmatrix}^{\mathrm{T}}$，在 linprog 函数中输入变量 f，即可表示上述线性优化目标。

然后将原问题中的 6 个线性不等式约束整理为 $\boldsymbol{Ax}\leqslant\boldsymbol{b}$ 的矩阵形式，用矩阵 $\boldsymbol{A}$ 和向量 $\boldsymbol{b}$ 表示所有不等式约束，具体如下：

$$\begin{cases} x_1 + x_2 \leqslant 2 \\ x_1 + \dfrac{x_2}{4} \leqslant 1 \\ x_1 - x_2 \leqslant 2 \\ -\dfrac{x_1}{4} - x_2 \leqslant 1 \\ -x_1 - x_2 \leqslant -1 \\ -x_1 + x_2 \leqslant 2 \end{cases} \Rightarrow \underbrace{\begin{bmatrix} 1 & 1 \\ 1 & 1/4 \\ 1 & -1 \\ -1/4 & -1 \\ -1 & -1 \\ -1 & 1 \end{bmatrix}}_{A} \underbrace{\begin{bmatrix} x_1 \\ x_2 \end{bmatrix}}_{x} \leqslant \underbrace{\begin{bmatrix} 2 \\ 1 \\ 2 \\ 1 \\ -1 \\ 2 \end{bmatrix}}_{b}$$

其中，$\boldsymbol{A}$ 为 6×2 维矩阵，$\boldsymbol{b}$ 为 6×1 维向量。在 linprog 函数中输入矩阵 A 与向量 b，即可表示上述 6 个不等式约束条件。

该线性优化问题的约束条件中只有一个等式约束，即 $x_1 + x_2 / 4 = 1/2$，同样可以将其表示为 $\boldsymbol{A}_{\text{eq}}\boldsymbol{x}=\boldsymbol{b}_{\text{eq}}$ 的形式，$\boldsymbol{A}_{\text{eq}}$ 与 $\boldsymbol{b}_{\text{eq}}$ 分别为 [1,1/4] 与 1/2，表示不等式约束中的系数与常数。

此外，该线性优化问题还存在决策变量的上界与下界约束（$-1 \leqslant x_1 \leqslant 1.5$，$-0.5 \leqslant x_2 \leqslant 1.25$），用变量 lb 表示决策变量的下界，由于 x_1 与 x_2 的下界分别为 -1 和 -0.5，因此 lb 为 [-1,-0.5]；同理，用变量 ub 表示决策变量的上界，为 [1.5,1.25]。

最后将优化目标、等式约束、不等式约束、上下界整理为矩阵形式后，可以调用 linprog 函数求得其决策变量的最优取值，如代码 5-1 所示。

代码5-1

linprog 函数求解线性优化问题

```
A = [1 1;1 1/4;1 -1;-1/4 -1;-1 -1;-1 1];        % 不等式约束
b = [2;1;2;1;-1;2];
Aeq = [1 1/4];                                   % 等式约束
beq = 1/2;
lb = [-1;-0.5];                                  % 决策变量下界
ub = [1.5;1.25];                                 % 决策变量上界
f = [-1;-1/3];                                   % 线性优化目标
[x,fval] = linprog(f,A,b,Aeq,beq,lb,ub)
```

输出结果为：

```
x = 0.1875
   1.2500
fval = -0.6042
```

即当 x_1=0.1875，x_2=1.2500 时，目标函数取得极小值 −0.6042。

5.2.2 混合整数线性优化函数 intlinprog

在线性优化问题中有一类特殊的优化问题，部分决策变量只能取整数，称这类问题为混合整数优化问题，其数学模型为：

$$\min \boldsymbol{f}^{\mathrm{T}}\boldsymbol{x} \quad s.t.\begin{cases} \boldsymbol{Ax}\leqslant \boldsymbol{b} \\ \boldsymbol{A}_{\mathrm{eq}}\boldsymbol{x}=\boldsymbol{b}_{\mathrm{eq}} \\ \boldsymbol{lb}\leqslant \boldsymbol{x}\leqslant \boldsymbol{ub} \\ x_1,\cdots,x_k\in \mathbf{Z} \end{cases}$$

上一数学模型中，决策变量 $\boldsymbol{x}=[x_1,x_2,\cdots,x_n]^{\mathrm{T}}$ 中前 k 个变量只能取整数。

在 MATLAB 中 intlinprog 函数可以求解混合整数优化问题。输入线性优化目标 $\min \boldsymbol{f}^{\mathrm{T}}\boldsymbol{x}$ 中的系数向量 $\boldsymbol{f}$、线性不等式约束 $\boldsymbol{Ax}\leqslant \boldsymbol{b}$ 中的矩阵 $\boldsymbol{A}$ 及向量 $\boldsymbol{b}$、线性等式约束 $\boldsymbol{A}_{\mathrm{eq}}\boldsymbol{x}=\boldsymbol{b}_{\mathrm{eq}}$ 中的矩阵 $\boldsymbol{A}_{\mathrm{eq}}$ 与向量 $\boldsymbol{b}_{\mathrm{eq}}$、决策变量上下界，以及混合整数优化问题中取整决策变量的位置后，输出决策变量的取值。

混合整数线性优化函数 intlinprog 的调用格式如下：

```
x = intlinprog(f,intcon,A,b)
x = intlinprog(f,intcon,A,b,Aeq,beq)
x = intlinprog(f,intcon,A,b,Aeq,beq,lb,ub)
x= intlinprog(f,intcon,A,b,Aeq,beq,lb,ub,options)
[x,fval,exitflag,output] = intlinprog(____)
```

其中，输入变量 intcon 表示只能取整数的决策变量的位置，如当 intcon=[2] 时，表示第 2 个决策变量只能取整数；其他参数含义与 linprog 函数的相同，在此不重复介绍。上述不同调用方式对应不同约束条件下的情况，例如，对于如下只有线性不等式约束的混合整数线性规划问题

$$\min \boldsymbol{f}^{\mathrm{T}}\boldsymbol{x} \quad s.t.\begin{cases} \boldsymbol{Ax}\leqslant \boldsymbol{b} \\ x_1,\cdots,x_k\in \mathbf{Z} \end{cases}$$

可以采用如下调用方式：

```
x = intlinprog(f,intcon,A,b)
```

下面以一个例子展示 intlinprog 函数求解混合整数线性优化问题的过程。对于以下混合整数线性优化问题：

$$\min\left(8x_1+x_2\right) \quad s.t.\begin{cases} x_1+2x_2\geqslant -14 \\ -4x_1-x_2\leqslant -33 \\ 2x_1+x_2\leqslant 20 \\ x_2\text{是整数} \end{cases}$$

首先根据目标函数 $\min\left(8x_1+x_2\right)$ 提取系数向量：

```
f = [8;1];
```

然后将约束条件整理为矩阵形式，例子中只有线性不等式约束，其矩阵形式如下：

$$\underbrace{\begin{bmatrix} -1 & -2 \\ -4 & -1 \\ 2 & 1 \end{bmatrix}}_{\boldsymbol{A}}\begin{bmatrix} x_1 \\ x_2 \end{bmatrix}\leqslant \underbrace{\begin{bmatrix} 14 \\ -33 \\ 20 \end{bmatrix}}_{\boldsymbol{b}}$$

不等式约束需要注意不等式符号的方向。此问题中 x_2 为整数，则 intcon=[2]，用 MATLAB 求解此问题，如代码 5-2 所示。

代码5-2

intlinprog 函数求解混合整数线性优化问题

```
A = [-1,-2; -4,-1;2,1];
b = [14;-33;20];
f = [8;1];
intcon = 2;
x = intlinprog(f,intcon,A,b)
```

输出结果为：

```
x =  6.5000
     7.0000
```

根据 intlinprog 函数的输出，目标函数 $8x_1+x_2$ 最小值在 x_1=6.5000 和 x_2=7.0000 时取得。

5.2.3 非线性优化函数 fmincon

前面介绍的 linprog 函数与 intlinprog 函数均为线性优化函数，对于非线性优化问题，可以调用 MATLAB 的 fmincon 函数进行求解。非线性优化问题为目标函数或约束条件存在非线性函数的优化问题，其数学模型为：

$$\min f(\boldsymbol{x}) \quad s.t.\begin{cases} c(\boldsymbol{x})\leqslant 0 \\ c_{\mathrm{eq}}(\boldsymbol{x})=0 \\ \boldsymbol{Ax}\leqslant \boldsymbol{b} \\ \boldsymbol{A}_{\mathrm{eq}}\boldsymbol{x}=\boldsymbol{b}_{\mathrm{eq}} \\ \boldsymbol{lb}\leqslant \boldsymbol{x}\leqslant \boldsymbol{ub} \end{cases}$$

在线性优化问题求解过程中，目标函数和约束条件都利用 MATLAB 矩阵表示，而对于非线性优化问题，如上式中的非线性函数 $f(\boldsymbol{x})$ 、$c(\boldsymbol{x})$ 、$c_{\mathrm{eq}}(\boldsymbol{x})$ ，不能再利用矩阵表示，只能用 MATLAB 函数表示。

对于目标函数，输入为决策变量，输出为目标函数值，例如。$\min(x_1x_2)$ 可以表示为：

```
fun = @(x)x(1)*x(2)
```

在用 fmincon 函数求解非线性优化问题时，非线性不等式约束 $c(\boldsymbol{x})\leqslant 0$ 与非线性等式约束 $c_{\mathrm{eq}}(\boldsymbol{x})=0$ 用同一函数表示，函数的输入变量为决策变量，第一个输出变量为 $c(\boldsymbol{x})$ 函数值，第二个输出变量为 $c_{\mathrm{eq}}(\boldsymbol{x})$ 函数值。例如，对于非线性约束条件

$$\begin{cases} x_1 x_2 \leqslant 0 \\ x_1 + \sin(x_2) \leqslant 0 \\ x_1^2 + x_2^2 = 1 \end{cases}$$

需要用以下形式的函数表示：

```
function [c,ceq] = nonlcon(x)
    c =[x(1)*x(2), x(1) + sin(x(2))];
    ceq = [x(1)^2 + x(2)^2];
end
```

将非线性优化问题的目标函数、决策变量用矩阵和函数表示出来后，就可以利用 fmincon 函数求解该非线性优化问题，具体调用格式如下：

```
x = fmincon(fun,x0,A,b)
x = fmincon(fun,x0,A,b,Aeq,beq)
x = fmincon(fun,x0,A,b,Aeq,beq,lb,ub)
x = fmincon(fun,x0,A,b,Aeq,beq,lb,ub,nonlcon)
x = fmincon(fun,x0,A,b,Aeq,beq,lb,ub,nonlcon,options)
[x,fval,exitflag,output] = fmincon(____)
```

其中，fun 为非线性目标函数；x0 为初值；nonlcon 为非线性约束条件，包括非线性不等式约束 $c(\boldsymbol{x})\leqslant 0$ 与非线性等式约束 $c_{\mathrm{eq}}(\boldsymbol{x})=0$，需要通过函数实现；其他输入参数与 linprog 函数的相同。

例如，对于下面非线性优化问题：

$$\min\left(100(x_2 - x_1^2)^2 + (1-x_1)^2\right) \quad s.t. \begin{cases} x_1^2 + x_2 \leqslant 2 \\ x_1 + 2x_2 \leqslant 1 \\ 2x_1 + x_2 = 1 \\ 0 \leqslant x_1 \leqslant 2 \\ 0 \leqslant x_2 \leqslant 2 \end{cases}$$

非线性目标函数和非线性约束需要用函数表示。其中，目标函数代码如下：

```
fun = @(x)100*(x(2)-x(1)^2)^2 + (1-x(1))^2;
```

将非线性不等式约束修改为 $c(\boldsymbol{x})\leqslant 0$ 的形式，可以得到 $c(\boldsymbol{x}) = x_1^2 + x_2 - 2$，在非线性约束对应的 function 中定义变量 c 如下：

```
c = x(1)^2+x(2)-2;
```

利用 fmincon 函数，求解上述非线性优化问题，具体实现如代码 5-3 所示。

代码5-3

fmincon 函数求解非线性优化问题

```
fun = @(x)100*(x(2)-x(1)^2)^2 + (1-x(1))^2;      % 非线性目标函数
x0 = [0.5,0];                                      % 初值
A = [1,2];                                         % 线性不等式约束
```

```
b = 1;
Aeq = [2,1];                                    % 线性等式约束
beq = 1;
lb = [0 0];                                     % 下界
ub = [2 2];                                     % 上界
nonlcon = @non;
x = fmincon(fun,x0,A,b,Aeq,beq,lb,ub,nonlcon)

function [c,ceq] = non(x)                       % 非线性约束
   c = x(1)^2+x(2)-2;
   ceq = [];
end
```

输出结果为：

```
x =  0.4149    0.1701
```

即函数 $100(x_2-x_1^2)^2+(1-x_1)^2$ 的最小值在 $x_1=0.4149$ 和 $x_2=0.1701$ 时取得。

5.2.4 其他优化函数

除了线性优化函数 linprog、混合整数线性优化函数 intlinprog、非线性优化函数 fmincon 外，MATLAB 还有很多处理其他优化问题的函数，如表 5.2 所示。

表 5.2 MATLAB 其他优化函数

函数名	调用格式	功能
fminbnd	x = fminbnd(fun,x1,x2) x = fminbnd(fun,x1,x2,options)	查找单变量函数 fun 在定区间 [x1,x2] 上的最小值
fminsearch	x = fminsearch (fun,x0) x = fminsearch (fun,x0,options)	使用无导数法计算无约束多变量函数 fun 的最小值
fminunc	x = fminunc (fun,x0) x = fminunc (fun,x0,options)	求无约束多变量函数 fun 的最小值
quadprog	x = quadprog(H,f) x = quadprog(H,f,A,b) x = quadprog(H,f,A,b,Aeq,beq) x = quadprog(H,f,A,b,Aeq,beq,lb,ub)	求解二次规划问题

5.3 无约束最优化算法

本节以简单的无约束最优化问题为例，分析无约束最优化问题的求解思路，然后介绍最优化算法，主要涉及处理单变量优化问题的二分法、黄金分割法和处理多变量优化问题的梯度下降法、牛顿迭代法。

5.3.1 无约束最优化问题

前面介绍了最优化问题的基本概念及分类，本节首先介绍无约束最优化问题 $\min f(x)$ 的最优性条件。

设 $f(x)$ 在开集 **D** 上一阶连续可微，若 $x^* \in \mathbf{D}$ 是 $f(x)$ 的一个局部极小值点，则 $\nabla f(x^*)=0$。

最优点处梯度 $\nabla f(x^*)=0$ 这个条件是很多求解无约束最优化问题算法的基本准则，如梯度下降法中，沿负梯度方向迭代更新直到梯度趋近于 0 得到极小值点。也可以直接计算 $\nabla f(x)=0$ 的点，如对下面的优化问题：

$$\min f(x,y)=x^2+y^2+xy+x$$

可对 $f(x,y)$ 求偏导并令其为 0，即：

$$\begin{cases} f_x(x,y)=2x+y+1=0 \\ f_y(x,y)=2y+x=0 \end{cases}$$

解上述线性方程组，得到极小值点 $x^*=-2/3$，$y^*=1/3$，即为原最优化问题的最小值点。在 MATLAB 中，可以利用符号函数求导，代码如下：

```
syms x y
f = x^2 + y^2 + x*y + x;          % 定义目标函数
fx = diff(f,x);                    % 求目标函数关于x的偏导数
fy = diff(f,y);                    % 求目标函数关于y的偏导数
xx = solve(fx,x);                  % 将x表示为y的函数
fyy = subs(fy,x,xx);               % 代入x，得到关于y的一元函数
y0 = solve(fyy)                    % 求解得到y
x0 = subs(xx,y,y0)                 % 代入y的解得到x
```

得到的结果如下：

```
y0 =1/3
x0 =-2/3
```

并不是所有最优化问题都可以通过求导直接得到结果，对于不能直接求解的最优化问题 $\min f(x)$，在数值计算中一般采用迭代法求解。

迭代法的基本思想是：在给定初始点的情况下，以一定的迭代规则产生一个迭代序列 $\{x_k\}$，使其收敛到极值点 $\nabla f(x)=0$。下面几小节分别介绍了二分法、黄金分割法、梯度下降法和牛顿迭代法，均为通过迭代求解最优化问题的算法。

5.3.2 二分法

只有一个变量的函数最小化问题，被称为一维搜索问题，二分法是解决一维搜索问题的最简单算法，其根本思路是将区间一分为二，根据条件选择某一子区间作为解存在的区间。

在第 4 章用二分法求解非线性方程 $f(x)=0$ 的过程中，选择子区间的条件为：非线性方程的解

存在于端点函数值异号的子区间内。而利用二分法求解最小化问题，算法基本思路与求解非线性方程相同，区别在于选择子区间的条件。利用中点将区间一分为二后，二分法根据区间中点函数导数值的正负，判断极小值点位于哪一子区间内：当中点导数值小于 0，极小值点位于右子区间；当中点导数值大于 0，极小值点位于左子区间。

下面从算法原理与步骤、算法的 MATLAB 实现及算法应用举例三方面介绍二分法求解最小值问题。

1. 算法原理与步骤

二分法是一种一维搜索方法，可以求解一元下单峰连续可微函数 $f(x)$ 在区间 $[a_0,b_0]$ 上的极小值点，即：

$$\min f(x) \quad x \in [a_0,b_0]$$

二分法计算过程比较简单，给定待优化函数 $f(x)$、一阶导数 $f'(x)$、求解区间 $[a_0,b_0]$、容忍误差 ε。利用一阶导数压缩区间，具体流程如下。

步骤 1： 计算函数 $f(x)$ 在第 i 次迭代后区间 $[a_i,b_i]$ 中点 x_i 处的一阶导数 $f'(x_i)$。

步骤 2： 如果 $f'(x_i)>0$，说明极小值点在 x_i 左侧，压缩空间 $[a_{i+1},b_{i+1}]=[a_i,x_i]$；

如果 $f'(x_i)<0$，说明极小值点在 x_i 右侧，更新 $[a_{i+1},b_{i+1}]=[x_i,b_i]$；

如果 $f'(x_i)=0$，说明极小值就是 x_i，搜索结束。

步骤 3： 如果更新后的区间长度 $b_{i+1}-a_{i+1}<\varepsilon$，则转到步骤 4，否则令 $i=i+1$，转到步骤 1。

步骤 4： 停止迭代，输出二分法求得的极小值点 $\hat{x}=(a_{i+1}+b_{i+1})/2$。

下面可以通过抛物线来加深对二分法的理解，如图 5.1 所示，灰色部分为压缩之后的区间。已知对于二次项系数大于 0 的抛物线，开口向上，$f'(x_i)<0$ 表示 x_i 处于减区间，则极小值点在 x_i 右侧，极小值点位于右子区间 $[x_0,5]$，如图 5.1 的左图所示。$f'(x_i)>0$ 表示 x_i 处于增区间，则极小值点在 x_i 左侧，极小值点位于左子区间 $[x_0,x_1]$，如图 5.1 的右图所示。

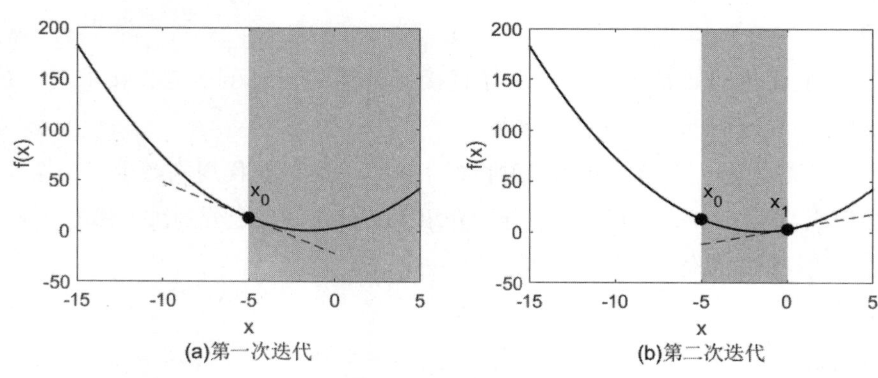

图5.1　二分法示意图

2. 算法的 MATLAB 实现

利用 MATLAB 实现二分法求解最优化问题的函数为 Bisection，输入最小化问题 $\min f(x)$ 的

导数 $f'(x)$ 及求极小值点的区间 $[a,b]$ 后，输出极小值点的位置 $\hat{x}$ 与迭代序列 $\{x_k\}$，具体实现如代码 5-4 所示。Bisection 函数的调用格式如下：

```
[x,x_set] = Bisection(fun,a0,b0)
[x,x_set] = Bisection(fun,a0,b0,eps)
[x,x_set] = Bisection(fun,a0,b0,eps,N)
```

其中，fun 为一阶导数 $f'(x)$，用符号函数表示；a0 为搜索区间起始点；b0 为搜索区间终止点；eps 为最优点的容忍误差，默认为 10^{-6}；N 为最大迭代次数，默认为 1000；x 为最优点值；x_set 为每次迭代的最优点的集合。

代码5-4

二分法的函数实现

```
function [x,x_set] = Bisection(fun,a0,b0,eps,N,varargin)
if nargin<4 | isempty(eps)
    eps = 1e-6;   % 默认精度
end
if nargin<5 | isempty(N)
    N = 1e3;      % 默认最大迭代次数
end
x = (a0+b0)/2;
x_set = [];
for i = 1:N
    x = (a0+b0)/2;
    x_set = [x_set,x];
    % 步骤2
    if subs(fun) > 0
        b0 = x;
    elseif subs(fun) < 0
        a0 = x;
    else
        fprintf('The algorithm iterates %d times to find the minimum point 
x:%f. \n',i,x)
        break
    end
    % 步骤3、步骤4
    if b0 - a0 < eps
        x = (a0+b0)/2;
        x_set = [x_set,x];
        fprintf('The algorithm iterates %d times to find the minimum point 
x:%f. \n',i,x)
        break
    end
end
if i == N
```

```
        fprintf('The algorithm has iterated %d times and has not yet found a minimum point.\n',N)
    end
    end
```

如果迭代 N 次还未收敛，就跳出循环。因此，算法终止有两种可能：迭代 N 次仍未收敛；区间长度小于 ε，迭代收敛。

3. 算法应用举例

调用二分法函数求解以下问题：

$$\min\left(x^2+3x+3\right) \quad -10<x<10$$

如代码 5-5 所示。

代码5-5

Bisection 函数调用实例

```
syms x
f(x) = x.^2+3*x+3;
fun = diff(f(x));
a0 = -10;
b0 = 10;
eps = 1e-3;
[x_target,x_set] = Bisection(fun,a0,b0,eps);
```

上述代码定义符号变量 x 和函数 $f(x)=x^2+3x+3$，利用 diff 函数求一阶导数 $f'(x)$，记为 fun，定义 a0、b0、eps，并调用 Bisection 函数，实现二分法求解最小值点。

运行代码 5-5 之后，输出结果为：

```
The algorithm iterates 15 times to find the minimum point x:-1.499939.
```

即迭代 15 次后得到容忍误差为 10^{-3} 的最优解为 x=–1.499939，迭代序列 x_set 如图 5.2 的左图所示。画出函数 $f(x)$ 与求得的极小值点 x^*，结果如图 5.2 的右图所示。

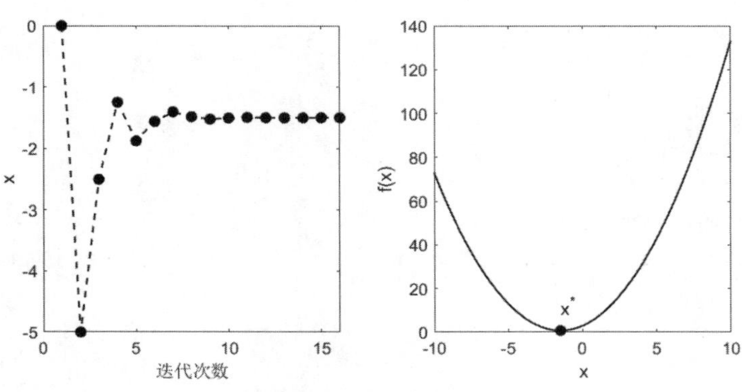

图5.2　二分法最优化结果

注意 此优化问题为求取单变量函数在定区间上的最小值，可以通过 MATLAB 函数 fminbnd 求解，将得到最优解 x=-1.5。具体命令为：

```
fminbnd(@(x)x^2+3*x+3,-10,10)
```

5.3.3 黄金分割法

黄金分割法与二分法均为一维搜索算法，也都属于区间收缩方法，只是区间收缩过程与二分法不同。

在二分法中，每次迭代以区间中点为分割点将原区间分为两个新区间，并选择极小值点所在区间作为新区间，实现区间收缩；而黄金分割法利用黄金分割点将原区间分为三个新区间，并选择极小值点所在的区间（可能由两个新区间组成）。

1. 算法原理与步骤

黄金分割法处理的问题与二分法相同，都是求区间内的单峰函数的极小值，即：

$$\min f(x) \quad x \in [a_0, b_0]$$

给定待优化函数 $f(x)$、求解区间 $[a_0, b_0]$、容忍误差 ε，求函数极小值。黄金分割法的求解最优化问题流程如下。

步骤 1： 在第 i 次迭代后区间 $[a_i, b_i]$ 取两个黄金分割点：$c = a_i + (1-r)(b_i - a_i)$，$d = a_i + r(b_i - a_i)$，其中 $r = (\sqrt{5}-1)/2$ 为黄金分割点对应的比值。

步骤 2： 计算黄金分割点 c、d 处待优化函数值 $f(c)$ 与 $f(d)$。

步骤 3： 如果 $f(c) = f(d)$，则将区间收缩为 $[a_{i+1}, b_{i+1}] = [c, d]$；

如果 $f(c) < f(d)$，则将区间收缩为 $[a_{i+1}, b_{i+1}] = [a_i, d]$；

如果 $f(c) > f(d)$，则将区间收缩为 $[a_{i+1}, b_{i+1}] = [c, b_i]$。

步骤 4： 如果更新后的区间长度 $b_{i+1} - a_{i+1} < \varepsilon$，则转到步骤 5，否则令 $i = i+1$，转到步骤 1。

步骤 5： 停止迭代，输出黄金分割法求得的极小值点的位置为 $\hat{x} = (a_{i+1} + b_{i+1})/2$。

黄金分割法示意图如图 5.3 所示，图中灰色部分为收缩之后的区间。在图 5.3 的左图中，$f(c) < f(d)$，则将区间收缩为 $[a_0, d]$；在图 5.3 的右图中，新区间上 $f(c) > f(d)$，则将区间收缩为 $[c, b_1]$。

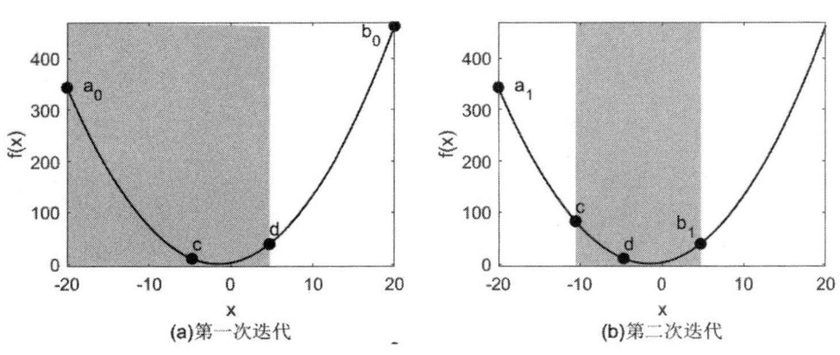

图5.3 黄金分割法示意图

2．算法的 MATLAB 实现

利用 MATLAB 实现黄金分割法求解最优化问题的函数 GoldenSection，输入待优化函数 $f(x)$、求极小值点的区间 $[a,b]$ 后，输出极小值点的位置 $\hat{x}$ 与迭代序列 $\{x_k\}$，具体实现如代码 5-6 所示。GoldenSection 函数的调用格式如下：

```
[x,x_set] = GoldenSection(f,a0,b0)
[x,x_set] = GoldenSection(f,a0,b0,eps)
[x,x_set] = GoldenSection(f,a0,b0,eps,N)
```

其中，f 为优化问题 $\min f(x)$ 中的待优化函数 $f(x)$，用符号函数表示；a0 为搜索区间起始点；b0 为搜索区间终止点；eps 为最优点的容忍误差，默认为 10^{-6}；N 为最大迭代次数，默认为 1000；x 为最优点值；x_set 为每次迭代的最优点的集合。

代码5-6

黄金分割法的函数实现

```
function [x,x_set] = GoldenSection(f,a0,b0,eps,N,varargin)
if nargin<4 | isempty(eps)
    eps = 1e-6;  % 默认精度
end
if nargin<5 | isempty(N)
    N = 1e3;  % 默认最大迭代次数
end
x = (a0+b0)/2;
x_set = [];
r = (sqrt(5)-1)/2;
for i = 1:N
    x = (a0+b0)/2;
    x_set = [x_set,x];
    % 步骤2
    c = a0 + (1-r)*(b0-a0);
    d = a0 + r*(b0-a0);
    fc = subs(f,c);
    fd = subs(f,d);
    % 步骤3
    if fc == fd
        a0 = c;
        b0 = d;
    elseif fc < fd
        a0 = a0;
        b0 = d;
    else
        a0 = c;
        b0 = b0;
    end
```

```
        % 步骤4、步骤5
        if b0 - a0 < eps
            x = (a0+b0)/2;
            x_set = [x_set,x];
            fprintf('The algorithm iterates %d times to find the minimum point x:%f. \
n',i,x)
            break
        end
    end
    if i == N
        fprintf('The algorithm has iterated %d times and has not yet found a minimum
point.\n',N)
    end
    end
```

3. 算法应用举例

下面调用黄金分割法函数求解以下问题：

$$\min\left(x^2+3x+3\right) \qquad -10<x<10$$

具体实现过程与调用二分法相同，在此不再赘述，具体实现见代码 5-7。

代码5-7

GoldenSection 函数调用实例

```
    syms x
    f(x) = x.^2+3*x+3;
    a0 = -10;
    b0 = 10;
    eps = 1e-3;
    [x_target,x_set] = GoldenSection(f,a0,b0,eps);
```

输出结果为：

```
    The algorithm iterates 21 times to find the minimum point x:-1.499760.
```

即迭代 21 次后得到容忍误差为 10^{-3} 的最优解为 x=–1.499760，与二分法相比，黄金分割法仅用到待优化的原函数 $f(x)$，不需要一阶导数 $f'(x)$，但在应用示例中，黄金分割法的迭代次数大于二分法。

5.3.4 梯度下降法

前面介绍的二分法与黄金分割法均为一维搜索算法，处理的是单变量的优化问题。对于多维优化问题，区间收缩算法不再适用，梯度下降法是一种常用的求解多变量无约束最优化问题的方法，基本思想是沿负梯度方向迭代更新极值点。

1. 算法原理与步骤

使用梯度下降法对于以下 n 元连续可微函数求极小值问题：

$$\min f(x) \quad x \in \mathbf{R}^{n\times 1}$$

首先选定初值 $x^{(0)}$，根据迭代更新公式 $x^{(i+1)} = x^{(i)} + \Delta x^{(i)}$ 对极小值进行更新，直到满足算法停止条件。在每一次迭代中，满足 $f(x^{(i+1)}) < f(x^{(i)})$，通过不断迭代收敛到极值点。因此，$\Delta x^{(i)}$ 的计算是梯度下降法的核心。

对于多元函数 $f(x)$，$x = \begin{bmatrix} x_1 & \cdots & x_N \end{bmatrix}^{\mathrm{T}}$，其梯度为：

$$\nabla f(x) = \begin{bmatrix} \dfrac{\partial f(x)}{\partial x_1} & \dfrac{\partial f(x)}{\partial x_2} & \cdots & \dfrac{\partial f(x)}{\partial x_N} \end{bmatrix}^{\mathrm{T}}$$

根据梯度确定梯度下降法中 $\Delta x^{(i)}$ 为：

$$\Delta x^{(i)} = -\alpha \nabla f(x^{(i)})$$

其中，α 为迭代步长，在机器学习领域也被称为学习率。给定待优化函数 $f(x)$、容忍误差 ε、迭代步长 α、初值 $x^{(0)} = \begin{bmatrix} x_1^{(0)} & \cdots & x_N^{(0)} \end{bmatrix}^{\mathrm{T}}$。梯度下降法求解最优化问题流程如下。

步骤 1： 计算第 i 次迭代结果 $x^{(i)}$ 处 $f(x)$ 的梯度 $\nabla f(x^{(i)})$。

步骤 2： 沿负梯度方向更新极小值点，$x^{(i+1)} = x^{(i)} - \alpha \nabla f(x^{(i)})$。

步骤 3： 判断迭代是否收敛，如果 $\left\| x^{(i+1)} - x^{(i)} \right\| < \varepsilon$，则转到步骤 4，否则令 $i = i+1$，转到步骤 1。

步骤 4： 停止迭代，输出 $x^* = x^{(i+1)}$。

梯度下降法示意图如图 5.4 所示，选定初值后，沿负梯度方向迭代更新 x。

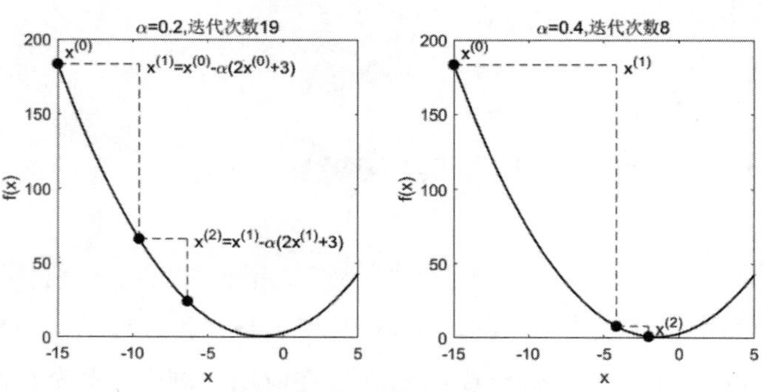

图5.4 梯度下降法示意图

图 5.4 是一元函数 $y = f(x) = x^2 + 3x + 3$ 梯度下降法示意图，其梯度函数为 $\nabla f(x) = 2x + 3$，已知梯度下降法中 $x^{(i+1)} = x^{(i)} - \alpha \nabla f(x^{(i)})$，则取不同的迭代步长 α 的梯度下降法迭代过程如图 5.4 所示，其中，当 α 取 0.2 时，梯度下降法迭代 19 次，当 α 取 0.4 时，梯度下降法迭代 8 次。

当函数为一元函数时，实际上梯度方向为 x 轴方向；当函数为多元函数 $z = f(x,y) = x^2 \mathrm{e}^{-x^2-y^2}$ 时，梯度示意图如图 5.5 所示，右图中箭头方向为该点梯度方向，箭头长度代表梯度大小，可以直观看出，梯度指向函数值增加的方向。在梯度下降法中，沿梯度负方向，即函数值减小的方向迭代更新，得到极小值点。

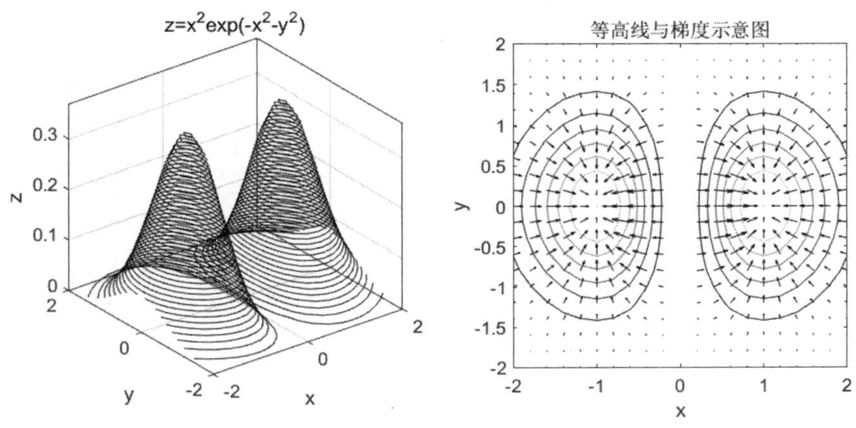

图5.5　梯度示意图

2. 算法的 MATLAB 实现

利用 MATLAB 实现梯度下降法求解最优化问题的函数 GradientDescent，输入待优化函数 $f(x)$ 的梯度函数 $\nabla f(x)$、学习率 α、迭代初值 x_0 后，输出极小值点的位置 $\hat{x}$ 与迭代序列 $\{x_k\}$，具体实现如代码 5-8 所示。GradientDescent 函数的调用格式如下：

```
[x,x_set] = GradientDescent(fun,alpha,x0)
[x,x_set] = GradientDescent(fun,alpha,x0,eps)
[x,x_set] = GradientDescent(fun,alpha,x0,eps,N)
```

其中，fun 为待优化函数 $f(x)$ 的梯度函数 $\nabla f(x)$；alpha 为迭代步长；x0 为迭代初值；eps 为最优点的容忍误差，默认为 10^{-6}；N 为最大迭代次数，默认为 1000；x 为最优点值；x_set 为每次迭代的最优点的集合。

代码5-8

梯度下降法的函数实现

```
function [x,x_set] = GradientDescent(fun,alpha,x0,eps,N,varargin)
if nargin<4 | isempty(eps)
    eps = 1e-6;
end
if nargin<5 | isempty(N)
    N = 1e3;
end
x0 = reshape(x0,length(x0),1); % N*1
x_set = [x0];
```

```
    for i = 1:N
        x_new = x0 - alpha*fun(x0);
        x_set = [x_set,x_new];
        if norm(x_new-x0) < eps
            fprintf('The algorithm iterates %d times to find the minimum point x:\n',i)
            disp(x_new')
            break
        else
            x0 = x_new;
        end
    end
    if i == N
        fprintf('The algorithm has iterated %d times and has not yet found a minimum point.\n',N)
    end

    x = x_new;
    x_set = x_set';
    end
```

3. 算法应用举例

调用梯度下降法函数求解以下问题：

$$\min f(x,y) = \min \frac{x^4}{10} + \frac{y^4}{5} + \frac{x^2y^2}{10} - \frac{4y^2}{10}$$

函数$f(x,y)$的梯度函数为：

$$\nabla f(x,y) = \begin{bmatrix} \dfrac{\partial f(x,y)}{\partial x} \\ \dfrac{\partial f(x,y)}{\partial y} \end{bmatrix} = \begin{bmatrix} \dfrac{4x^3}{10} + \dfrac{2xy^2}{10} \\ \dfrac{4y^3}{5} + \dfrac{2x^2y}{10} - \dfrac{8y}{10} \end{bmatrix}$$

实现过程见代码 5-9，其中，通过 fun1 函数实现$f(x,y)$，通过 grad1 函数实现梯度函数$\nabla f(x,y)$，迭代步长α设置为 0.25，初值设置为 [1.9;1.9]，调用 GradientDescent 函数实现$\min f(x,y)$，并画出示意图。

代码5-9

GradientDescent 函数调用实例

```
fun = @fun1;
grad = @grad1;
x0 = [1.9;1.9]; % 初值
alpha = 0.25;
eps = 1e-4;
```

```
[x,x_set] = GradientDescent(grad,alpha,x0,eps);

% 子函数
function f = fun1(X,Y,varargin)    % 目标函数
% allow a single-variable input by splitting it to X and Y
if nargin==1
    Y = X(2);
    X = X(1);
end
f = X.^4/10 + Y.^4/5 + X.^2.*Y.^2/10 - 4*Y.^2/10;
end

function g = grad1(X,Y,varargin)  % 梯度函数
if nargin==1
    Y = X(2);
    X = X(1);
end
g = zeros(2,1);
g(1) = 4*X^3/10 + 2*X*Y^2/10;
g(2) = 4*Y^3/5 + 2*X^2*Y/10 - 8*Y/10;
end
```

输出结果如下：

```
The algorithm iterates 114 times to find the minimum point x:
   0.001839804391720   0.999999440513835
```

梯度下降法迭代 114 次后得到最优解近似值 $[0,1]^{\mathrm{T}}$，容忍误差为 10^{-4}。x 的收敛过程如图 5.6 所示。其中，左图为 x 和 y 随迭代次数的变化过程，右图为迭代过程在 $(x, y, f(x, y))$ 上的示意图。

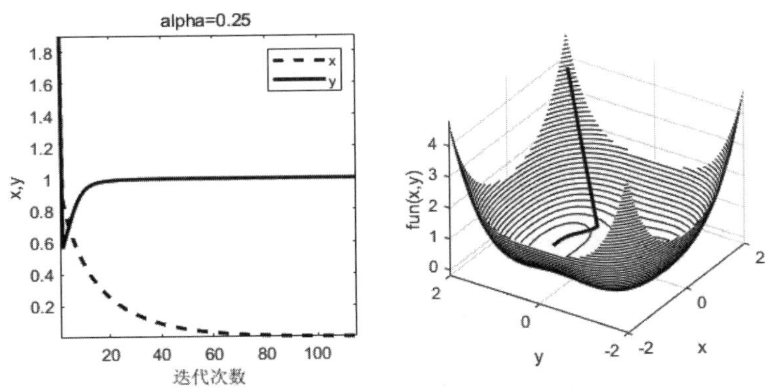

图5.6　梯度下降法迭代过程示意图

在梯度下降法中，迭代步长（学习率）α 的大小决定了梯度下降法的收敛速度，当 α 过大时算法不收敛，当 α 过小时算法收敛很慢。改变代码 5-9 中的迭代步长 α 进行仿真，验证迭代步长对迭代收敛速度的影响。

注意 此优化问题为求取无约束多变量函数的最小值，可以通过 MATLAB 函数 fminunc 求解，可以得到最优解 [0,1]。具体命令为：

```
x0 = [1.9;1.9]; % 初值
fminunc(@(X)X(1).^4/10 + X(2).^4/5 + X(1).^2.*X(2).^2/10 - 4*X(2).^2/10,x0)
```

5.3.5 牛顿迭代法

牛顿迭代法类似于梯度下降法，也是利用梯度实现最优化问题，收敛速度比梯度下降法快。在第 4 章中介绍了基于牛顿迭代法的非线性方程 $f(x)=0$ 的求解问题，在优化问题 $\min f(x)$ 中，实际上最终目标是找到梯度为 0 的点，即求解 $\nabla f(x)=0$，牛顿迭代法就是求解 $\nabla f(x)=0$ 的过程。

1. 算法原理与步骤

牛顿迭代法和梯度下降法处理的问题相同，都是多元无约束优化问题：

$$\min f(x) \qquad x\in\mathbf{R}^{n\times 1}$$

当 $f(x)$ 为一元函数时，对函数 $f(x)$ 在第 i 次迭代结果 $x^{(i)}$ 处泰勒二阶展开，得到

$$f(x)=f(x^{(i)})+f'(x^{(i)})(x-x^{(i)})+f''(x^{(i)})\frac{(x-x^{(i)})^2}{2!}$$

对上式求导，并令其为 0，即：

$$f'(x)=f'(x^{(i)})+f''(x^{(i)})(x-x^{(i)})=0$$

则 $f'(x)=0$ 的迭代更新公式为：

$$x^{(i+1)}=x^{(i)}-\frac{f'(x^{(i)})}{f''(x^{(i)})}$$

如果 $f(x)$ 是多元函数，则上式转化为：

$$x^{(i+1)}=x^{(i)}-\left(H(x^{(i)})\right)^{-1}\nabla f(x^{(i)})$$

其中，$\nabla f(x^{(i)})$ 为 $f(x)$ 在 $x^{(i)}$ 处的梯度，$H(x^{(i)})=\nabla^2 f(x^{(i)})$ 为 $f(x)$ 在 $x^{(i)}$ 处的海森矩阵。海森矩阵如下：

$$H(x)=\left[\frac{\partial^2 f}{\partial x_i \partial x_j}\right]_{n\times n}$$

其中，下标 i、j 表示对多元函数的第 i、j 个变量求导。

当给定待优化函数 $f(x)$、容忍误差 ε、初值 $x^{(0)}=\left[x_1^{(0)} \quad \cdots \quad x_N^{(0)}\right]^{\mathrm{T}}$ 时，牛顿迭代法求解最优化问题流程如下。

步骤 1： 计算第 i 次迭代结果 $x^{(i)}$ 处 $f(x)$ 的梯度 $\nabla f(x^{(i)})$、海森矩阵 $H(x^{(i)})$。

步骤 2： 更新极小值点，$x^{(i+1)}=x^{(i)}-\left(H(x^{(i)})\right)^{-1}\nabla f(x^{(i)})$。

步骤 3： 判断迭代是否收敛，如果 $\left\|x^{(i+1)}-x^{(i)}\right\|<\varepsilon$，则转到步骤 4，否则令 $i=i+1$，转到步骤 1。

步骤4： 停止迭代，输出 $x^* = x^{(i+1)}$。

2. 算法的MATLAB实现

利用MATLAB实现牛顿迭代法求解最优化问题 $\min f(x)$ 的函数Newton，输入待优化函数 $f(x)$ 的梯度函数、海森矩阵函数、迭代初值后，输出极小值点的位置 $\hat{x}$ 与迭代序列 $\{x_k\}$，具体实现如代码5-10所示。Newton函数的调用格式如下：

```
[x,x_set] = Newton(grad,hess,x0)
[x,x_set] = Newton(grad,hess,x0,eps)
[x,x_set] = Newton(grad,hess,x0,eps,N)
```

其中，grad为待优化函数 $f(x)$ 的梯度函数 $\nabla f(x)$；hess为海森矩阵函数；x0为迭代初值；eps为最优点的容忍误差，默认为 10^{-6}；N为最大迭代次数，默认为1000；x为最优点值；x_set为每次迭代的最优点的集合。

代码5-10

牛顿迭代法的函数实现

```
function [x,x_set] = Newton(grad,hess,x0,eps,N,varargin)
if nargin<4 | isempty(eps)
    eps = 1e-6;
end
if nargin<5 | isempty(N)
    N = 1e3;
end
x = reshape(x0,length(x0),1); % N*1
x_set = [x];
for i = 1:N
    x_new = x -inv(hess(x))*grad(x); % 迭代更新公式
    x_set = [x_set,x_new];
    if norm(x_new-x) < eps
        fprintf('The algorithm iterates %d times to find the minimum point x:\n',i)
        disp(x_new')
        break
    else
        x = x_new;
    end
end
if i == N
    fprintf('The algorithm has iterated %d times and has not yet found a minimum point.\n',N)
end
x = x_new;
x_set = x_set';
```

```
end
```

3. 算法应用举例

调用牛顿迭代法函数求解以下问题：

$$\min f(x,y)=\min \frac{x^4}{10}+\frac{y^4}{5}+\frac{x^2y^2}{10}-\frac{4y^2}{10}$$

函数$f(x,y)$的梯度函数为：

$$\nabla f(x,y)=\begin{bmatrix}\dfrac{\partial f(x,y)}{\partial x}\\ \dfrac{\partial f(x,y)}{\partial y}\end{bmatrix}=\begin{bmatrix}\dfrac{4x^3}{10}+\dfrac{2xy^2}{10}\\ \dfrac{4y^3}{5}+\dfrac{2x^2y}{10}-\dfrac{8y}{10}\end{bmatrix}$$

函数$f(x,y)$的海森矩阵为：

$$H(x,y)=\begin{bmatrix}\dfrac{\partial^2 f(x,y)}{\partial x^2} & \dfrac{\partial^2 f(x,y)}{\partial x\partial y}\\ \dfrac{\partial^2 f(x,y)}{\partial y\partial x} & \dfrac{\partial^2 f(x,y)}{\partial y^2}\end{bmatrix}=\begin{bmatrix}\dfrac{12x^2}{10}+\dfrac{2y^2}{10} & \dfrac{4xy}{10}\\ \dfrac{4xy}{10} & \dfrac{12y^2}{5}+\dfrac{2x^2}{10}-\dfrac{8}{10}\end{bmatrix}$$

实现过程见代码 5-11，其中，通过 fun1 函数实现$f(x,y)$，通过 grad1 函数实现梯度函数$\nabla f(x)$，通过 hess1 函数实现海森矩阵的计算，初值设置为 [1.9;1.9]，调用 Newton 函数实现$\min f(x,y)$。

代码5-11

Newton 函数调用实例

```
fun = @fun1;
grad = @grad1;
hess = @hess1;

x0 = [1.9;1.9];
eps = 1e-4;
[x,x_set] = Newton(grad,hess,x0,eps);

function f = fun1(X,Y,varargin)    % 目标函数
if nargin==1
    Y = X(2);
    X = X(1);
end
f = X.^4/10 + Y.^4/5 + X.^2.*Y.^2/10 - 4*Y.^2/10;
end

function g = grad1(X,Y,varargin)    % 梯度函数
if nargin==1
    Y = X(2);
```

```
    X = X(1);
end
g = zeros(2,1);
g(1) = 4*X^3/10 + 2*X*Y^2/10;
g(2) = 4*Y^3/5 + 2*X^2*Y/10 - 8*Y/10;
end

function H = hess1(X,Y,varargin)      % 海森矩阵函数
if nargin==1
    Y = X(2);
    X = X(1);
end
H = zeros(2);
H(1,1) = 12*X^2/10 + 2*Y^2/10;
H(1,2) = 4*X*Y/10;
H(2,1) = H(1,2);
H(2,2) = 12*Y^2/5 + 2*X^2/10 - 8/10;
end
```

输出结果为：

```
The algorithm iterates 7 times to find the minimum point x:
   0.000000002059963   1.000000000956323
```

牛顿迭代法迭代 7 次后，得到的容忍误差为 10^{-4} 的最优解近似值为 $[0,1]^{\mathrm{T}}$，x 的收敛过程如图 5.7 所示。

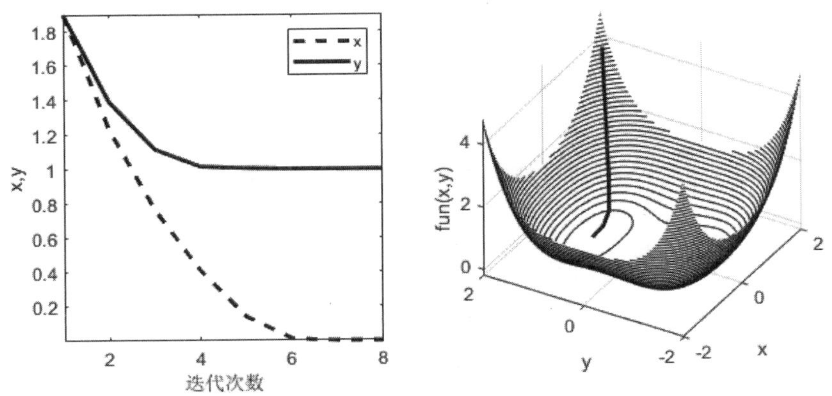

图5.7　牛顿迭代法迭代过程示意图

在牛顿迭代法中，不仅使用了目标函数的梯度数据，还使用了二阶海森矩阵数据，收敛速度快于梯度下降法。但需要计算海森矩阵的逆矩阵，矩阵的逆计算比较复杂，可以用正定矩阵 G_k 代替 $H(x^{(k)})^{-1}$，简化计算过程，这种方法称为拟牛顿法，读者可以自行拓展。

5.4 约束最优化算法

我们在前面小节主要介绍了无约束最优化的求解算法，在实际优化问题中，带约束条件的最优化问题更为常见，本节介绍求解约束最优化问题的算法，主要有拉格朗日乘子法和罚函数法。

5.4.1 拉格朗日乘子法

拉格朗日乘子法是一种寻找多元函数在一组约束下的极值的方法，通过引入拉格朗日乘子，将具有 n 个变量和 d 个约束条件的最优化问题转化为具有 $n+d$ 个变量的无约束最优化问题进行求解。下面将约束最优化问题分为等式约束的最优化问题与不等式约束的最优化问题两类进行讨论。

1. 等式约束的最优化问题求解

对于以下含有 d 个等式约束条件优化问题：

$$\min f(x) \quad s.t.\ h(x)=\begin{bmatrix} h_1(x) \\ \vdots \\ h_d(x) \end{bmatrix}=0$$

其中，$x\in\mathbf{R}^{n\times 1}$。引入拉格朗日乘子 $\boldsymbol{\lambda}=\begin{bmatrix}\lambda_1 & \cdots & \lambda_d\end{bmatrix}^{\mathrm{T}}$，构造 $n+d$ 维拉格朗日函数 $L(x,\lambda)$：

$$L(x,\lambda)=f(x)+\boldsymbol{\lambda}^{\mathrm{T}}h(x)=f(x)+\sum_{m=1}^{d}\lambda_m h_m(x)$$

得到拉格朗日函数后，对 $L(x,\lambda)$ 求极小值，得到的解为原来带等式约束问题的极小值点。例如，对于下面等式约束最优化问题：

$$\min_{x,y} f(x,y)=x^2+y^2 \qquad s.t.\ \ h(x,y)=x-y-2=0$$

其实际意义为从曲线 $h(x,y)=0$ 上所有点中寻找 $f(x,y)$ 最小，即距离原点最近的点，如图 5.8 所示。

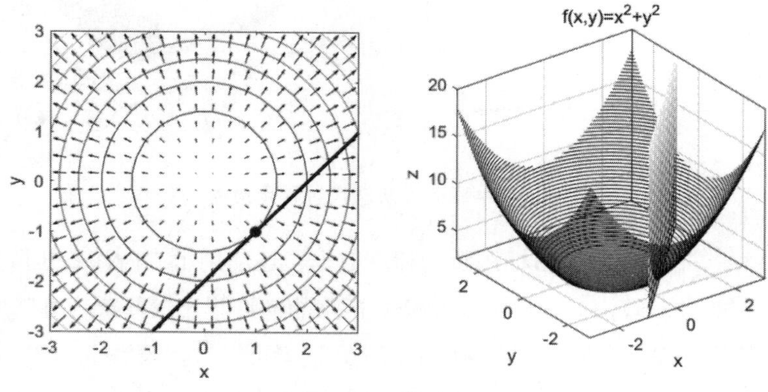

图5.8 等式约束的最优化问题示意图

显然，在最优点处，约束条件函数曲线 $h(x,y)=0$ 与目标函数曲线 $f(x,y)=c$ 相切，最优点即为切点。已知切点处梯度方向 $\nabla f(x,y)$ 与 $\nabla h(x,y)$ 必相同或相反，即存在 $\lambda \neq 0$，$\nabla f(x,y)+\lambda \nabla h(x,y)=0$，称 λ 为拉格朗日乘子。构造拉格朗日函数：

$$L(x,y,\lambda)=f(x,y)+\lambda h(x,y)=x^2+y^2+\lambda(x-y-2)$$

拉格朗日函数的极值点满足：

$$\nabla L(x,y,\lambda)=\begin{bmatrix}\dfrac{\partial L(x,y,\lambda)}{\partial x}\\ \dfrac{\partial L(x,y,\lambda)}{\partial y}\\ \dfrac{\partial L(x,y,\lambda)}{\partial \lambda}\end{bmatrix}=\begin{bmatrix}f_x(x,y)+\lambda h_x(x,y)\\ f_y(x,y)+\lambda h_y(x,y)\\ h(x)\end{bmatrix}=\begin{bmatrix}2x+\lambda\\ 2y-\lambda\\ x-y-2\end{bmatrix}=0$$

因此，拉格朗日函数的极值点为约束条件函数曲线与目标函数曲线的切点，即为原问题的最优点。

利用拉格朗日乘子法将带等式约束的最优化问题转化为无约束最优化问题后，利用 5.3 节中介绍的算法求最优解。调用牛顿迭代法求解上述拉格朗日函数极小值问题，如代码 5-12 所示。其中，fun 为拉格朗日函数 $L(x,y,\lambda)$，grad 为梯度函数 $\nabla L(x,y,\lambda)$，hess 为海森矩阵函数：

$$H(x,y,\lambda)=\nabla^2 L(x,y,\lambda)=\begin{bmatrix}2&0&1\\0&2&-1\\1&-1&0\end{bmatrix}$$

利用随机函数 rand 随机给定初值 x0，调用牛顿迭代法求解 $\min L(x,y,\lambda)$，迭代容忍误差与最大迭代次数取默认值。

代码5-12

拉格朗日乘子法求解等式约束最优化问题

```
fun = @(x)x(1).^2+x(2).^2+x(3).*(x(1)-x(2)-2);
grad = @(x)[2*x(1)+x(3);2*x(2)-x(3);x(1)-x(2)-2];
hess = @(x)[2 0 1;0 2 -1;1 -1 0];
x0 = rand(3,1);
[x,x_set] =  Newton(grad,hess,x0);
```

得到的结果为：

```
The algorithm iterates 2 times to find the minimum point x:
     1     -1     -2
```

即 $L(x,y,\lambda)$ 在 $x=1$、$y=-1$、$\lambda=-2$ 处取得极小值，原来的带等式约束的优化问题在 $x=1$、$y=-1$ 处取得极小值。

2. 不等式约束的最优化问题求解

对于以下优化问题：

$$\min f(x) \quad s.t.\ h(x) \leqslant 0$$

当约束条件是不等式时，最优解的位置只有两种情况：最优解在不等式约束的边界 $h(x)=0$，最优解在不等式约束区域内 $h(x)<0$。最优解的位置需要分情况讨论。

（1）情况一：最优解在不等式约束的边界上。

当最优解在不等式约束的边界上时，问题转化为等式约束最优化问题，满足 $\nabla f(x,y)+\lambda\nabla h(x,y)=0$，其中 $\lambda\neq 0$，列出拉格朗日函数 $L(x,\lambda)=f(x)+\lambda h(x)$ 并求其极小值，即可得到原问题的最优解。

在这种情况下，最优解一定为边界与目标函数的切点，且切点处梯度方向 $\nabla f(x,y)$ 与 $\nabla h(x,y)$ 必相反，即 $\lambda>0$。

（2）情况二：最优解在不等式约束区域内。

当最优解在不等式约束区域内时，不等式约束不起作用，最优解处满足 $\nabla f(x)=0$，可以视为 $\nabla f(x,y)+\lambda\nabla h(x,y)=0$ 的特殊情况，其中 $\lambda=0$。

总结上述两种情况，情况一中 $h(x,y)=0$，情况二中 $\lambda=0$，将其归纳为 $\lambda h(x,y)=0$，由此得到拉格朗日函数的 KKT（Karush-Kuhn-Tucker）条件：

$$\begin{cases}\nabla f(x,y)+\lambda\nabla h(x,y)=0\\ h(x,y)=0\\ \lambda h(x,y)=0\\ \lambda\geqslant 0\end{cases}$$

上述不等式组给出了判断 x^* 是否为最优解的必要条件，只有满足该条件的解，才有可能为最优解。

求解不等式约束的最优化问题时，首先引入一个松弛变量，使得不等式约束变为等式约束。例如，在不等式约束 $h(x)\leqslant 0$ 中引入非负变量 μ^2，约束条件变为 $h(x)+\mu^2=0$。引入松弛变量后，再按照等式约束最优化问题进行求解，并判断所得解是否满足 KKT 条件。具体内容此处不做展开讨论，读者可自行拓展。

5.4.2 罚函数法

罚函数法的基本思想是借助罚函数把约束最优化问题转化为无约束最优化问题，再利用无约束最优化算法求解。在本节中只简单介绍相关概念。对于如下带约束的优化问题：

$$\min f(x) \quad s.t.\begin{cases}h_i(x)=0 & i=1,\cdots,n\\ g_i(x)\leqslant 0 & j=1,\cdots,m\end{cases}$$

构造一个新的目标函数如下：

$$\min l(x) = f(x) + \sum_{i=1}^{n} \omega_i h_i^2(x) + \sum_{j=1}^{m} v_j \psi(g_j(x))$$

其中 $\psi(x)$ 满足以下条件：

$$\psi(x) = 0 \qquad x \leqslant 0$$
$$\psi(x) > 0 \qquad x > 0$$

$\psi(x)$ 在 $x > 0$ 时可取任意满足条件的函数，如 $\psi(x) = e^x$。得到新的目标函数后，利用 5.3 节中介绍的无约束最优化算法求解 $\min l(x)$。

例如，对于如下带约束的优化问题：

$$\min\left(x^2 + 3x + 3\right) \ \ s.t. \begin{cases} x^2 \geqslant 4 \\ -10 \leqslant x \leqslant 10 \end{cases}$$

利用 MATLAB 的非线性优化函数 fmincon 求解上述问题，如代码 5-13 所示。

代码5-13

fmincon 函数求解非线性最优化问题

```
fun = @(x)x^2 + 3*x + 3;                    % 目标函数
x0 = -10;                                   % 初值
lb = [-10];                                 % 下界
ub = [10];                                  % 上界
x = fmincon(fun,x0,[],[],[],[],lb,ub,@nonlcon)

function [c,ceq] = nonlcon(x)               % 非线性约束
   c = 4 - x^2;
   ceq = [];
end
```

求得的极小值点为：

```
x =
    -2.0000
```

即该优化问题的最小值在 $x = -2$ 处取得。

如果利用罚函数法求解该带约束的优化问题，首先将约束条件 $x^2 \geqslant 4$ 作为“惩罚”加入目标函数中，构造新的目标函数为：

$$\min l(x) = x^2 + 3x + 3 + \psi(4 - x^2)$$

其中 $\psi(x)$ 为：

$$\psi(x) = \begin{cases} 0 & x < 0 \\ e^x & x \geqslant 0 \end{cases}$$

则原优化问题将转化为如下不带约束的优化问题：

$$\min\left(x^2 + 3x + 3 + \psi(4 - x^2)\right) \qquad -10 \leqslant x \leqslant 10$$

利用 fmincon 函数求解新的最优化问题，代码如下：

```
fun2 = @(x)x.^2 + 3*x + 3 + phi(4 - x.^2);     % 新目标函数
x0 = -10;                                       % 初值
lb = [-10];                                     % 下界
ub = [10];                                      % 上界
x2 = fmincon(fun2,x0,[],[],[],[],lb,ub)

function y = phi(x)
if x < 0
    y = 0
else
    y = exp(x)
end
end
```

求得的结果为：

```
x2 =
   -2.0000
```

利用 fmincon 函数求解最优化问题与直接求解原问题的结果相同。绘制新目标函数 $l(x)=x^2+3x+3+\psi\left(4-x^2\right)$ 与求得的极小值点 x^*，结果如图 5.9 所示。

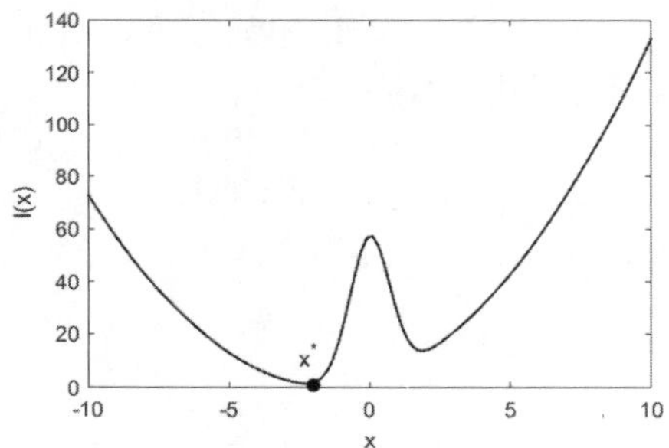

图5.9　罚函数法目标函数与最优化结果

根据上一例子对罚函数法加强理解，其本质就是将带约束的优化问题中的约束项作为“罚函数”加入目标函数中，构造一个新的目标函数，将原问题转化为不带约束的优化问题。当决策变量满足原约束时，新目标函数中的“罚函数”值为 0；当决策变量不满足约束时，新目标函数中的“罚函数”值增大，形成对不满足约束的惩罚。

5.5 经典智能优化算法

在 5.4 节中介绍的最优化算法结果受限于初值的选择，当目标函数有多个极值点时，只有初值接近全局最优点才能得到正确的结果，否则极有可能得到局部最优点。启发式的智能算法可以解决这一问题，通过设置不同初值，按照一定规则进行迭代，最终得到近似全局最优点。

本节主要介绍遗传算法和粒子群算法两个经典智能优化算法，并基于 MATLAB 实现。

5.5.1 遗传算法

遗传算法（Genetic Algorithm, GA）是模拟达尔文生物进化论的优化算法，即通过模拟自然进化过程搜索最优解的算法。在遗传算法中，核心为参数编码、初始化种群、适应度函数设计、遗传操作（选择、交叉、变异）。遗传算法流程图如图 5.10 所示。

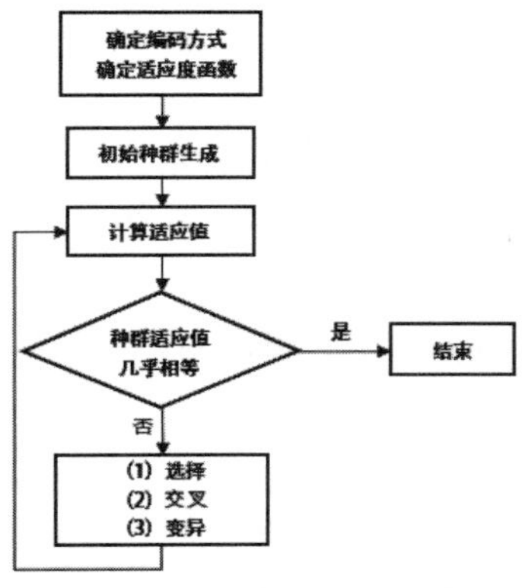

图5.10 遗传算法流程图

下面以求解函数 $f(x)=x+10\sin(5x)+7\cos(4x)$ 的极大值为例（其 $0\leqslant x\leqslant 10$），介绍遗传算法的详细步骤。

1. 编码方式

在遗传算法中，将解空间中的数据编码为遗传空间中的染色体。例如，对于下界为 lb、上界为 ub 的变量 x，将 x 的值用一个 L 位二进制数 b 表示，公式为：

$$x=lb+\frac{ub-lb}{2^L-1}b$$

解码公式为：

$$b=\frac{x-lb}{ub-lb}(2^L-1)$$

根据上述公式，得到遗传算法的编码函数与解码函数分别如代码 5-14 和代码 5-15 所示。其中，变量 X 为解空间的原始数据，X_encode 为编码之后的数据，X_decode 为解码之后的数据，变量 $\boldsymbol{L}$ 中存储着解空间内任一点 $\boldsymbol{x}=[x_1,\cdots,x_n]^{\mathrm{T}}$ 的 n 个维度对应的二进制位数。例如，当解空间为二维，$\boldsymbol{L}$=[10,12] 表示第一维数据用 10 位二进制表示，第二维数据用 12 位二进制表示。

代码5-14

遗传算法编码函数

```
function X_encode = encode(X,L,lb,ub)
X_encode = zeros(size(X,1),sum(L));
for i = 1:size(X,1)
    k = 1;
    for j = 1:length(L)
        x = (X(i,j)-lb(j))/(ub(j)-lb(j))*(2^L(j)-1);
        X_encode(i,k:k+L(j)-1) = bitget(bin2dec(dec2bin(x,L(j))),1:L(j));
        k = k + L(j);
    end
end
end
```

代码5-15

遗传算法解码函数

```
function X_decode = decode(X_encode,L,lb,ub)
X_decode = zeros(size(X_encode,1),length(L));
for i = 1:size(X_encode,1)
    k = 1;
    for j = 1:length(L)
        t = 2.^(0:L(j)-1)';
        x = X_encode(i,k:k+L(j)-1)*t;
        X_decode(i,j) = lb(j)+(ub(j)-lb(j))*x/(2^L(j)-1);
        k = k + L(j);
    end
end
end
```

利用 encode 函数与 decode 函数进行编码与解码时，编码误差会随着编码位数的增加而减小，通过简单示例调用上述编码与解码函数，验证编码误差与编码位数之间的关系。

首先利用随机函数 rand 生成 10 个三维数据，分别用 10、12、10 位二进制数对此三维数据进行编码，编码过程调用编码函数 encode；然后调用解码函数 decode 进行解码。代码如下：

```
X = rand(10,3);
lb = min(X);
ub = max(X);
L = [10,12,10];
X_encode = encode(X,L,lb,ub);
X_decode = decode(X_encode,L,lb,ub);
norm(X_decode-X)
```

对数据 X 进行编码，得到 X_encode，该变量为由 0、1 组成的二进制数。再利用 decode 函数对 X_encode 进行解码，得到解码之后的数据 X_decode。

利用 norm 函数计算每一维解码之后的数据 X_decode 与原始数据 X 的差的范数分别为 0.0011、0.00020、0.0011。可见，随着编码位数的增加，编码误差会减小。

2. 适应度函数

在遗传算法中，可以利用适应度函数评估每个个体的优劣程度，适应度越高，个体越易保留，这是进化论中适者生存的体现。

遗传算法将进化论中的“适者生存”应用在优化问题的最优解求解过程中，例如，对于求最大值的优化问题 $\max f(x)$，直接用目标函数值 $f(x)$ 表示遗传算法中的适应度。遗传算法能够得到适应度最大的个体，即目标函数值最大的点，由此完成 $\max f(x)$ 的求解。

3. 选择

在遗传算法中，从种群中选择适应度高的个体，淘汰适应度低的个体，被称为选择。当种群中有 n 个个体，第 i 个个体的适应度为 f_i，则其被选中的概率 p_i 为：

$$p_i = \frac{f_i}{\sum_{i=1}^{n} f_i}$$

适应度越高，被选中的概率越高。这一思路通过轮盘赌法实现，具体见代码 5-16。其中 X_encode 为编码数据，f 为每个个体对应的适应度。值得注意的是，适应度应取为正数。

代码5-16

遗传算法选择函数

```
function X_selection = selection(X_encode,f)
f = f./sum(f);
f = cumsum(f);
X_selection = zeros(size(X_encode));
for i = 1:size(X_encode,1)
    p = rand;
    k = find(p<f);
    X_selection(i,:) = X_encode(k(1),:);
end
end
```

4. 交叉

交叉是遗传算法的核心步骤，种群中的染色体个体以一定的概率（交叉概率）被选中，做交叉运算产生新的染色体。交叉有多种方法，选择单交叉法将得到新的个体。

遗传算法交叉函数的具体实现见代码 5-17。其中输入变量 p 为交叉概率，L 为不同维度编码长度。

代码5-17

遗传算法交叉函数

```
function X_crossover = crossover(X_selection,p,L)
X_crossover = X_selection;
for i = 1:2:size(X_selection,1)-1
    if rand > p
        continue
    else
        j = randi(length(L));
        k = randi(L(j)-1);
          X_crossover(i,sum(L(1:j-1))+1:sum(L(1:j))) = [ X_selection(i,sum(L(1:j-1))+k:sum(L(1:j))),...
            X_selection(i,sum(L(1:j-1))+1:sum(L(1:j-1))+k-1)];
    end
end
end
```

5. 变异

除了选择与交叉外，遗传算法另一个重要的操作是变异，即种群中的个体以一定的概率（变异概率）被选中进行变异产生新的染色体。变异时，个体的染色体上随机一位基因由 0 变为 1，或由 1 变为 0。遗传算法变异函数的具体实现见代码 5-18，其中输入变量 X_crossover 为种群数据，p 为变异概率，输出变量 X_mutation 为变异之后的种群数据。

代码5-18

遗传算法变异函数

```
function X_mutation = mutation(X_crossover,p)
X_mutation = X_crossover;
for i = 1:size(X_crossover,1)
    if rand > p
        continue
    else
        j = randi(size(X_crossover,2));
        X_mutation(i,j) = abs(X_crossover(i,j)-1);
    end
end
end
```

6. 遗传算法主函数

根据遗传算法流程图，调用前面定义的代码 5-14 ~ 代码 5-18 中的编码、解码、选择、交叉、变异子函数，可以实现利用遗传算法求目标函数极大值的函数 GeneticAlgorithm，如代码 5-19 所示。

该函数的调用格式如下：

```
[x0,f] = GeneticAlgorithm(fun,x0,lb,ub,L,P)
[x0,f] = GeneticAlgorithm(fun,x0,lb,ub,L,P,eps)
[x0,f] = GeneticAlgorithm(fun,x0,lb,ub,L,P,eps,Itermax)
```

其中，fun 为适应度函数 $f(x)$，遗传算法解决的是 $\max f(x)$；x0 为初始种群；lb、ub 分别为决策变量上、下界；L 为不同维度编码长度；P=[p1,p2] 分别为交叉概率和变异概率；eps 为最优点适应度的容忍误差，当种群中适应度最大值与最小值误差小于 eps 时，则结束循环，默认为 10^{-3}；Itermax 为最大迭代次数，默认为 1000；x0 为最优点；f 为最优点对应的适应度。

代码5-19

遗传算法

```
function [x0,f] = GeneticAlgorithm(fun,x0,lb,ub,L,P,eps,Itermax,varargin)
if nargin<7 | isempty(eps)
    eps = 1e-3;
end
if nargin<8 | isempty(Itermax)
    Itermax = 1e3;
end
for i = 1:Itermax
    f = fun(x0);
    if max(f) - min(f) < eps
        break
    end
    x = encode(x0,L,lb,ub);     % 编码
    x = selection(x,f);         % 选择
    x = crossover(x,P(1),L);    % 交叉
    x = mutation(x,P(2));       % 变异
    x0 = decode(x,L,lb,ub);     % 解码
end
f = fun(x0);
[f,k] = max(f);
x = x0(k,:)
fprintf('GA algorithm max fitness:%f\n',f)
disp('x:')
disp(x);
end
```

调用上述遗传算法，求解 $\max f(x) = x + 10\sin(5x) + 7\cos(4x)$，其中 $0 \leqslant x \leqslant 10$，并与利用 MATLAB 的 fminsearch 函数求得的结果作对比，如代码 5-20 所示。

代码5-20

fminsearch 函数调用实例

```
rng(0)
fun = @(x)x+10*sin(5*x)+7*cos(x);
x0 = 10*rand(50,1);
lb = 0;
ub = 10;
L = 12;
P = [0.4 0.05];
eps = 0.01;
Itermax = 1e4;
[x,f] = GeneticAlgorithm(fun,x0,lb,ub,L,P,eps,Itermax);    % 遗传算法

fun1 = @(x)-fun(x);
[xx,ff] = fminsearch(fun1,x0(1,:));
fprintf('fminsearch max value:%f\n',-ff)
disp('x:')
disp(xx)
```

输出结果为：

```
GA algorithm max fitness:23.255015
x:   6.588522588522588
fminsearch max value:17.926052
x:   7.829979959684445
```

其中，遗传算法求得的极大值为 23，fminsearch 函数求得的极大值为 18，可见，遗传算法在此时优于 MATLAB 自带的优化函数 fminsearch 的结果。具体如图 5.11 所示，遗传算法能找到全局最优解，而 MATLAB 的 fminsearch 函数依赖于初值，只能找到局部最优解。

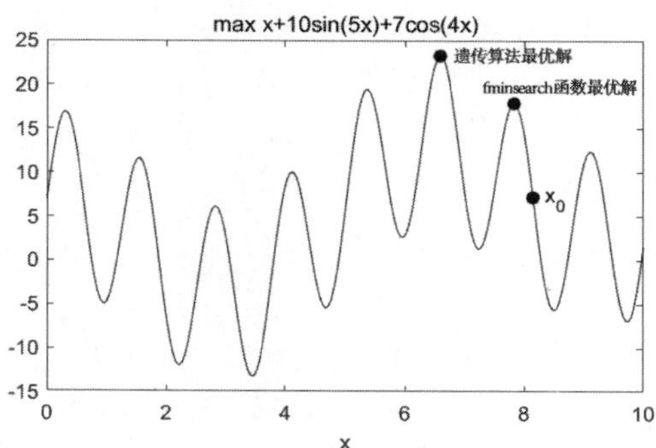

图5.11　遗传算法与fminsearch函数结果对比

7. MATLAB 遗传算法

遗传算法是经典的智能优化算法，MATLAB 提供的 Optimization 工具箱可以直接调用遗传算法，

打开途径为：首先在 MATLAB 主界面中的 APP 选项卡下找到 Optimazation 工具，单击该工具将弹出 Optimazation 对话框，在 Solver 的下拉列表中可以选择 ga – Genetic Algorithm，输入优化问题参数即可调用遗传算法进行优化问题求解。

除了工具箱之外，MATLAB 也提供了可以直接在命令行窗口调用的函数 ga，读者可以通过 help ga 或 doc ga 直接查看其帮助文档。值得注意的是，MATLAB 的 ga 函数是求函数极小值，而前面介绍的自定义遗传算法是求函数极大值。

5.5.2 粒子群算法

粒子群算法（Particle Swarm Optimization, PSO）也属于进化算法的一种，规则比遗传算法简单，没有交叉和变异操作，通过模拟自然界中飞鸟集群活动，追随当前最优值来寻找全局最优点。粒子群算法流程图如图 5.12 所示。

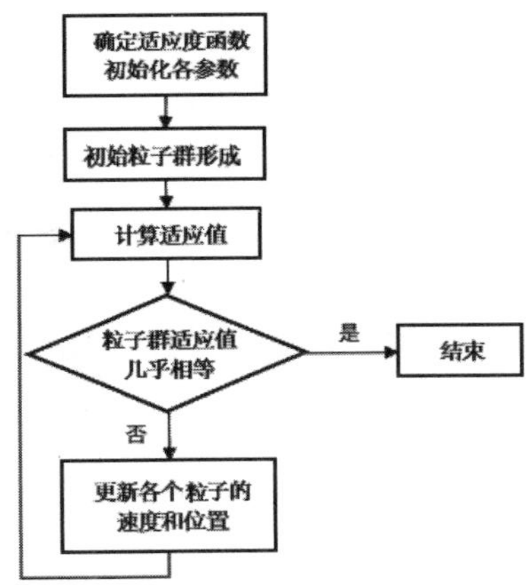

图5.12 粒子群算法流程图

在粒子群算法中，用粒子表示优化问题的一个可行解，粒子 i 具有位置 X_i、速度 V_i、适应值 f_i 三个属性。决策变量的取值视为粒子位置，粒子的位置和速度更新公式为：

$$\boldsymbol{X}_i = \boldsymbol{X}_i + \alpha \boldsymbol{V}_i$$

$$\boldsymbol{V}_i = w \cdot \boldsymbol{V}_i + C_1 r_1 (\boldsymbol{p}_{\text{best},i} - \boldsymbol{X}_i) + C_2 r_2 (\boldsymbol{g}_{\text{best}} - \boldsymbol{X}_i)$$

其中，$\boldsymbol{p}_{\text{best},i}$ 为粒子 i 的历史最优值，$\boldsymbol{g}_{\text{best}}$ 为当前粒子群的全局最优值。更新后粒子 i 的速度取决于三方面，分别为粒子当前速度 $\boldsymbol{V}_i$、粒子 i 当前位置与其历史最优位置 $\boldsymbol{p}_{\text{best},i}$ 的差值 $\boldsymbol{p}_{\text{best},i} - X_i$ 和粒子 i 当前位置与其当前粒子群最优位置 $\boldsymbol{g}_{\text{best}}$ 的差值 $\boldsymbol{g}_{\text{best}} - \boldsymbol{X}_i$。

w 为惯性权重，表示粒子的惯性大小，w 越大，表示粒子探索位置的可能性越小。C_1 为个体学习因子，C_1 越大，表示粒子倾向于前往其历史最优值。C_2 为社会学习因子，C_2 越大，表示粒子越倾向于前往粒子群最优值。r_1 和 r_2 均为 [0,1] 上的随机数。α 为速度约束因子。

ParticalSwarmOptimazation 函数利用粒子群算法求解 max $f(x)$ 问题，具体实现如代码 5-21 所示，输入最大化函数$f(x)$、决策变量上下界及粒子群相关参数后，输出利用粒子群算法求得的极值点 x 和 x 处函数值。为了方便调用，将输入变量 eps 和 Itermax 设置为默认值。ParticalSwarmOptimazation 函数的调用格式如下：

```
[x,f] = ParticalSwarmOptimazation(fun,lb,ub,x,v,w,C1,C2,alpha)
[x,f] = ParticalSwarmOptimazation(fun,lb,ub,x,v,w,C1,C2,alpha,eps)
[x,f] = ParticalSwarmOptimazation(fun,lb,ub,x,v,w,C1,C2,alpha,eps,Itermax)
```

其中，第一个调用格式中 eps 和 Itermax 均取默认值，第二个调用格式中 Itermax 取默认值。各变量含义如下：fun 为适应度函数$f(x)$，粒子群算法解决的是 max $f(x)$；lb、ub 分别为决策变量上、下界；x 为初始粒子群；v 为粒子群初始速度；w 为惯性权重；C1、C2 分别为个体学习因子与社会学习因子；alpha 为速度约束因子；eps 为最优点适应度的容忍误差，当粒子群中适应度最大值与最小值误差小于 eps 时，则结束循环，默认为 10^{-3}；Itermax 为最大迭代次数，默认为 1000；x 为最优点；f 为最优点对应的适应度。

代码5-21

粒子群算法

```
    function [x,f] = ParticalSwarmOptimazation(fun,lb,ub,x,v,w,C1,C2,alpha,eps,Itermax,
varargin)
    if nargin<10 | isempty(eps)
        eps = 1e-3;
    end
    if nargin<11 | isempty(Itermax)
        Itermax = 1e3;
    end
    p = x;
    for i = 1:Itermax
        f = fun(x);
        if max(f) - min(f) < eps
            break
        end
        [~,k] = max(f);
        g = x(k,:);
        v = w*v + C1*rand*(p-x) + C2*rand*(g-x);
        x = x + alpha*v;
        x = max(lb,x);
        x = min(ub,x);
        ff = fun(p);
        for i = 1:length(x)
            if ff(i) < f(i)
                p(i,:) = x(i,:);
```

```
            end
        end
    end
    f = fun(x);
    [f,k] = max(f);
    x_set = x;
    x = x(k,:);
    fprintf('PSO algorithm max fitness:%f\n',f)
    disp('x:')
    disp(x)
    end
```

调用上述代码求解 $\max f(x)=x+10\sin(5x)+7\cos(4x)$，其中 $0\leqslant x\leqslant 10$，并与 fminsearch 函数结果作对比，如代码 5-22 所示。

代码5-22

粒子群算法应用

```
rng(0)
fun = @(x)x+10*sin(5*x)+7*cos(x);
x0 = 10*rand(25,1);
v = 10*rand(25,1);
lb = 0;
ub = 10;
alpha = 1;
C1 = 1;
C2 = 1;
w = 0.6;
[x,f] = ParticalSwarmOptimazation(fun,lb,ub,x0,v,w,C1,C2,alpha);

fun1 = @(x)-fun(x);
[xx,ff] = fminsearch(fun1,x0(1,:));
fprintf('fminsearch max value:%f\n',-ff)
disp('x:')
disp(xx)
```

输出结果为：

```
PSO algorithm max fitness:23.257376
x:   6.592812442545010

fminsearch max value:17.926052
x:   7.829979959684445
```

其中，粒子群算法求得的极值点约为 6.6，函数值约为 23；fminsearch 函数求得的极值点约为 7.8，此处函数值约为 17.9。可见，粒子群算法求得的最优解和遗传算法求得的最优解接近，优于 fminsearch 函数求得的最优解。

本章核心为优化问题的数值解法，分为利用 MATLAB 优化算法直接求解和利用优化算法求解两部分。

在利用 MATLAB 优化求解部分，介绍了 MATLAB 常用的优化函数，主要有 linprog、intlinprog、fmincon、fminbnd、fminsearch、fminunc、quadprog 函数。

在优化算法部分，以无约束最优化算法为中心，介绍了一维优化算法二分法、黄金分割法，多维优化算法梯度下降法、牛顿迭代法，并基于 MATLAB 实现了上述四种优化算法。还介绍了约束最优化问题的求解算法，主要有拉格朗日乘子法、罚函数法，并补充了经典启发式智能优化算法，以遗传算法、粒子群算法为例，基于 MATLAB 实现并能够求得全局最优解。

第 6 章

数据插值

本章介绍数据插值算法，包括拉格朗日插值、牛顿插值、埃尔米特插值、分段插值、样条插值等插值算法，主要涉及的知识点如下。

- **MATLAB 数据插值函数**：了解 MATLAB 自带的插值函数。
- **多项式插值**：掌握待定系数法求解多项式插值问题。
- **拉格朗日插值**：了解并掌握拉格朗日插值法。
- **牛顿插值**：掌握差商概念和牛顿插值公式。
- **埃尔米特插值**：了解并熟悉埃尔米特插值基函数。
- **分段插值**：了解龙格现象并掌握分段插值法。

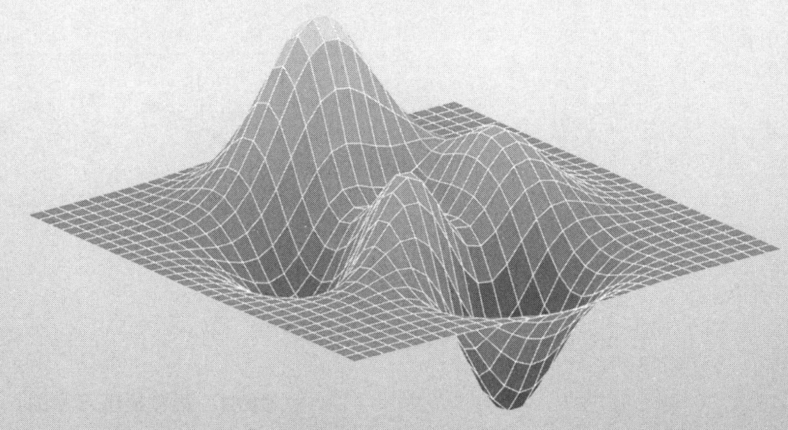

6.1 数据插值问题

在数据分析中，数据插值与数据拟合是两个相似但不同的问题，它们都是从一组数据中找到自变量 x 与因变量 y 的关系。

首先以一个例子形象化表示数据插值与数据拟合的区别，再给出本章中数据插值的概念，以表 6.1 的数据为例。

表 6.1　插值与拟合数据

自变量 x	因变量 y	自变量 x	因变量 y
0	0	11	2
3	1.2	12	1.8
5	1.7	13	1.2
7	2	14	1
9	2.1	15	1.6

数据插值是指根据该组数据产生一个插值函数，使得函数经过这组数据的所有点，利用插值函数可以对未知数据进行预测，称已知数据为插值点，未知数据为查询点。数据插值按照插值函数的形式可以分为代数多项式插值、三角多项式插值、有理分式插值。如图 6.1 所示为数据插值示意图，其中黑色实心点为表 6.1 中的插值点，曲线上数据为查询点。

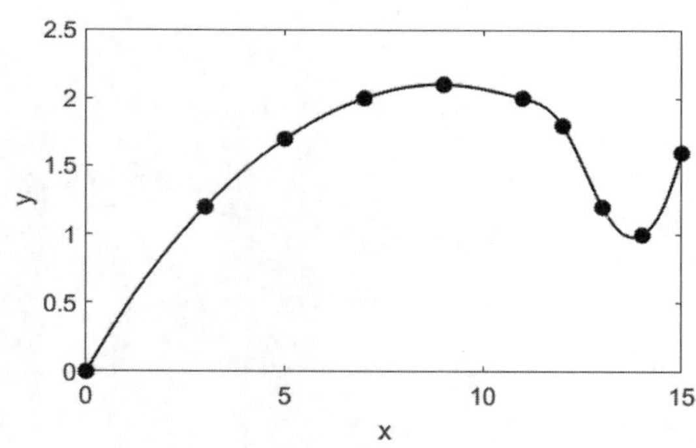

图6.1　数据插值示意图

数据拟合是指用一个函数对已知数据进行拟合，使得拟合值和数据真实值误差最小。函数的形式可以预先给定（如二次函数、log 函数等），函数并不会经过这组数据的所有点，但真实值与函数预测值之间的均方误差最小。如图 6.2 所示，为表 6.1 中数据的三次多项式拟合函数示意图，即根据表中数据，构造一个三次多项式函数 $f(x)=ax^3+bx^2+cx+d$，使得多项式函数在数据点处的函数值与真实值误差最小。图中黑色实心点为表 6.1 中的数据，曲线为三次多项式拟合曲线。

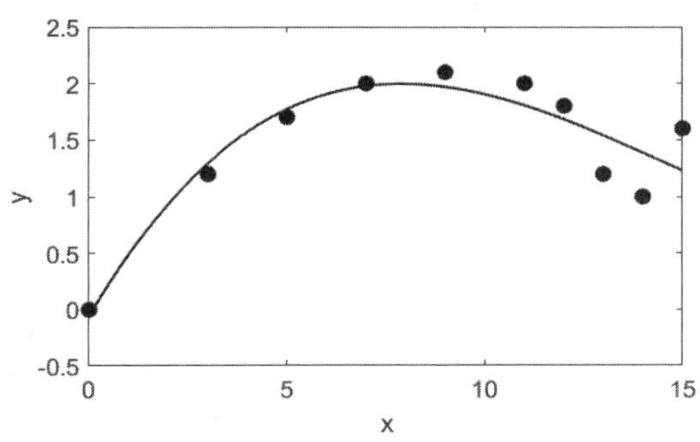

图6.2 数据拟合示意图

图 6.1 和图 6.2 的实现如代码 6-1 所示。

代码6-1
插值与拟合示意图

```
x = [0,3,5,7,9,11,12,13,14,15];
y = [0,1.2,1.7,2.0,2.1,2.0,1.8,1.2,1.0,1.6];

x1 = 0:0.1:15;
y1 = interp1(x,y,x1,'spline');
h = figure;
set(h,'position',[100 100 400 240]);
plot(x1,y1,'k-','linewidth',1)
hold on
plot(x,y,'ko','markersize',6,'markerfacecolor','k')
xlabel('x')
ylabel('y')
saveas(gcf,'fig/fig6_1.bmp')

P = polyfit(x, y, 3);
x2 = 0:0.1:15;
y2 = polyval(P,x2);
h = figure;
set(h,'position',[100 100 400 240]);
plot(x2,y2,'k-','linewidth',1)
hold on
plot(x,y,'ko','markersize',6,'markerfacecolor','k')
xlabel('x')
ylabel('y')
saveas(gcf,'fig/fig6_2.bmp')
```

其中，数据插值用到了 interp1 函数，数据拟合用到了 polyfit 函数。本章介绍数据插值算法，第 7 章介绍数据拟合算法。

根据上述分析，插值问题的数学定义为：给定函数 $y = f(x)$ 在 $[a,b]$ 区间中 $n+1$ 个互异点 (x_i, y_i)，$i = 0,\cdots,n$，构造一个简单的函数 $y = P(x)$ 以近似 $y = f(x)$，使得 $P(x_i) = f(x_i) = y_i$，其中 $P(x)$ 为插值函数，x_i 为插值节点。

> 上述数学描述中的“插值函数”与 6.2 节中的“插值函数”并不是同一概念，数学描述中的插值函数指一个数学意义上的函数，如 $f(x) = x+1$，而 6.2 节中的 MATLAB 插值函数指的是 MATLAB 命令 interp1、interp2 等。

6.2 MATLAB 插值函数

在 MATLAB 中涉及插值的函数主要有 interp1、interp2、interp3、interpn 等，这些命令并不能直接得到插值节点对应的数学函数 $P(x)$，但可以计算该函数在其他点处（即查询点处）的值。

6.2.1 一元插值函数

interp1 是一元插值函数。在 MATLAB 命令行窗口输入代码 help interp1 后，将会输出 interp1 函数的介绍：

```
interp1 - 一维数据插值（表查找）
    此MATLAB函数 使用线性插值返回一维函数在特定查询点的插入值。向量x包含样本点，v包含对应值v(x)。向量xq包含查询点的坐标。
    vq = interp1(x,v,xq)
    vq = interp1(x,v,xq,method)
    vq = interp1(x,v,xq,method,extrapolation)
    vq = interp1(v,xq)
    vq = interp1(v,xq,method)
    vq = interp1(v,xq,method,extrapolation)
    pp = interp1(x,v,method,'pp')
```

可以看到，interp1 函数有多种调用方式。接下来利用表 6.1 中的数据，对 interp1 函数的不同调用方式进行介绍。

1. 线性插值

interp1 函数最基础的调用方式为 vq = interp1(x,v,xq)，即使用线性插值对数据 (x,v) 进行插值，得到其在 xq 处的值 vq。例如，对表 6.1 中的数据进行插值，得到其在 x=2 处的值，代码为：

```
x = [0,3,5,7,9,11,12,13,14,15];
```

```
v = [0,1.2,1.7,2.0,2.1,2.0,1.8,1.2,1.0,1.6];
vq = interp1(x,v,2)
```

输出结果为：

```
vq =
   0.8000
```

代码 vq = interp1(x,v,xq) 还可以计算 xq 为向量时所对应的 vq。例如，对表 6.1 中的数据进行插值，得到线性插值函数在 0 ~ 15 所有整数点对应的 vq，并绘图展示，具体实现如代码 6-2 所示。

代码6-2

线性插值示意图代码

```
x = [0,3,5,7,9,11,12,13,14,15];
y = [0,1.2,1.7,2.0,2.1,2.0,1.8,1.2,1.0,1.6];
x1 = 0:1:15;
y1 = interp1(x,y,x1);
h = figure;
set(h,'position',[100 100 400 240]);
plot(x,y,'ko','markersize',6,'markerfacecolor','w')
hold on
plot(x1,y1,'k+-')
xlabel('x')
ylabel('y')
```

得到的结果如图 6.3 所示，其中黑色圆代表表 6.1 中的数据 (x,y)，黑色十字代表插值函数在该查询点 x 处的预测值 y。可以看出，对于查询点处的值，interp1 函数通过一个线性函数对其进行预测。例如，对于处于区间 [0,3] 的查询点，由于其两侧插值点为 (0,0) 、(3,1.2)，因此其值对应的线性函数为 $y=0.4x$，则 x=2 对应的值为 0.8，与代码 vq = interp1(x,v,2) 得到的结果相同。

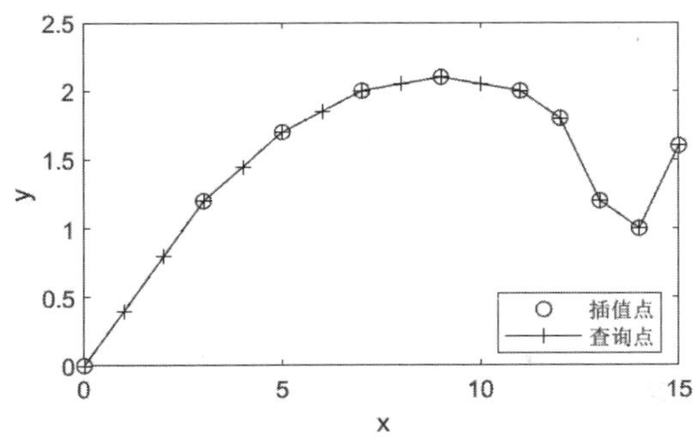

图6.3 线性插值示意图

interp1 函数默认使用线性插值对数据进行插值，因此在每个区间都有其对应的插值函数，但 interp1 函数并不能输出这些插值函数。

2. 其他插值

interp1 函数默认使用线性插值对数据进行插值，但也可以选择其他插值方法。代码 vq = interp1(x,v,xq,method) 可以指定插值方法，有 'linear'、'nearest'、'next'、'previous'、'pchip'、'cubic'、v5cubic'、'makima' 或 'spline'，默认方法为 'linear'。代码 6-1 使用了方法 'spline' 进行插值，得到的插值曲线比较光滑。

其中，'linear' 代表分段线性插值，插值点处函数值由其相邻两点连线决定；'nearest' 代表最近点插值，插值点处函数值和最邻近的原数据点相同；'spline' 代表三次样条插值；'pchip' 代表分段三次埃尔米特插值。用不同算法进行插值，得到的结果如图 6.4 所示。

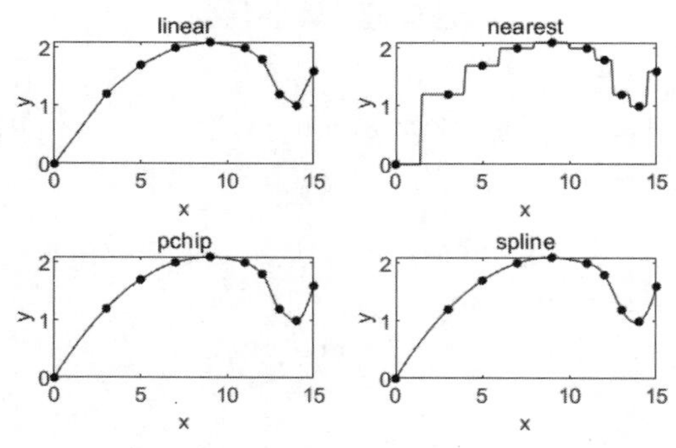

图6.4　不同插值方法对比

由图 6.4 可以看出，线性插值直接连接两个相邻数据点，最近点插值以相邻点的中点为界，埃尔米特插值和三次样条插值曲线比较光滑。

6.2.2　二元插值函数

interp1 函数处理的是一元函数的插值，二元插值函数 interp2 可以对二元函数进行插值。interp2 函数的调用格式为：

```
Vq = interp2(X,Y,V,Xq,Yq)
```

表示使用线性插值返回双变量函数在特定查询点的插入值。结果始终穿过函数的原始采样。X 和 Y 包含样本点的坐标，V 包含各样本点处的对应函数值，Xq 和 Yq 包含查询点的坐标。

```
Vq = interp2(___,method)
```

以特定方法进行插值，主要有 'linear'、'nearest'、'cubic'、'makima'、'spline'，默认为 'linear'。'nearest' 为最近点插值，'cubic' 为三次插值，'makima' 为三次埃尔米特插值，'spline' 为三次样条插值。

如图 6.5 所示，左图为一个二元函数 $z = f(x, y)$ 的示意图，数据生成代码为：

```
[x,y] = meshgrid(-4:4);
z = peaks(x,y);
```

其中，peaks 是 MATLAB 自带的一个特殊二元函数，其具体表达式可以在命令行窗口输入 doc peaks 查看。生成数据后，利用 surf 函数绘制其网格图如图 6.5 左图所示，利用 interp2 函数对原始数据进行插值并绘制，如图 6.5 右图所示。图 6.5 的绘制见代码 6-3。

代码6-3

图 6.5 的绘制代码

```
[x,y] = meshgrid(-4:4);
z = peaks(x,y);

h = figure;
set(h,'position',[100 100 700 240]);
subplot(121)
s = surf(x,y,z);
colormap gray
xlabel('x')
ylabel('y')
zlabel('z')

subplot(122)
[x1,y1] = meshgrid(-4:0.25:4);
z1 = interp2(x,y,z,x1,y1,'cubic')
surf(x1,y1,z1)
colormap gray
xlabel('x')
ylabel('y')
zlabel('z')
saveas(gcf,'fig/fig6_5.bmp')
```

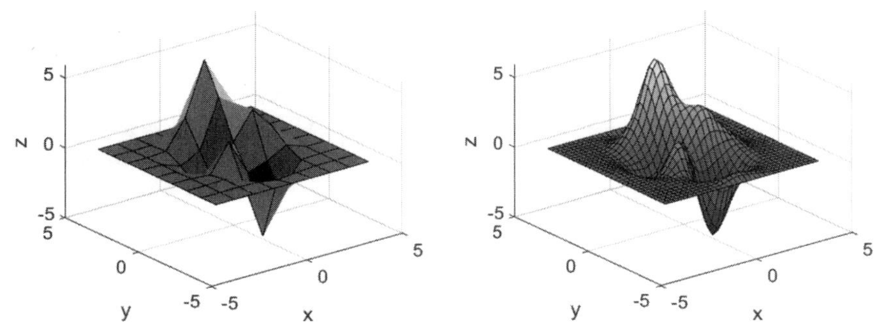

图6.5　二元插值示意图

在代码 6-3 中，插值对应的代码为 z1 = interp2(x,y,z,x1,y1,'cubic')，表示对数据 (x,y,z) 在 (x1,y1) 处进行插值，插值方法为 'cubic'，得到数据 z1。

利用不同插值方法对图 6.5 中的数据进行插值，将会得到图 6.6。与一元插值相似，用 'linear'、'nearest' 插值方法得到的图像不如方法 'cubic'、'spline' 得到的光滑。

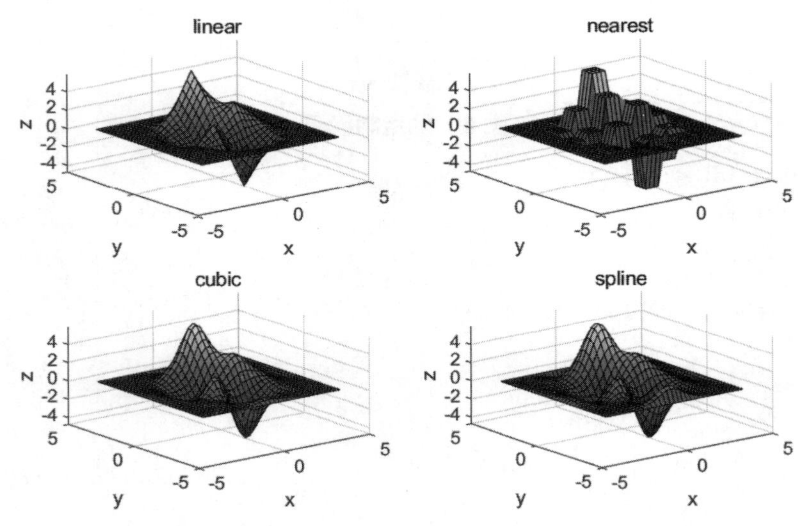

图6.6　不同二元插值方法示意图

6.2.3　其他插值函数

除了 interp1 和 interp2 函数外，MATLAB 的其他插值函数如表 6.2 所示，其中 spline、pchip 函数都可以由 interp1 函数实现，interp3、interpn 函数是 interp1 和 interp2 函数的拓展，interpft 函数主要处理周期数据。

表 6.2　其他插值函数

插值函数	功能	调用形式
interp3	meshgrid 格式的三维网格数据的插值	Vq=interp3(X,Y,Z,V,Xq,Yq,Zq)
interpn	ndgrid 格式的一维、二维、三维和 N 维网格数据的插值	Vq=interpn(X1,X2,...,Xn,V,Xq1,Xq2,...,Xqn)
interpft	一维插值（FFT 方法） 返回周期函数在重采样的 n 个等距的点的插值，n 必须大于 x 的长度	y=interpft(x,n)
spline	三次样条数据插值 等价于 s=interp1(x,y,xq, 'spline')	s=spline(x,y,xq)
pchip	分段三次埃尔米特插值 等价于 s=interp1(x,y,xq, 'pchip')	s=pchip(x,y,xq)

本节介绍了利用 MATLAB 进行数据插值的函数，涉及线性插值、三次样条插值、三次埃尔米特插值等插值方法。利用 MATLAB 进行插值只需要输入插值节点 x、x 对应函数值 y，以及查询点 xv，就可以直接计算 xv 对应的值 yv。但 MATLAB 无法得到具体的插值函数数学表达式，因此，之后的章节会具体介绍插值的实现方法。

6.3 多项式插值

给定函数 $y=f(x)$ 在 $[a,b]$ 区间中 $n+1$ 个互异点 (x_i,y_i)，其中 $a=x_0<x_1<\cdots<x_n=b$，构造一个多项式函数：

$$P_n(x)=a_0+a_1x+\cdots+a_nx^n=\sum_{k=0}^{n}a_kx^k$$

使得 $P_n(x_i)=y_i$，这一过程被称为多项式插值，其中 $P_n(x)$ 为插值多项式，x^k 为插值基函数。

6.3.1 线性插值

线性插值指的是用线性函数 $P_1(x)=a_0+a_1x$ 对某任意函数 $y=f(x)$ 进行插值，使得线性插值函数 $P_1(x)$ 经过原函数 $y=f(x)$ 上两点 (x_0,y_0)、(x_1,y_1)，从而用线性函数近似任意函数 $y=f(x)$。

设 $y=f(x)$ 上有两点 (x_0,y_0)、(x_1,y_1)，可以构造一个线性函数 $y=P_1(x)=a_0+a_1x$，使得线性函数经过这两点，即 $P_1(x_0)=y_0$、$P_1(x_1)=y_1$，则称 $P_1(x)$ 为 $f(x)$ 的线性插值函数。

$P_1(x)=a_0+a_1x$ 中的未知数 a_0 和 a_1 可以通过待定系数法求出。将已知点代入插值函数 $y=P_1(x)=a_0+a_1x$，得到：

$$\begin{cases}a_0+a_1x_0=y_0\\a_0+a_1x_1=y_1\end{cases}\Rightarrow\begin{bmatrix}1&x_0\\1&x_1\end{bmatrix}\begin{bmatrix}a_0\\a_1\end{bmatrix}=\begin{bmatrix}y_0\\y_1\end{bmatrix}$$

求解上述线性方程组，可以得到未知数 a_0 和 a_1，即线性插值函数的表达式。

下面以指数函数为例，说明线性插值的计算过程。已知函数 $f(x)=\mathrm{e}^x$ 在 1、3 处的值，利用线性插值估计函数在其他点处的值。实现过程如代码 6-4 所示。

代码6-4

线性插值计算代码

```
f = @(x)exp(x);
x0 = 1;
x1 = 3;
y0 = f(x0);
```

```
y1 = f(x1);

X = [1,x0;1,x1];
Y = [y0;y1];

a = X\Y
```

在代码 6-4 中，线性方程组的求解通过矩阵的左除实现，输出结果为：

```
a =
  -5.965345718905264
   8.683627547364310
```

图 6.7 为线性插值示意图。其中虚线为函数 $f(x)=\mathrm{e}^x$，实线为插值函数 $P_1(x)$，插值函数是根据插值点（黑色实心点）得到的。

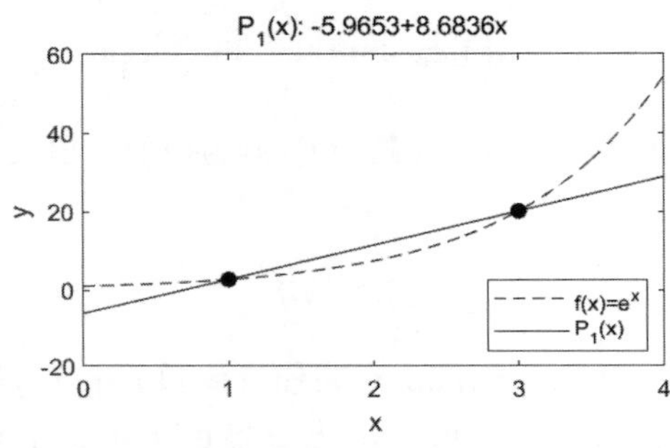

图6.7 线性插值示意图

6.3.2 一般多项式插值

第 6.3.1 节以线性插值为例，介绍了多项式插值的求解过程。对于 $n+1$ 个互异点 (x_i, y_i) 的 n 次多项式插值，也可通过待定系数法直接求解。插值函数为：

$$P_n(x) = a_0 + a_1 x + \cdots + a_n x^n$$

将 $n+1$ 个互异点 (x_i, y_i) 代入插值函数，得到如下线性方程组：

$$\begin{bmatrix} 1 & x_0 & \cdots & x_0^n \\ 1 & x_1 & \cdots & x_1^n \\ \vdots & \vdots & \ddots & \vdots \\ 1 & x_n & \cdots & x_n^n \end{bmatrix} \begin{bmatrix} a_0 \\ a_1 \\ \vdots \\ a_n \end{bmatrix} = \begin{bmatrix} y_0 \\ y_1 \\ \vdots \\ y_n \end{bmatrix}$$

求解该线性方程组，就能得到插值函数的系数。上述过程实现代码如代码 6-5 所示。一般多项式插值函数的调用格式为：

```
yk = Polynomia (xi,yi,xk)
[yk,f] = Polynomia (xi,yi,xk)
```

其中，输入变量 xi 为插值点，yi 为插值点 xi 对应的函数值；输入变量 xk 为查询点，输出变量 yk 为 xk 对应的由插值函数计算得到的函数值；输出变量 f 为插值函数的符号表达式。

代码6-5

多项式插值函数

```
function [yk,f] = Polynomia(xi,yi,xk)
n = length(xi)-1;
xi = reshape(xi,n+1,1);
yi = reshape(yi,n+1,1);
syms x
X = ones(n+1);
Y = yi;
for i = 2:n+1
    X(:,i) = X(:,i-1).*xi;
end
a = X\Y;
f = 0;
for i = 0:n
    f = f + a(i+1)*(x.^i);
end
f = collect(f);
yk = double(subs(f,xk));
end
```

代码 6-5 中 a=X\Y 为通过矩阵左除求插值函数系数，然后将系数代入 $P_n(x)$ 得到插值函数，代码用符号函数 f 表示插值函数。

调用定义的 MATLAB 函数，实现函数 $f(x)=e^x$ 在区间 [1,3] 中的一次、二次、三次、四次多项式插值，过程如代码 6-6 所示。

代码6-6

调用多项式插值函数

```
f = @(x)exp(x);

xk = 0.1:0.01:4;
h = figure;
set(h,'position',[100 100 600 360]);
for i = 1:4
    xi = linspace(1,3,i+1);
    yi = f(xi);
    [yk,p] = Polynomia(xi,yi,xk);
    fprintf("%d:\n",i)
    disp(p)
```

```
    subplot(2,2,i)
    plot(xk,f(xk),'k--')
    hold on
    plot(xk,yk,'k')
    plot(xi,yi,'ko','markersize',6,'markerfacecolor','k')
    legend('f(x)',['P_',num2str(i),'(x)'],'location','best')
end
saveas(gcf,'fig/fig6_8.bmp')
```

在代码 6-6 中利用 linspace 函数在区间 [1,3] 上生成插值点，i 次插值需要 $i+1$ 个插值点，代码为 xi=linspace(1,3,i+1)，生成的插值节点是均匀节点。输出的插值函数为：

```
1:
(611055965414595*x)/70368744177664 - 6716382189199483/1125899906842624

2:
(4518071130626617*x^2)/1125899906842624 - (4147694537936473*x)/562949953421312 +
3418915601340183/562949953421312

3:
(5861870548060627*x^3)/4503599627370496 - (4234766696592953*x^2)/1125899906842624 +
(958110368976037*x)/140737488355328 - 1835070634796463/1125899906842624

4:
(5781699837315851*x^4)/18014398509481984 - (5661746672189645*x^3)/4503599627370496 +
(7953570286210135*x^2)/2251799813685248 - (1091909017230015*x)/562949953421312 + 464325
3154008341/2251799813685248
```

对上述多项式插值进行绘图展示，结果如图 6.8 所示。

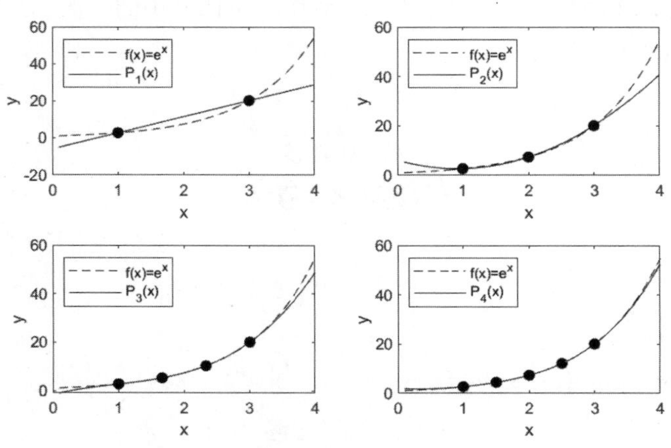

图6.8　多项式插值示意图

图 6.8 中的插值节点是均匀节点。由图 6.8 可以看出，随着插值次数的增大，插值函数对原函数 $f(x)=\mathrm{e}^x$ 的拟合效果逐渐变好。然而，对于某些函数，并不是插值次数越高越好。由于龙格现象

的存在，插值次数过高也会出现问题。

6.3.3 龙格现象

龙格现象是指，对于某些函数，使用均匀节点构造高次多项式差值时，在插值区间的边缘可能出现误差很大的现象。

龙格现象最经典的一个例子为对龙格函数$f(x)$在区间$[-1,1]$上进行插值，龙格函数表达式为：

$$f(x)=\frac{1}{1+25x^2}$$

调用 6.3.2 节中多项式插值函数 Polynomia 对龙格函数$f(x)$进行插值，插值节点选择为区间$[-1,1]$内的均匀节点，具体实现见代码 6-7。

代码6-7

龙格现象示意图代码

```
f = @(x)1./(1+25*x.^2);

xk = linspace(-1,1,100);
h = figure;
set(h,'position',[100 100 600 480]);
for i = 1:6
    xi = linspace(-1,1,i+1);
    yi = f(xi);
    [yk,p] = Polynomia(xi,yi,xk);
    fprintf("%d:\n",i)
    disp(p)
    subplot(3,2,i)
    plot(xk,f(xk),'k--')
    hold on
    plot(xk,yk,'k')
    plot(xi,yi,'ko','markersize',6,'markerfacecolor','k')
    title(['P_',num2str(i),'(x)'])
end
saveas(gcf,'fig/fig6_9.bmp')
```

上述龙格现象的插值结果如图 6.9 所示。由图 6.9 可以看出，随着插值节点的增加，插值多项式的次数逐渐增大，从第一个子图中的一次函数，逐渐增大到最后一个子图中的六次函数，插值函数在插值区间$[-1,1]$的边缘出现较大误差，这就是龙格现象。

并不是每一个函数都存在龙格现象，将代码 6-7 中的匿名函数 f(x) 改为$g(x)=\sin(\pi x)$，对其进行等距节点多次多项式插值，得到的结果如图 6.10 所示。

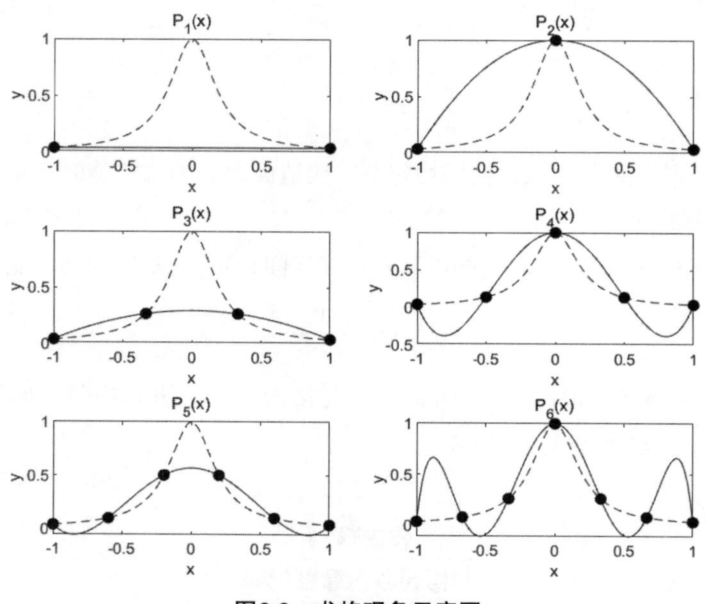

图6.9　龙格现象示意图

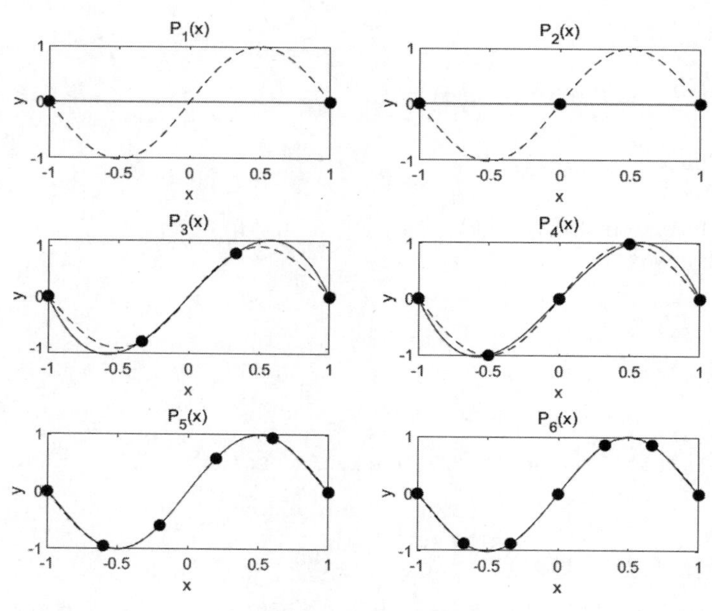

图6.10　正弦函数插值示意图

由图 6.9 和图 6.10 可以看出，并不是每一个函数都存在龙格现象，在不熟悉原函数的前提下，不要轻易使用高次插值，这也是 MATLAB 自带的一元插值算法 interp1 中插值方法基本为低次的原因。

本书不探讨龙格现象的产生原因，只给出解决办法，即改变插值节点。除等距节点外，常用的插值节点有高斯节点、切比雪夫节点等，利用这两类节点作为插值节点进行插值，效果就会好得多。高斯节点和切比雪夫节点的具体计算涉及多项式插值精度，是一个数学问题，在此不展开介绍，只给出高斯节点的具体取值：

```
GaussPoints = {[-0.5773502691896257,0.5773502691896257],...
    [-0.7745966692414834,0,0.7745966692414834],...
    [-0.3399810435848563,0.3399810435848563,-0.8611363115940526,0.8611363115940526],...
    [-0.5384693101056831,0.5384693101056831,0,-0.9061798459386640,0.9061798459386640],...
    [0.6612093864662645,-0.6612093864662645,0.2386191860831969,-0.2386191860831969,
     0.9324695142031521,-0.9324695142031521],...
    [0.4058451513773972,-0.4058451513773972,0,-0.7415311855993945,0.7415311855993945,
     -0.9491079123427585,0.9491079123427585]}
```

其中，变量 GaussPoints 为元胞数组，第一个元素为只取两个插值点进行线性插值时，高斯节点坐标为 –0.5773502691896257、0.5773502691896257。使用高斯节点对龙格函数进行插值，具体实现如代码 6-8 所示。

代码6-8

高斯节点插值代码

```
f = @(x)1./(1+25*x.^2);

xk = linspace(-1,1,100);
h = figure;
set(h,'position',[100 100 600 480]);
GaussPoints = {[-0.5773502691896257,0.5773502691896257],...
    [-0.7745966692414834,0,0.7745966692414834],...
    [-0.3399810435848563,0.3399810435848563,-0.8611363115940526,0.8611363115940526],...
    [-0.5384693101056831,0.5384693101056831,0,-0.9061798459386640,0.9061798459386640],...
    [0.6612093864662645,-0.6612093864662645,0.2386191860831969,-0.2386191860831969,
     0.9324695142031521,-0.9324695142031521],...
    [0.4058451513773972,-0.4058451513773972,0,-0.7415311855993945,0.7415311855993945,
     -0.9491079123427585,0.9491079123427585]}
for i = 1:6
    xi = GaussPoints{i};
    yi = f(xi);
    [yk,p] = Polynomia(xi,yi,xk);
    fprintf("%d:\n",i)
    disp(p)
    subplot(3,2,i)
    plot(xk,f(xk),'k--')
    hold on
    plot(xk,yk,'k')
    plot(xi,yi,'ko','markersize',6,'markerfacecolor','k')
    title(['P_',num2str(i),'(x)'])
```

```
end
saveas(gcf,'fig/fig6_10.bmp')
```

上述高斯节点插值结果如图 6.11 所示。在代码 6-8 中，变量 GaussPoints 为高斯节点，即图 6.11 中的黑色实心点。图 6.11 与图 6.9 相比，高斯节点插值函数对龙格函数 $f(x)$ 的拟合效果更好，说明利用高斯节点插值可以避免出现龙格现象。

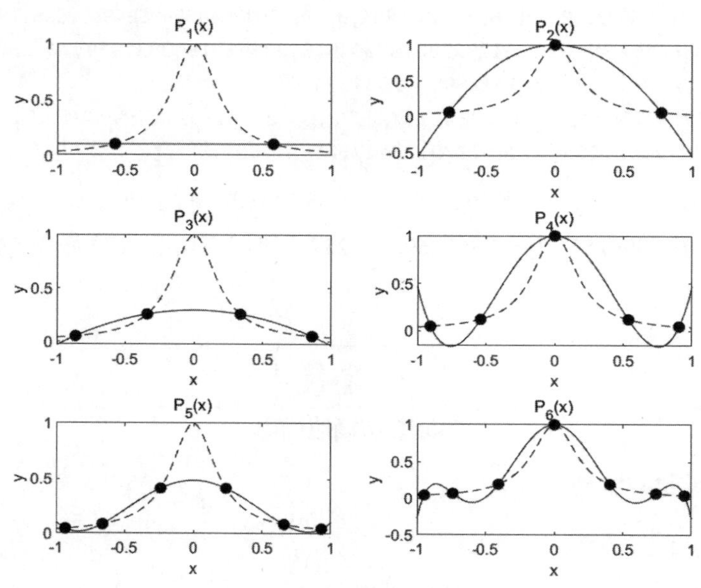

图6.11 高斯节点插值示意图

6.4 拉格朗日插值

第 6.3 节介绍了基础的多项式插值，在插值函数系数的计算过程中涉及了线性方程组的求解，计算复杂度高。本节介绍拉格朗日插值法，是一种可以简化计算的多项式插值算法。

对于 n 阶多项式插值问题：给定函数 $y=f(x)$ 在 $[a,b]$ 区间中 $n+1$ 个互异点 (x_i, y_i)，构造插值函数 $P_n(x)$ 使得 $P_n(x_i)=y_i$。基础的多项式插值公式为：

$$P_n(x)=\sum_{k=0}^{n} a_k x^k$$

将 x^k 视为插值基函数，a_k 为其系数，通过待定系数法可以求得 a_k。拉格朗日插值法改变了基函数的结构，将插值多项式表示为：

$$L_n(x)=\sum_{k=0}^{n} y_k l_k(x)$$

其中，$l_k(x)$ 被称为插值基函数。插值基函数具有如下性质：

$$l_k(x_i)=\begin{cases}1 & i=k\\ 0 & i\neq k\end{cases}$$

根据插值基函数的性质，很容易得到 $L_n(x_i)=y_i$。插值基函数的具体表达式会在下文给出。

本节从线性插值、抛物线插值开始，首先介绍两种低阶的拉格朗日插值方法，然后在此基础上总结拉格朗日插值方法，得到插值基函数表达式与拉格朗日插值函数表达式。

6.4.1 一次拉格朗日插值

这里记一次拉格朗日插值函数为 $L_1(x)$，$L_1(x)$ 的数学表达式可以通过待定系数法计算得到，也可以利用两点确定直线公式得到，即：

$$L_1(x)=\frac{x-x_1}{x_0-x_1}y_0+\frac{x-x_0}{x_1-x_0}y_1$$

观察插值函数 $L_1(x)$ 的数学表达式，可以将其表示为如下形式：

$$L_1(x)=y_0l_0(x)+y_1l_1(x)\qquad l_0(x)=\frac{x-x_1}{x_0-x_1}\qquad l_1(x)=\frac{x-x_0}{x_1-x_0}$$

将 $l_0(x)$、$l_1(x)$ 称为插值基函数。插值基函数满足如下性质：

$$l_k(x_i)=\begin{cases}1 & i=k\\ 0 & i\neq k\end{cases}$$

例如，已知函数 $f(x)=\log(x)+1$ 在 1、3 处的值，利用线性插值估计函数在其他点处的值，具体实现如代码 6-9 所示。

代码6-9

线性插值示意图代码

```
    f = @(x)log(x) + 1;
    points = [1,3];
    p=@(x)(x-points(2))./(points(1)-points(2))*f(points(1))+(x-points(1))./(points(2)-points(1))*f(points(2));
    x = 0.1:0.01:4;
    h = figure;
    set(h,'position',[100 100 400 240]);
    plot(x,f(x),'k--')
    hold on
    plot(x,p(x),'k')
    axis([0.1 4 -1 3])
    plot(points,f(points),'ko','markersize',6,'markerfacecolor','k')
    legend('f(x)','P_1(x)','location','best')
```

```
saveas(gcf,'fig/fig6_12.bmp')
```

代码中，f 为原函数，p 为根据 f 在 1、3 处的值得到的插值函数。结果如图 6.12 所示。

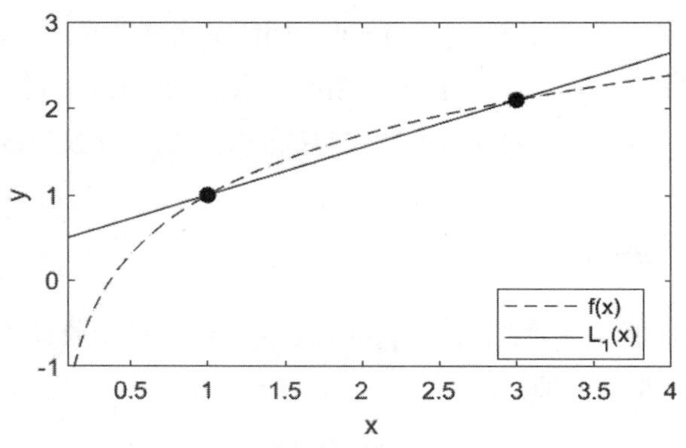

图6.12　线性插值示意图

在图 6.12 中，$f(x)$ 为图中黑色虚线，函数 $f(x)=\log(x)+1$ 在 1、3 处的值为图中黑色实心点，利用这两点数据构造线性插值函数，如图 6.12 中黑色实线所示。

由图 6.12 可以看出，函数 $f(x)=\log(x)+1$ 在点 1、3 处的线性插值，在 $1<x<3$ 时误差较小，在 $x<1$ 时误差很大。但在已知两个数据点的前提下，线性插值已经是较好的插值方法了。

对于图 6.12 中的问题，如果想通过 MATLAB 一元插值函数 interp1 实现，代码如下：

```
y = interp1(points,f(points),x)
```

在命令行执行上述代码，打印 y，发现当 $x<1$ 或 $x>3$ 时，输出为 NaN，这是因为插值点为 1 和 3，interp1 函数默认只计算插值点之间的查询点的值，如果想计算 x 域范围外的点的值，如 $x=0.9$，需要修改命令为：

```
y = interp1(points,f(points),0.9, 'linear','extrap')
```

其中，linear 表示使用线性插值方法；extrap 表示计算 x 域范围外，在本次示例中即为 $x<1$ 或 $x>3$ 的点的值。得到的输出结果为：

```
y =
    0.9451
```

值得注意的是，不管是使用 MATLAB 自带的插值方法，还是前文介绍的多项式插值、拉格朗日插值，当插值节点和插值次数相同时，得到的插值函数相同。

6.4.2　二次拉格朗日插值

第 6.4.1 节介绍了线性插值，根据图 6.12 可以看出线性插值存在一定局限性，本小节介绍更高次的拉格朗日插值——抛物线插值。设 $y=f(x)$ 上有三点 (x_0,y_0)、(x_1,y_1)、(x_2,y_2)，可以构造

一个抛物线函数 $y = L_2(x) = a_0 + a_1 x + a_2 x^2$，使得抛物线函数经过三点，即 $L_2(x_0) = y_0$、$L_2(x_1) = y_1$、$L_2(x_2) = y_2$，则称 $L_2(x)$ 为 $f(x)$ 的抛物线插值函数。根据这个函数可以估计其他点对应的函数值。基于拉格朗日基函数的 $L_2(x)$ 为：

$$L_2(x) = y_0 l_0(x) + y_1 l_1(x) + y_2 l_2(x)$$

只要插值基函数满足：

$$l_k(x_i) = \begin{cases} 1 & i = k \\ 0 & i \neq k \end{cases}$$

$L_2(x)$ 就可以满足 $L_2(x_0) = y_0$、$L_2(x_1) = y_1$、$L_2(x_2) = y_2$。根据这一性质，可以逆推出插值基函数为：

$$l_0(x) = \frac{(x - x_1)(x - x_2)}{(x_0 - x_1)(x_0 - x_2)} \qquad l_1(x) = \frac{(x - x_0)(x - x_2)}{(x_1 - x_0)(x_1 - x_2)} \qquad l_2(x) = \frac{(x - x_0)(x - x_1)}{(x_2 - x_0)(x_2 - x_1)}$$

例如，已知函数 $f(x) = \log(x) + 1$ 在 1、2、3 处的值，利用抛物线插值估计函数在其他点处的值，具体实现如代码 6-10 所示。

代码6-10

抛物线插值示意图代码

```
    f = @(x)log(x) + 1;
    points = [1,2,3];
    p = @(x)(x-points(2)).*(x-points(3))./((points(1)-points(2)).*(points(1)-
points(3)))*f(points(1))...
            + (x-points(1)).*(x-points(3))./((points(2)-points(1)).*(points(2)-
points(3)))*f(points(2))...
            + (x-points(1)).*(x-points(2))./((points(3)-points(1)).*(points(3)-
points(2)))*f(points(3)) ;
    x = 0.1:0.01:4;

    h = figure;
    set(h,'position',[100 100 400 240]);
    plot(x,f(x),'k--')
    hold on
    plot(x,p(x),'k')
    axis([0.1 4 -1 3])
    plot(points,f(points),'ko','markersize',6,'markerfacecolor','k')
    legend('f(x)','P_2(x)','location','best')
    saveas(gcf,'fig/fig6_13.bmp')
```

代码 6-10 得到的结果如图 6.13 所示，其中黑色虚线为 $f(x) = \log(x) + 1$，黑色实线为插值函数曲线 $L_2(x)$，黑色实心点为插值点。插值函数 $L_2(x)$ 是根据 $L_2(x) = \sum_{i=0}^{2} y_i l_i(x)$ 计算得到的，与图 6.12 相比，抛物线插值更贴近原函数 $f(x)$。

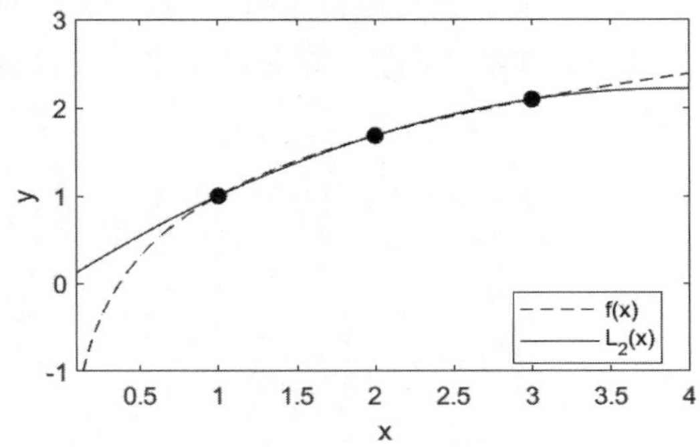

图6.13 抛物线插值示意图

MATLAB 自带的一元插值函数 interp1 中有多种插值方法可供选择，默认为线性插值，但不能实现抛物线插值。因此，如果在实践中需要用到抛物线插值，需要根据抛物线插值公式进行计算。

6.4.3 *n* 次拉格朗日插值

前面介绍了线性插值与抛物线插值的拉格朗日实现方法，本小节在此基础上总结 *n* 次拉格朗日插值多项式的实现方法。

给定函数 $y=f(x)$ 在 $[a,b]$ 中 $n+1$ 个互异点 (x_i,y_i) ， $i=0,\cdots,n$ ，利用拉格朗日方法构造一个 n 次多项式 $y=L_n(x)$ 以近似 $y=f(x)$ ，使得 $L_n(x_i)=f(x_i)=y_i$ ，其中 $L_n(x)$ 为 n 次拉格朗日插值函数。$L_n(x)$ 可以利用插值基函数表示为：

$$L_n(x)=\sum_{k=0}^{n} y_k l_k(x)$$

其中插值基函数为：

$$l_k(x)=\frac{(x-x_0)(x-x_1)\cdots(x-x_{k-1})(x-x_{k+1})\cdots(x-x_n)}{(x_k-x_0)(x_k-x_1)\cdots(x_k-x_{k-1})(x_k-x_{k+1})\cdots(x_k-x_n)}=\prod_{j\neq k}\frac{x-x_j}{x_k-x_j}$$

令 $w_{n+1}(x)=(x-x_0)(x-x_1)\cdots(x-x_i)\cdots(x-x_n)$ ，则插值基函数可以表示为：

$$l_k(x)=\frac{w_{n+1}(x)}{w'_{n+1}(x_k)(x-x_k)}$$

利用拉格朗日方法，实现任意阶次的拉格朗日插值，具体实现如代码 6-11 所示。任意阶次拉格朗日插值的调用格式为：

```
yk = Language(xi,yi,xk)
[yk,f] = Language(xi,yi,xk)
```

其中，输入变量 xi 为插值点，yi 为插值点 xi 对应的函数值；输入变量 xk 为查询点，输出变量 yk 为 xk 对应的由插值函数计算得到的函数值；输出变量 f 为插值函数的符号表达式。

代码6-11

拉格朗日插值

```
function [yk,f] = Language(xi,yi,xk)
n = length(xi)-1;
syms x
f = 0;
for i = 1:n+1
    temp = yi(i);
    for j = 1:n+1
        if j~=i
            temp = temp*(x-xi(j))./(xi(i)-xi(j));
        end
    end
    f = f + temp;
end
f = collect(f);
yk = double(subs(f,xk));
end
```

在代码 6-11 中，利用符号表达式 f 表示插值函数 $L_n(x)$，循环中的变量 temp 为 $y_i l_i(x)$。代码 f=collect(f) 为化简符号表达式，在 1.5.3 节已介绍。插值函数 $L_n(x)$ 在 xk 处的取值通过 subs 函数实现，在 1.5.4 节已介绍。利用 double 函数，可以将其从符号形式转换为浮点数形式。

调用上述代码，实现 $f(x)=\log(x)+1$ 的一、二、三、四次拉格朗日插值，输出其插值多项式，并绘图，具体实现如代码 6-12 所示。

代码6-12

调用拉格朗日插值函数

```
f = @(x)log(x) + 1;

xk = 0.1:0.01:4;
h = figure;
set(h,'position',[100 100 600 360]);
for i = 1:4
    xi = linspace(1,3,i+1);
    yi = f(xi);
    [yk,p] = Language(xi,yi,xk);
    fprintf("%d:\n",i)
    disp(p)
    subplot(2,2,i)
    plot(xk,f(xk),'k--')
    hold on
    plot(xk,yk,'k')
```

```
    plot(xi,yi,'ko','markersize',6,'markerfacecolor','k')
    legend('f(x)',['P_',num2str(i),'(x)'],'location','best')
end
saveas(gcf,'fig/fig6_14.bmp')
```

在代码 6-12 中，利用 linspace 函数在区间 [1,3] 上生成插值点，i 次插值需要 $i+1$ 个插值点，代码为 xi=linspace(1,3,i+1)。

对代码 6-12 中的拉格朗日插值函数进行绘图展示，结果如图 6.14 所示。

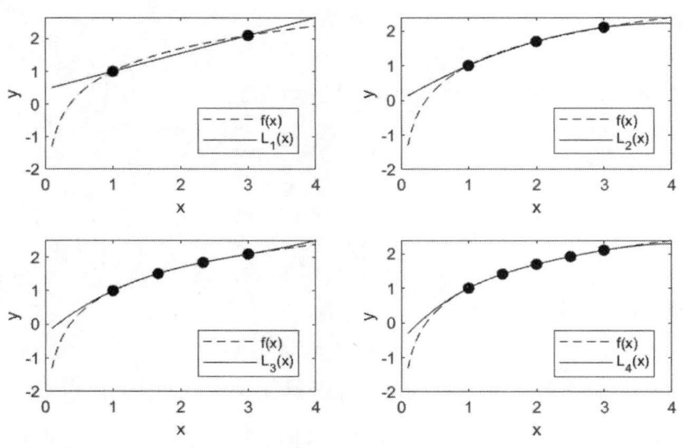

图6.14　拉格朗日插值示意图

代码 6-12 中输出的拉格朗日插值多项式（依次为 $L_1(x)$、$L_2(x)$、$L_3(x)$、$L_4(x)$）如下：

```
1:
(2473854946935173*x)/4503599627370496 + 2029744680435323/4503599627370496

2:
(5065064695525201*x)/4503599627370496 - (647802437147507*x^2)/4503599627370496 + 43168684496401/2251799813685248

3:
(1807655289601095*x^3)/36028797018963968 - (16105237092389511*x^2)/36028797018963968 + (60712269180225193*x)/36028797018963968 - 10385890358472809/36028797018963968

4:
- (66491117655089*x^4)/3377699720527872 + (58769149944339*x^3)/281474976710656 - (12219810729903253*x^2)/13510798882111488 + (10089145673321745*x)/4503599627370496 - 1181963689109735/2251799813685248
```

6.5 牛顿插值

拉格朗日插值含义直观，便于记忆和编程，但当插值函数对原函数的拟合精度不高而需要增加插值节点提高插值次数时，拉格朗日插值多项式需要重新构造。而牛顿插值在增加插值节点时不需要重新构造插值多项式，便能够解决上述问题。当增加一个新的插值节点，插值多项式次数从 n 提高为 n+1 时，牛顿插值只需要在原牛顿插值函数 $N_n(x)$ 的基础上增加部分，就能得到新的插值函数 $N_{n+1}(x)$。

要理解牛顿插值，首先需要掌握差商的概念。

6.5.1 差商

已知函数 $f(x)$ 在互异节点 $x_0 < x_1 < \cdots < x_n$ 处的函数值 $f(x_0)$、$f(x_1)$、$\cdots$、$f(x_n)$：

称 $f[x_k] = f(x_k)$ 为函数 $f(x)$ 的零阶差商；

称 $f[x_k, x_{k+1}]$ 为函数 $f(x)$ 关于节点 x_k、x_{k+1} 的一阶差商，即

$$f[x_k, x_{k+1}] = \frac{f(x_{k+1}) - f(x_k)}{x_{k+1} - x_k}$$

称 $f[x_k, x_{k+1}, x_{k+2}]$ 为函数 $f(x)$ 关于节点 x_k、x_{k+1}、x_{k+2} 的二阶差商，即

$$f[x_k, x_{k+1}, x_{k+2}] = \frac{f[x_{k+1}, x_{k+2}] - f[x_k, x_{k+1}]}{x_{k+2} - x_k}$$

称 $f[x_k, x_{k+1}, \cdots, x_{k+n}]$ 为函数 $f(x)$ 关于节点 x_k、x_{k+1}、$\cdots$、x_{k+n} 的 n 阶差商，即

$$f[x_k, x_{k+1}, \cdots, x_{k+n}] = \frac{f[x_{k+1}, x_{k+2}, \cdots, x_{k+n}] - f[x_k, x_{k+1}, \cdots, x_{k+n-1}]}{x_{k+n} - x_k}$$

差商与所含节点的排列次序无关，即

$$f[x_k, x_{k+1}] = f[x_{k+1}, x_k]$$

$$f[x_k, x_{k+1}, x_{k+2}] = f[x_{k+1}, x_k, x_{k+2}] = f[x_{k+2}, x_{k+1}, x_k]$$

可以根据差商的定义构造差商表，如表 6.3 所示。

表 6.3 差商表

x_i	$f(x_i)$	一阶差商	二阶差商	三阶差商	四阶差商
x_0	$f(x_0)$				
x_1	$f(x_1)$	$f[x_0, x_1]$			
x_2	$f(x_2)$	$f[x_1, x_2]$	$f[x_0, x_1, x_2]$		
x_3	$f(x_3)$	$f[x_2, x_3]$	$f[x_1, x_2, x_3]$	$f[x_0, x_1, x_2, x_3]$	
x_4	$f(x_4)$	$f[x_3, x_4]$	$f[x_2, x_3, x_4]$	$f[x_1, x_2, x_3, x_4]$	$f[x_0, x_1, x_2, x_3, x_4]$

得到差商表后，可以根据差商表构造牛顿插值多项式，具体构造方法见 6.5.2 节。

6.5.2 牛顿插值多项式

本小节介绍根据差商表构造牛顿插值多项式，首先从一阶多项式插值，即线性插值开始。

1. 一次牛顿插值

已知函数$f(x)$在x_0、x_1处的函数值$f(x_0)$、$f(x_1)$，构造线性插值函数$N_1(x)$，使得$N_1(x_0)=f(x_0)$，$N_1(x_1)=f(x_1)$。

前文已经介绍了线性插值的两种实现方法，可以表示为$\sum_{i=0}^{1}a_i x^i$和$\sum_{i=0}^{1}a_i l_i(x)$两种插值形式。将函数$f(x)$表示为差商的形式，首先给出差商$f[x,x_0]$和$f[x,x_0,x_1]$的定义，即：

$$f[x,x_0]=\frac{f(x)-f(x_0)}{x-x_0}$$

$$f[x,x_0,x_1]=\frac{f[x,x_0]-f[x_0,x_1]}{x-x_1}$$

将上式转化为等价形式如下：

$$f(x)=f(x_0)+f[x,x_0](x-x_0)$$

$$f[x,x_0]=f[x_0,x_1]+f[x,x_0,x_1](x-x_1)$$

因此有：

$$\begin{aligned}f(x)&=f(x_0)+(f[x_0,x_1]+f[x,x_0,x_1](x-x_1))(x-x_0)\\&=f(x_0)+f[x_0,x_1](x-x_0)+f[x,x_0,x_1](x-x_1)(x-x_0)\end{aligned}$$

函数$f(x)$由两部分组成，令$f(x)=N_1(x)+R_1(x)$，$N_1(x)=f(x_0)+f[x_0,x_1](x-x_0)$，$R_1(x)=f[x,x_0,x_1](x-x_1)(x-x_0)$。其中，$N_1(x)$为一阶牛顿插值函数。

在实际计算过程中，基于差商的插值算法，首先需要根据已有的数据计算差商表，线性插值差商表如表 6.4 所示。

表 6.4　线性插值差商表

x_i	$f(x_i)$	一阶差商
x_0	$f(x_0)$	
x_1	$f(x_1)$	$f[x_0,x_1]$

差商的插值函数可以表示为：

$$N_1(x)=f(x_0)+f[x_0,x_1](x-x_0)$$

很容易验证上式满足插值条件$N_1(x_0)=f(x_0)$、$N_1(x_1)=f(x_1)$。

2. 二次牛顿插值

已知函数$f(x)$在x_0、x_1、x_2处的函数值$f(x_0)$、$f(x_1)$、$f(x_2)$，构造抛物线插值函数$N_2(x)$使得$N_2(x_0)=f(x_0)$、$N_2(x_1)=f(x_1)$、$N_2(x_2)=f(x_2)$。

首先需要根据已有的数据计算差商表，抛物线插值差商表如表6.5所示。

表6.5 抛物线插值差商表

x_i	$f(x_i)$	一阶差商	二阶差商
x_0	$f(x_0)$		
x_1	$f(x_1)$	$f[x_0,x_1]$	
x_2	$f(x_2)$	$f[x_1,x_2]$	$f[x_0,x_1,x_2]$

根据表6.5，则二次牛顿插值函数为：

$$N_2(x)=f(x_0)+f[x_0,x_1](x-x_0)+f[x_0,x_1,x_2](x-x_0)(x-x_1)$$

其推导过程和一次牛顿插值相似，通过展开差商$f[x,x_0,x_1]$和$f[x,x_0,x_1,x_2]$即可得到，读者可自行证明。

二次牛顿插值函数与一次牛顿插值函数相比，多了一项，即

$$N_2(x)=N_1(x)+f[x_0,x_1,x_2](x-x_0)(x-x_1)$$

3. *n*次牛顿插值

通过上述分析，可以得到n次牛顿插值函数为：

$$\begin{aligned}N_n(x)&=N_{n-1}(x)+f[x_0,x_1,\cdots,x_n](x-x_0)(x-x_1)\cdots(x-x_{n-1})\\&=N_{n-1}(x)+f[x_0,x_1,\cdots,x_n]w_n(x)\\&=\sum_{i=0}^{n}f[x_0,\cdots,x_i]w_i(x)\end{aligned}$$

其中，$w_n(x)=(x-x_0)(x-x_1)\cdots(x-x_i)\cdots(x-x_{n-1})$。

由此可知，每增加一个新节点x_n，只要在$N_{n-1}(x)$的基础上增加：

$$f[x_0,x_1,\cdots,x_n](x-x_0)(x-x_1)\cdots(x-x_{n-1})$$

就可以得到新的插值函数。

利用牛顿插值方法，可实现任意阶次的多项式插值，具体实现如代码6-13所示。任意阶次的牛顿多项式插值函数的调用格式为：

```
yk = Newton(xi,yi,xk)
[yk,f] = Newton(xi,yi,xk)
[yk,f,DiffTab] = Newton(xi,yi,xk)
```

其中，输入变量xi为插值点，yi为插值点xi对应的函数值；输入变量xk为查询点，输出变量yk为xk对应的由插值函数计算得到的函数值；输出变量f为插值函数的符号表达式，输出变量DiffTab为差商表。

代码6-13

牛顿插值

```
function [yk,f,DiffTab] = Newton(xi,yi,xk)
n = length(xi)-1;
DiffTab = nan(n+1);
DiffTab(:,1) = yi;
for i = 2:n+1
    for j = i:n+1
        DiffTab(j,i) = (DiffTab(j-1,i-1)-DiffTab(j,i-1))/(xi(j-i+1)-xi(j));
    end
end
syms x
f = 0;
for i = 1:n+1
    temp = DiffTab(i,i);
    for j = 1:i-1
        temp = temp*(x-xi(j));
    end
    f = f + temp;
end
f = collect(f);
yk = double(subs(f,xk));
end
```

在代码 6-13 中，第一个循环生成差商表 DiffTab，第二个循环生成插值多项式 f，其中循环中改变的 temp 为增加新节点时新增的多项式。调用牛顿插值函数，对表 6.6 中的数据进行多项式插值，具体实现如代码 6-14 所示。

表 6.6　牛顿插值数据

x	y
1	0
2	–5
3	–6
4	3

代码6-14

调用牛顿插值函数

```
x = [1,2,3,4];
y = [0 -5 -6 3];
```

```
h = figure;
set(h,'position',[100 100 400 240])
x1 = min(x)-1:0.1:max(x)+1;
t = {'k-.','k--','k-'};
for i = 1:3
    [y1,f,DiffTab] = Newton(x(1:i+1),y(1:i+1),x1);
    plot(x1,y1,t{i},'linewidth',1)
    hold on
end
axis([min(x)-1,max(x)+1,-10 8])
plot(x,y,'ko','markersize',6,'markerfacecolor','k')
xlabel('x')
ylabel('y')
legend('N_1(x)','N_2(x)','N_3(x)','location','best')
saveas(gcf,'fig/fig6_15.bmp')
```

代码 6-14 得到的结果如图 6.15 所示。三条曲线分别为一、二、三次牛顿插值函数曲线。

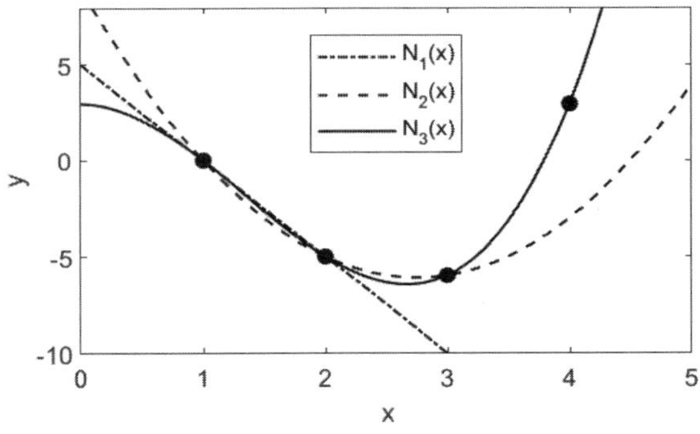

图6.15 牛顿插值示意图

6.6 埃尔米特插值

已知函数$f(x)$在互异节点$x_0 < x_1 < \cdots < x_n$处的函数值$f(x_0)$、$f(x_1)$、⋯、$f(x_n)$和导数值$f'(x_0)$、$f'(x_1)$、⋯、$f'(x_n)$，构造一个$2n+1$次多项式$H_{2n+1}(x)$，使得：

$$H_{2n+1}(x_i) = f(x_i)$$

$$H'_{2n+1}(x_i) = f'(x_i)$$

这一过程被称为埃尔米特插值。

6.6.1 插值基函数

埃尔米特插值多项式的基本形式如下：

$$H_{2n+1}(x)=\sum_{k=0}^{n}\left[f(x_k)\alpha_k(x)+f'(x_k)\beta_k(x)\right]$$

其中，$\alpha_k(x)$ 和 $\beta_k(x)$ 为插值基函数，都为 $2n+1$ 次多项式，对任意 x_i 满足以下条件：

$$\alpha_k(x_i)=\beta_k'(x_i)=\begin{cases}1 & i=k\\ 0 & i\neq k\end{cases}\qquad \alpha_k'(x_i)=\beta_k(x_i)=0$$

很容易验证，只要 $H_{2n+1}(x)$ 满足上述条件，就能满足插值条件：$H_{2n+1}(x_i)=f(x_i)$、$H_{2n+1}'(x_i)=f'(x_i)$。

本节直接给出基函数表达式，不再进行推导，感兴趣的读者可自行推导 $\alpha_k(x)$ 和 $\beta_k(x)$。埃尔米特插值基函数可以利用拉格朗日基函数表示，也可以利用差商表示，下面给出基于拉格朗日基函数的表达式：

$$\alpha_k(x)=\left[1-2l_k'(x_k)(x-x_k)\right]l_k^2(x)$$

$$\beta_k(x)=(x-x_k)l_k^2(x)$$

其中，$l_k(x)$ 为拉格朗日插值基函数，即：

$$l_k(x)=\prod_{j\neq k}\frac{x-x_j}{x_k-x_j}$$

6.6.2 三次埃尔米特插值

已知函数 $f(x)$ 在 x_0、x_1 处的函数值 $f(x_0)=y_0$、$f(x_1)=y_1$，以及导数值 $f'(x_0)=m_0$、$f'(x_1)=m_1$，构造一个三次多项式 $H_3(x)$ 使得 $H_3(x_i)=y_i$、$H_3'(x_i)=m_i$。

根据 6.6.1 节中埃尔米特插值多项式的基本形式，三次埃尔米特插值多项式可以表示为：

$$H_3(x)=y_0\alpha_0(x)+m_0\beta_0(x)+y_1\alpha_1(x)+m_1\beta_1(x)$$

已知拉格朗日插值基函数为：

$$l_0(x)=\frac{x-x_1}{x_0-x_1}\qquad l_1(x)=\frac{x-x_0}{x_1-x_0}$$

则可得：

$$\alpha_0(x)=\left[1-2l_0'(x_0)(x-x_0)\right]l_0^2(x)=\left(1+2\frac{x-x_0}{x_1-x_0}\right)\left(\frac{x-x_1}{x_0-x_1}\right)^2$$

$$\beta_0(x)=(x-x_0)l_0^2(x)=(x-x_0)\left(\frac{x-x_1}{x_0-x_1}\right)^2$$

$$\alpha_1(x)=\left[1-2l_1'(x_1)(x-x_1)\right]l_1^2(x)=\left(1+2\frac{x-x_1}{x_0-x_1}\right)\left(\frac{x-x_0}{x_1-x_0}\right)^2$$

$$\beta_1(x)=(x-x_1)l_1^2(x)=(x-x_1)\left(\frac{x-x_0}{x_1-x_0}\right)^2$$

利用 MATLAB 实现三次埃尔米特插值如代码 6-15 所示。埃尔米特插值函数的调用格式为：

```
yk = Hermite(xi,yi,mi,xk)
[yk,f] = Hermite(xi,yi,mi,xk)
```

其中，输入变量 xi 为插值点，yi 为插值点 xi 对应的函数值；输入变量 mi 为 xi 对应的导数值，输入变量 xk 为查询点；输出变量 yk 为 xk 对应的由插值函数计算得到的函数值；输出变量 f 为插值函数的符号表达式。

代码6-15

埃尔米特插值

```
function [yk,f] = Hermite(xi,yi,mi,xk)
n = length(xi)-1;
syms x
a0 = (1+2*(x-xi(1))./(xi(2)-xi(1))).*((x-xi(2))./(xi(1)-xi(2))).^2;
a1 = (1+2*(x-xi(2))./(xi(1)-xi(2))).*((x-xi(1))./(xi(2)-xi(1))).^2;
b0 = (x-xi(1)).*((x-xi(2))./(xi(1)-xi(2))).^2;
b1 = (x-xi(2)).*((x-xi(1))./(xi(2)-xi(1))).^2;
f = yi(1)*a0 + mi(1)*b0 + yi(2)*a1 + mi(2)*b1;
f = collect(f);
yk = double(subs(f,xk));
end
```

调用上述代码，实现 $f(x)=\log(x)+1$ 的三次埃尔米特插值，具体实现如代码 6-16 所示。

代码6-16

调用三次埃尔米特插值函数

```
f = @(x)log(x) + 1;
g = @(x)1./x;

xi = [1,3];
yi = f(xi);
mi = g(xi);
xk = 0.1:0.01:4;
[yk,fun] = Hermite(xi,yi,mi,xk);
h = figure;
set(h,'position',[100 100 400 240]);
```

```
plot(xk,f(xk),'k--')
hold on
plot(xk,yk,'k')
axis([0.1 4 -1 3])
plot(xi,yi,'ko','markersize',6,'markerfacecolor','k')
legend('f(x)','H_3(x)','location','best')
saveas(gcf,'fig/fig6_16.bmp')
```

在代码 6-16 中，匿名函数 f 为被插值函数，匿名函数 g 为 f 的导数，即：

$$g(x) = f'(x) = \frac{1}{x}$$

图 6.16 为三次埃尔米特插值示意图。由图 6.16 可以看出，埃尔米特插值可以通过两点处的函数值和导数值，构造三次多项式，减小插值误差。

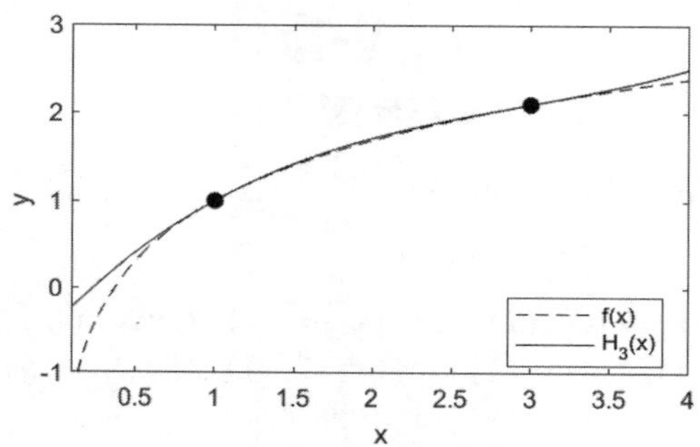

图6.16　三次埃尔米特插值示意图

6.7 分段低次插值

对于函数 $f(x)$ 在插值区间 $[a,b]$ 上的插值，前文介绍了线性插值、抛物线插值及更高次多项式插值。在 6.3.3 节中提到，并非插值多项式的次数越高，插值函数精度越高，高次插值多项式也有数值不稳定的缺点。

为了解决这一问题，6.3.3 节给出了解决办法：改变插值节点的分布。此外，还可以采用分段低次插值方法，即将原插值区间 $[a,b]$ 分成 n 个子区间 $[x_i,x_{i+1}]$，其中 $a=x_0<x_1<\cdots<x_n=b$，在每个子区间内实现低次插值，提高插值函数精度。

MATLAB 自带的一元插值函数 interp1 默认的插值方法就是分段线性插值。本节介绍分段线性插值、分段抛物线插值和分段三次埃尔米特插值。

6.7.1 分段线性插值

分段线性插值在每一个插值子区间 $[x_i, x_{i+1}]$ 进行线性插值。根据拉格朗日法，子区间内其插值函数表达式为：

$$L_i(x) = \frac{x - x_{i+1}}{x_i - x_{i+1}} y_i + \frac{x - x_i}{x_{i+1} - x_i} y_{i+1}$$

利用 MATLAB 实现分段线性插值如代码 6-17 所示。分段线性插值函数的调用格式为：

```
yk = SepLinear(xi,yi,xk)
```

其中，输入变量 xi 为插值点，yi 为插值点 xi 对应的函数值；输入变量 xk 为查询点，输出变量 yk 为 xk 对应的由插值函数计算得到的函数值。

代码6-17

分段线性插值

```
function yk = SepLinear(xi,yi,xk)
yk = nan(size(xk));
n = length(xi) - 1;
for i = 1:n
    index = find(xk>=xi(i) & xk<xi(i+1));
    yk(index) = (xk(index)-xi(i+1))./(xi(i)-xi(i+1)).*yi(i) + (xk(index)-xi(i))./(xi(i+1)-xi(i)).*yi(i+1);
end
end
```

在代码中，循环遍历每个插值子区间，变量 index 为处于第 i 个插值子区间的查询点的索引。在每个子区间内，使用一次拉格朗日插值公式进行插值计算。

调用上述代码，实现龙格函数 $f(x)$ 在区间 $[-1,1]$ 上的分段线性插值，如代码 6-18 所示。

代码6-18

调用分段线性插值函数

```
f = @(x)1./(1+25*x.^2);

xk = linspace(-1,1,100);
h = figure;
set(h,'position',[100 100 600 480]);
for i = 1:6
    xi = linspace(-1,1,i+1);
    yi = f(xi);
    yk = SepLinear(xi,yi,xk);
    subplot(3,2,i)
```

```
        plot(xk,f(xk),'k--')
        hold on
        plot(xk,yk,'k')
        plot(xi,yi,'ko','markersize',6,'markerfacecolor','k')
        title(['P_',num2str(i),'(x)'])
    end
    saveas(gcf,'fig/fig6_17.bmp')
```

代码 6-18 得到的结果如图 6.17 所示，随着插值节点的增加，插值子区间逐渐缩小，分段线性插值的插值误差逐渐减小。

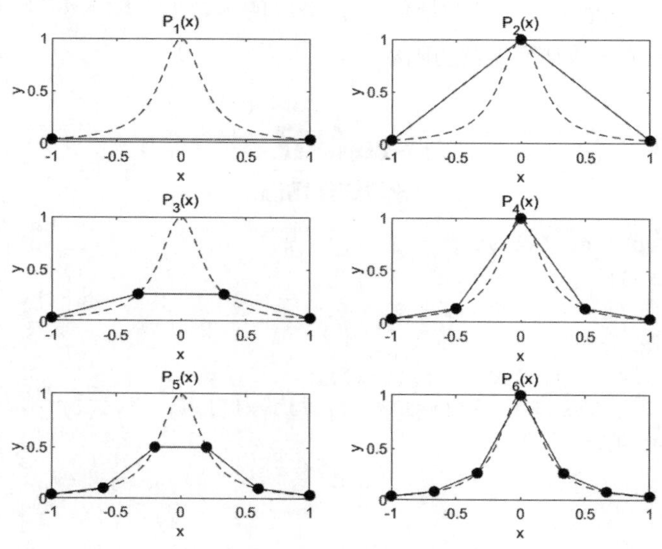

图6.17　分段线性插值示意图

6.7.2　分段抛物线插值

为了提高插值精度，可以在每一个插值子区间 $[x_i, x_{i+1}]$ 内进行抛物线插值。抛物线插值需要三个插值节点，将插值子区间中的插值节点记为 $x_{i+1/2}$，则插值子区间内的插值函数公式为：

$$L_i(x) = y_i \frac{(x - x_{i+1/2})(x - x_{i+1})}{(x_i - x_{i+1/2})(x_i - x_{i+1})} + y_{i+1/2} \frac{(x - x_i)(x - x_{i+1})}{(x_{i+1/2} - x_i)(x_{i+1/2} - x_{i+1})} + y_{i+1} \frac{(x - x_i)(x - x_{i+1/2})}{(x_{i+1} - x_i)(x_{i+1} - x_{i+1/2})}$$

利用 MATLAB 实现分段抛物线插值函数，输入插值节点与查询点，输出查询点处函数值，具体实现如代码 6-19 所示。分段抛物线插值函数的调用格式为：

```
yk = SepParabola (xi,yi,xk)
```

其中，输入变量 xi 为插值点，yi 为插值点 xi 对应的函数值；输入变量 xk 为查询点，输出变量 yk 为 xk 对应的由插值函数计算得到的函数值。

代码6-19

分段抛物线插值

```
    function yk = SepParabola(xi,yi,xk)
    yk = nan(size(xk));
    n = floor(length(xi)/2);
    p = @(x,points,f)(x-points(2)).*(x-points(3))./((points(1)-points(2)).*(points(1)-
points(3)))*f(1)...
            + (x-points(1)).*(x-points(3))./((points(2)-points(1)).*(points(2)-
points(3)))*f(2)...
            + (x-points(1)).*(x-points(2))./((points(3)-points(1)).*(points(3)-
points(2)))*f(3) ;
    if mod(length(xi),2) == 0
        fprintf('Error\n')
    else
        for i = 1:n
            index = find(xk>=xi(2*i-1) & xk<xi(2*i+1));
            yk(index) = p(xk(index),xi(2*i-1:2*i+1),yi(2*i-1:2*i+1));
        end
    end
    end
```

在上述代码中，循环遍历每个插值子区间，变量 index 为处于第 i 个插值子区间的查询点的索引。调用上述代码，实现龙格函数 $f(x)$ 在区间 [−1,1] 上的分段抛物线插值，具体实现如代码 6-20 所示。

代码6-20

调用分段抛物线插值函数

```
    f = @(x)1./(1+25*x.^2);

    xk = linspace(-1,1,100);
    h = figure;
    set(h,'position',[100 100 600 480]);
    for i = 1:6
        xi = linspace(-1,1,2*i+1);
        yi = f(xi);
        yk = SepParabola(xi,yi,xk);
        subplot(3,2,i)
        plot(xk,f(xk),'k--')
        hold on
        plot(xk,yk,'k')
        plot(xi,yi,'ko','markersize',6,'markerfacecolor','k')
        title(['P_',num2str(i),'(x)'])
```

```
end
saveas(gcf,'fig/fig6_18.bmp'
```

代码 6-20 得到的结果如图 6.18 所示。分析图 6.18 和图 6.17，可以发现分段线性插值和分段抛物线插值在插值子区间的边缘不光滑。

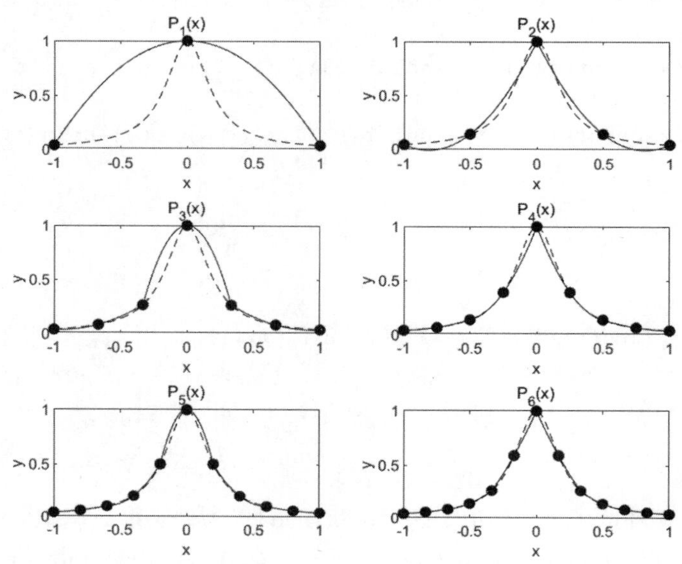

图6.18　分段抛物线插值示意图

6.7.3　分段三次埃尔米特插值

分段三次埃尔米特插值是指：已知函数 $f(x)$ 在 $n+1$ 个互异节点 $x_0 < x_1 < \cdots < x_n$ 处的函数值 $y_i = f(x_i)$ 和导数值 $f'(x_i) = m_i$，在每个插值子区间 $[x_i, x_{i+1}]$ 内构造一个三次埃尔米特插值多项式 $H_3(x)$ 使得 $H_3(x_i) = y_i$、$H_3'(x_i) = m_i$。

在每个插值点处，分段线性插值和分段抛物线插值虽然保证了函数曲线连续，但一阶导数不连续，曲线存在尖点。分段三次埃尔米特插值曲线不仅本身连续，其一阶导数也连续。

利用 MATLAB 实现分段三次埃尔米特插值如代码 6-21 所示。分段三次埃尔米特函数的调用格式为：

```
yk = SepHermite (xi,yi,xk)
```

其中，输入变量 xi 为插值点，yi 为插值点 xi 对应的函数值；输入变量 mi 为 xi 对应的导数值，输入变量 xk 为查询点；输出变量 yk 为 xk 对应的由插值函数计算得到的函数值。

代码6-21

分段三次埃尔米特插值

```
function yk = SepHermite (xi,yi,mi,xk)
yk = nan(size(xk));
n = length(xi) - 1;
for i = 1:n
    index = find(xk>=xi(i) & xk<xi(i+1));
    yk(index) = Hermite(xi(i:i+1),yi(i:i+1),mi(i:i+1),xk(index));
end
end
```

调用上述代码，实现龙格函数$f(x)$在区间$[-1,1]$上的分段三次埃尔米特插值，过程如代码 6-22 所示。

代码6-22

调用分段三次埃尔米特插值函数

```
f = @(x)1./(1+25*x.^2);
g = @(x)-(50*x)./(25*x.^2 + 1).^2;

xk = linspace(-1,1,100);
h = figure;
set(h,'position',[100 100 600 480]);
for i = 1:6
    xi = linspace(-1,1,i+1);
    yi = f(xi);
    mi = g(xi);
    yk = SepHermite(xi,yi,mi,xk);
    subplot(3,2,i)
    plot(xk,f(xk),'k--')
    hold on
    plot(xk,yk,'k')
    plot(xi,yi,'ko','markersize',6,'markerfacecolor','k')
    title(['P_',num2str(i),'(x)'])
end
saveas(gcf,'fig/fig6_19.bmp')
```

在代码 6-22 中，用到了插值点处的导数，其计算公式为：

$$g(x)=f'(x)=\frac{-50x}{(1+25x^2)^2}$$

得到的结果如图 6.19 所示。

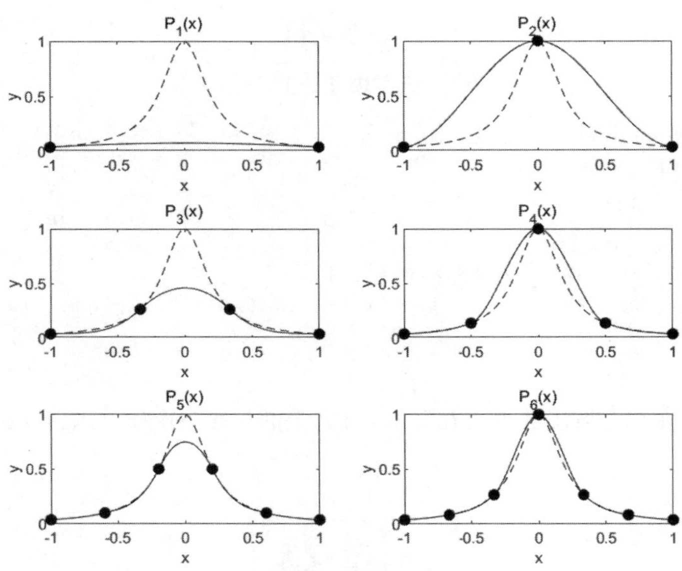

图6.19　分段三次埃尔米特插值示意图

由图 6.19 可以看出，分段三次埃尔米特插值与分段线性插值、分段抛物线插值相比，在插值点处连续且光滑，插值函数误差更小。

6.8 样条插值

由于高次插值会出现龙格现象，在实际应用中会采用分段低次插值。6.7 节中介绍了分段线性插值和分段抛物线插值，但这两种插值在插值子区间内导数不连续，导数曲线不够光滑。分段三次埃尔米特插值能够保证曲线光滑，但对数据要求较高，需要给定插值节点处的函数值和导数值。

样条插值能够解决这一问题。样条插值是一种分段多项式插值，可以实现插值子区间之间连续光滑。本节介绍一种简单的样条插值方法——三次样条插值。

在插值子区间 $[x_i, x_{i+1}]$ 上寻找次数不超过 3 的多项式 $S_i(x)$，使其满足以下两个条件。

- 插值条件：$S_i(x_i) = y_i$、$S_i(x_{i+1}) = y_{i+1}$。
- 光滑性条件：$S_i(x_i^-) = S_{i-1}(x_i^+)$、$S_i'(x_i^-) = S_{i-1}'(x_i^+)$、$S_i''(x_i^-) = S_{i-1}''(x_i^+)$。

记三次样条插值在插值子区间 $[x_i, x_{i+1}]$ 上的插值函数为 $S_i(x) = a_i x^3 + b_i x^2 + c_i x + d_i$，每个子区间上的插值函数各有 4 个未知数 a_i、b_i、c_i、d_i，则 n 个插值子区间共 $4n$ 个未知数需要确定。下面对确定位置参数的条件进行分析。

根据插值条件，n 个插值子区间上共有 $n+1$ 个插值点 (x_i, y_i)，则有 $n+1$ 个插值条件 $S_i(x_i) = y_i$；对于光滑性条件，由于在边界点没有光滑性条件，每个点对应 3 个光滑性条件，因此 $n-1$ 个点对

应 $3(n-1)$ 个光滑性条件；插值条件与光滑性条件共 $4n-2$ 个。要唯一地确定样条插值各插值子区间的插值函数，还需要额外两个条件，通常在边界给定，被称为边界条件。常用的边界条件有以下两个。

- 自然边界条件：$S''(a)=S''(b)=0$。
- 固支边界条件：$S'(a)=f(a)$、$S'(b)=f(b)$。

本节只介绍样条插值的概念，对样条插值的具体推导及实现不做具体展开。感兴趣的读者可自行拓展。

本章以数据插值为核心，首先给出数据插值问题的定义，其次介绍 MATLAB 插值函数，包括一元插值函数 interp1 和二元插值函数 interp2。在此基础上，介绍多项式插值、拉格朗日插值、牛顿插值、埃尔米特插值、分段插值、样条插值等插值算法。

其中，多项式插值、拉格朗日插值、牛顿插值解决的是同一问题，而埃尔米特插值增加插值点处导数值信息，分段插值、样条插值可以解决高次多项式插值的数值不稳定问题。

第 7 章

数据拟合与回归分析

数据拟合处理的问题是：当存在大量数据时，利用插值方法对数据进行建模得到的函数过于复杂，为解决这一问题，利用简单的函数对数据进行拟合，使得拟合值和实际值之间的误差最小。本章主要涉及的知识点如下。

- **数据拟合概念：**了解函数逼近与数据拟合概念。
- **MATLAB 数据拟合函数：**掌握 polyfit、polyval 函数使用方法，实现数据插值。
- **多项式拟合：**了解多项式拟合概念，掌握最小二乘法。
- **特殊形式函数数据拟合：**掌握最小二乘法在其他形式的函数数据拟合上的拓展。
- **回归问题：**掌握回归的基本概念及 MATLAB 实现。
- **神经网络：**理解神经网络的基本概念及常见的优化算法。

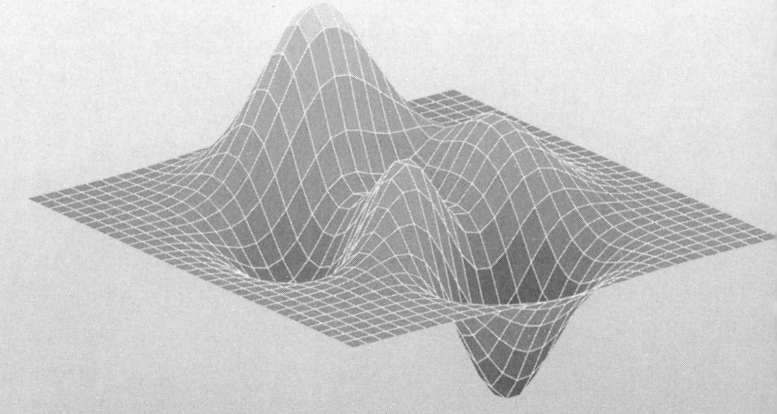

7.1 数据拟合问题

前面介绍了函数逼近的一种方法：数据插值。数据插值得到的插值函数会经过所有插值点，但在实际应用中，被当作插值点的测量数据往往带有误差，这会导致插值函数不精确。此外，当测量数据较多时，需要高次插值函数，又会带来数值不稳定的缺点。因此，本节介绍数据的另一种数据处理方法——数据拟合。

数据拟合是在给定一组数据 (x_i, y_i) 的情况下，建立拟合函数 $f(x)$，使得 $f(x_i)$ 与 y_i 之间的误差最小。

7.1.1 函数逼近与数据拟合概念

函数逼近和数据拟合是两个相似的概念，其中函数逼近使用简单函数对原函数进行近似，数据拟合使用简单函数对原数据进行近似。

1. 函数逼近

已知区间 $[a,b]$ 上的函数 $f(x)$，如果 $f(x)$ 的表达式过于复杂而不利于计算，可以用简单函数 $\varphi(x)$ 对其进行近似，这一过程被称为函数逼近问题。

因为任何函数都可以进行泰勒展开，所以可以取函数 $f(x)$ 的前几项进行函数逼近，这就是泰勒展开逼近，也被称为多项式逼近。

函数 $f(x)$ 在点 x_0 处的泰勒展开为：

$$f(x) = \sum_{n=0}^{\infty} \frac{1}{n!} f^{(n)}(x_0)(x - x_0)^n$$

例如，在 $x_0 = 0$ 处展开正弦函数 $f(x) = \sin(x)$，如图 7.1 所示。根据函数 $f(x) = \sin(x)$ 在 x_0 处的各阶导数，可以得到函数的多项式逼近。由图 7.1 可以看出，随着逼近函数次数的增加，逼近函数与原函数的误差越来越小。

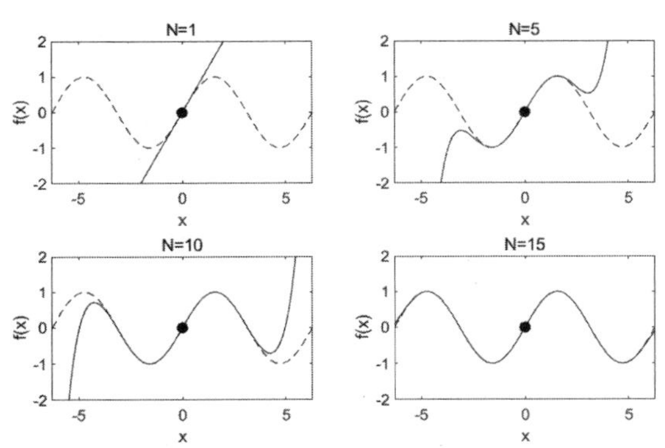

图7.1 泰勒展开逼近示意图

除了泰勒展开逼近外，函数还有其他逼近方法，如切比雪夫逼近、勒让德逼近、帕德逼近、傅里叶逼近等。

2. 数据拟合

当函数$f(x)$的表达式未知，只知道描述$f(x)$的曲线或者部分数据时，用简单函数对曲线或数据进行近似，这一过程被称为曲线拟合或数据拟合。本章重点介绍数据拟合问题，即给定一组数据(x_i, y_i)，$i=1,\cdots,m$，构造拟合函数$y=\varphi(x)$，使得总体上$\varphi(x_i)$与y_i偏差最小。通常采用“偏差的平方和最小”作为拟合目标，即：

$$\min\sum_{i=1}^{m}\left(\varphi(x_i)-y_i\right)^2$$

“偏差的平方和最小”又被称为均方误差。均方误差最小的数据拟合方法被称为最小二乘法或最小二乘曲线拟合法。

因此，数据拟合的实现是基于最优化算法的。

7.1.2 数据拟合示例

例如，已知m个由二次多项式函数$f(x)=a_0+a_1x+a_2x^2$生成的数据(x_i, y_i)，数据在采集时存在误差，根据采集得到的数据构造拟合函数$\varphi(x)=\hat{a}_0+\hat{a}_1x+\hat{a}_2x^2$，使得均方误差最小，即目标函数为：

$$\min\sum_{i=1}^{m}\left(\hat{a}_0+\hat{a}_1x_i+\hat{a}_2x_i^2-y_i\right)^2$$

其中，$\hat{a}_i$为a_i的估计值。该问题为无约束非线性最优化问题，可以通过优化算法求解，第5章介绍了数值优化问题，可以直接调用 fmincon 等 MATLAB 优化函数，也可以通过梯度下降法、牛顿迭代法等优化算法求解。本节直接调用 MATLAB 非线性优化函数 fmincon，具体实现如代码 7-1 所示。

代码7-1

数据拟合优化求解示例

```
rng(1)
N = 10;
x = rand(N,1);
y = 2*x.^2 + 3*x + 4 + randn(size(x))./2;

fun = @(a)([ones(N,1),x,x.^2]*a-y)'*([ones(N,1),x,x.^2]*a-y);
x0 = ones(3,1);
a = fmincon(fun,x0,[],[])
xi = linspace(min(x)-0.25,max(x)+0.25,50)';
```

```
yi = [ones(size(xi)),xi,xi.^2]*a;
```

在代码 7-1 中，生成数据函数为：

$$y = 4 + 3x + 2x^2 + r$$

其中，r 为由 MATLAB 的 randn 函数生成的正态分布随机数，用来表示数据在采集过程中产生的误差。上文目标函数定义为匿名函数 fun，决策变量为二次多项式系数 $[a_0, a_1, a_2]^T$，其拟合值为：

```
a =
    3.9041
    1.9891
    3.6498
```

根据参数拟合值，可以确定拟合函数表达式为：

$$f(x) = 3.9041 + 1.9891x + 3.6498x^2$$

经绘图展示，结果如图 7.2 所示。图中，黑色实心点为采集的数据（拟合点），黑色虚线为原函数，黑色实线为拟合函数。

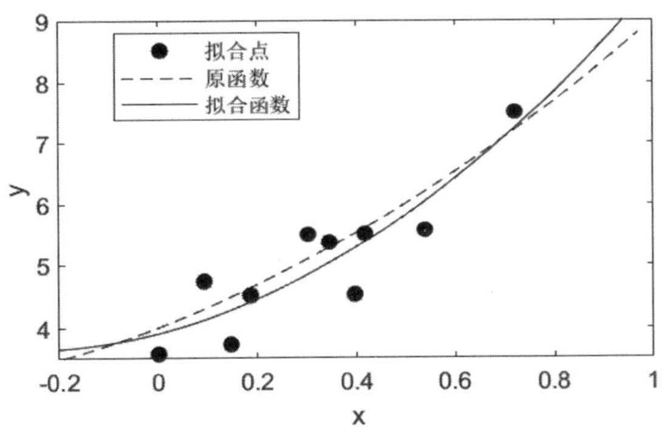

图7.2 数据拟合示意图

由图 7.2 可以看出，由于数据存在误差，拟合函数并未经过拟合点，与原函数也存在误差，但实现了拟合函数和拟合点之间的均方误差最小。

7.1.3 数据拟合问题分类

在 7.1.2 节的数据拟合示例中，拟合函数为二次多项式函数，拟合数据为一元数据。实际上，根据拟合函数和拟合数据的不同，拟合问题可以分为多类。

1. 一元数据拟合与多元数据拟合

根据拟合点的数据维度，数据拟合问题分为一元数据拟合和多元数据拟合，当数据的自变量只有一维时，拟合函数为一元函数，称这类问题为一元数据拟合，7.1.2 节中的问题为一元数据拟合；当数据的自变量维度大于 1 时，拟合函数为多元函数，称这类问题为多元数据拟合，如已知多

组数据 (x,y,z)，用函数 $f(x,y)$ 对因变量 z 拟合的问题为多元数据拟合。

机器学习中常见的回归问题属于数据拟合的一种，如对房价进行回归分析，其自变量往往有多个，属于多元数据拟合。

2. 多项式拟合与其他函数拟合

根据拟合函数的形式，数据拟合问题分为多项式拟合和其他函数拟合。多项式函数为最常用的数据拟合函数，其基本形式为：

$$f(x)=a_0+a_1x+\cdots+a_nx^n$$

除了多项式函数外，其他函数拟合时，通常需要根据数据本身的特性选择拟合函数。例如，在对人口数量进行拟合时，由于人口随时间的变化呈非线性变化，而且后期存在一个与横坐标轴平行的渐近线，通常采用如下的 Logistic 曲线模型进行人口数据拟合：

$$f(t)=\frac{1}{a+b\mathrm{e}^{-t}}$$

其中，a 、b 为拟合参数，t 为时间。

7.2 MATLAB 拟合函数

数据拟合问题的本质为根据已知数据确定拟合函数的参数，从优化角度看，可以将拟合参数视为优化问题的决策变量，利用优化算法求解拟合参数。本节介绍 MATLAB 拟合函数，可以实现多项式数据拟合，分别为 polyfit 函数和 polyval 函数。

7.2.1 polyfit 函数

polyfit 函数可以实现对 m 个数据 (x_i,y_i) 的 n 次多项式拟合，使得均方误差最小。在输入 m 个数据 (x_i,y_i)，以及多项式次数 n 后，输出如下 n 次多项式函数的系数 $[a_n,a_{n-1},\cdots,a_0]$。

$$f(x)=a_nx^n+a_{n-1}x^{n-1}+\cdots+a_0$$

polyfit 函数的调用格式为：

```
p = polyfit(x,y,n)
```

其中，输入变量 x、y 为拟合数据，输入变量 n 为拟合多项式的次数，输出变量 p 为降幂排列的多项式系数 $[a_n,a_{n-1},\cdots,a_0]$。

利用 polyfit 函数，对表 7.1 中的数据进行二次多项式拟合。具体实现如代码 7-2 所示。

表 7.1 拟合数据

x	y	x	y
0	0	11	2
3	1.2	12	1.8
5	1.7	13	1.2
7	2	14	1.0
9	2.1		

代码7-2

polyfit 函数的数据拟合示例

```
x = [0,3,5,7,9,11,12,13,14];
y = [0,1.2,1.7,2.0,2.1,2.0,1.8,1.2,1.0];
P = polyfit(x, y, 2)
```

输出结果为：

```
P =
   -0.0319    0.5243   -0.0527
```

输出为多项式系数的降幂排列 $[a_2, a_1, a_0]$，则拟合函数为：

$$\varphi(x) = -0.0319x^2 + 0.5243x - 0.0527$$

7.2.2 polyval 函数

利用 polyfit 函数得到拟合多项式系数后，可以通过 polyval 函数计算多项式在某一点处的值。

polyval 函数输入多项式系数的降幂排列 $[a_n, a_{n-1}, \cdots, a_0]$、自变量 x 后，输出对应的多项式函数 $\varphi(x) = a_n x^n + a_{n-1}x^{n-1} + \cdots + a_0$ 在自变量 x 处的取值。其调用格式为：

```
y = polyval(p,x)
```

其中，输入参数 p 是长度为 $n+1$ 的向量，表示 n 次多项式的系数 $[a_n, a_{n-1}, \cdots, a_0]$。

利用前文计算得到的 p=[−0.0319, 0.5243, −0.0527]，计算相应多项式函数在 [0,15] 上的值，并进行绘图展示，得到图 7.3。具体实现代码如下。

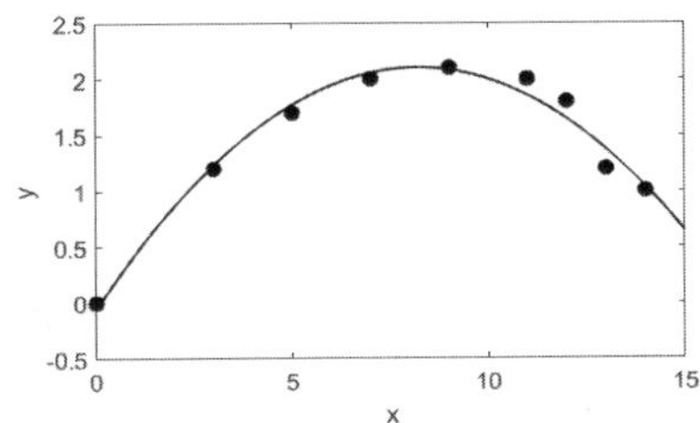

图7.3 MATLAB的polyval函数进行数据拟合示意图

```
x2 = 0:0.1:15;
y2 = polyval(P,x2);
h = figure;
set(h,'position',[100 100 400 240]);
plot(x2,y2,'k-','linewidth',1)
hold on
plot(x,y,'ko','markersize',6,'markerfacecolor','k')
xlabel('x')
ylabel('y')
saveas(gcf,'fig/fig7_3.bmp')
```

在上述代码中，利用 polyval 函数计算多项式在变量 x2 处的函数值 y2，并用黑色实心点绘制表 7.1 中的拟合数据，用黑色实线绘制拟合函数 $\varphi(x)$ 上的点 (x2,y2)，可以看出，拟合函数和拟合数据之间存在误差。

7.3 数据拟合的最小二乘法

7.1 节介绍了利用优化方法求解拟合函数的未知参数，7.2 节介绍了利用 MATLAB 函数 polyfit 求解多项式拟合函数的系数。实际上，拟合问题有专门求解算法。本节以多项式拟合为例，介绍计算多项式系数的最小二乘法。

7.3.1 多项式拟合问题

多项式拟合问题的数学描述为：已知 m 个互异点 (x_i, y_i)，$i=1,\cdots,m$，构造 n 次多项式拟合函数 $y=\varphi(x)$，使得 $\varphi(x_i)$ 与 y_i 均方误差最小，即：

$$\min J(a_0,\cdots,a_n)=\min\sum_{i=1}^{m}\left(\varphi(x_i)-y_i\right)^2$$

其中，$y=\varphi(x)$ 为 n 次多项式函数，即：

$$y=\varphi(x)=\sum_{k=0}^{n}a_k x^k$$

在此问题中，n 次多项式函数共有 $n+1$ 个需要确定的系数 a_i，下面对 m 与 n 的相对大小进行讨论。

（1）$m=n+1$。

当 $m=n+1$ 时，由于 $n+1$ 个点可以唯一地确定一条经过所有点的 n 次多项式曲线，问题即为插值问题，误差平方和为 0。问题可以表示为：

$$\begin{bmatrix} 1 & x_1 & \cdots & x_1^n \\ 1 & x_2 & \cdots & x_2^n \\ \vdots & \vdots & & \vdots \\ 1 & x_m & \cdots & x_m^n \end{bmatrix} \begin{bmatrix} a_0 \\ a_1 \\ \vdots \\ a_n \end{bmatrix} = \begin{bmatrix} y_1 \\ y_2 \\ \vdots \\ y_m \end{bmatrix}$$

系数矩阵为$m\times(n+1)$维方阵，求解上述线性方程组，可以得到多项式系数a_i。

（2）$m>n+1$。

当$m>n+1$时，数据较多，不存在一条经过所有点的n次多项式曲线，因此均方误差大于0。这种情况即为常见的数据拟合问题，利用低次多项式对数据进行拟合，拟合函数并不会经过所有点。

在这种情况下，拟合函数需要满足均方误差最小。可以利用最小二乘法求解，具体见 7.3.2 节。

（3）$m<n+1$。

当$m<n+1$时，多项式次数过高，而数据量不够，没有必要利用高次多项式对其进行拟合，需要降低多项式次数。

7.3.2 最小二乘法

在多项式拟合问题中，将误差平方和表示为矩阵形式，如下：

$$\boldsymbol{J}(a_0,\cdots,a_n)=\sum_{i=1}^{m}\left(\sum_{k=0}^{n}a_k x^k-y_i\right)^2=\left(\boldsymbol{XA}-\boldsymbol{Y}\right)^{\mathrm{T}}\left(\boldsymbol{XA}-\boldsymbol{Y}\right)$$

其中，$\boldsymbol{Y}=[y_1,y_2,\cdots,y_m]^{\mathrm{T}}\in\mathbf{R}^{m\times1}$，$\boldsymbol{A}=[a_0,a_1,\cdots,a_n]^{\mathrm{T}}\in\mathbf{R}^{(n+1)\times1}$，$\boldsymbol{X}\in\mathbf{R}^{m\times(n+1)}$，

$$\boldsymbol{X}=\begin{bmatrix} 1 & x_1 & \cdots & x_1^n \\ 1 & x_2 & \cdots & x_2^n \\ \vdots & \vdots & & \vdots \\ 1 & x_m & \cdots & x_m^n \end{bmatrix}$$

由于目标为最小化误差平方和，即$\min\boldsymbol{J}(a_0,\cdots,a_n)$，因此，对误差平方和求偏导，并令其为0，可以得到$\min\boldsymbol{J}(a_0,\cdots,a_n)$的解。其中，偏导数为：

$$\frac{\partial J(\boldsymbol{A})}{\partial\boldsymbol{A}}=\frac{\partial\left(\boldsymbol{XA}-\boldsymbol{Y}\right)^{\mathrm{T}}\left(\boldsymbol{XA}-\boldsymbol{Y}\right)}{\partial\boldsymbol{A}}=2\boldsymbol{X}^T\left(\boldsymbol{XA}-\boldsymbol{Y}\right)$$

令偏导数为 0，即$2\boldsymbol{X}^T\left(\boldsymbol{XA}-\boldsymbol{Y}\right)=0$，可以推出多项式拟合函数的位置参数向量$\boldsymbol{A}$为：

$$\boldsymbol{A}=(\boldsymbol{X}^{\mathrm{T}}\boldsymbol{X})^{-1}\boldsymbol{X}^{\mathrm{T}}\boldsymbol{Y}$$

上述公式即为最小二乘法的核心公式。

利用最小二乘法求解多项式拟合问题，只需要确定拟合多项式次数n，根据所给数据(x_i,y_i)构造矩阵$\boldsymbol{X}$和$\boldsymbol{Y}$，再代入最小二乘公式，就可计算得到n次多项式系数$\boldsymbol{A}$。

得到多项式系数后，拟合函数在拟合点处的取值可以通过矩阵计算得到，即：

$$\hat{\boldsymbol{Y}}=\boldsymbol{XA}$$

利用最小二乘法对表 7.1 中数据进行二次多项式拟合，具体过程如代码 7-3 所示。

代码7-3

最小二乘法的数据拟合示例 1

```
x = [0,3,5,7,9,11,12,13,14];
y = [0,1.2,1.7,2.0,2.1,2.0,1.8,1.2,1.0];
n = length(x);
X = [ones(n,1),x',x.^2'];
Y = y';
a = inv(X'*X)*X'*Y
```

上述代码中，变量 x 和 y 为表 7.1 中的数据，变量 X 和变量 Y 为最小二乘法涉及的矩阵，得到矩阵 $\boldsymbol{X}$ 和 $\boldsymbol{Y}$ 后，利用最小二乘法公式 $\boldsymbol{A}=(\boldsymbol{X}^{\mathrm{T}}\boldsymbol{X})^{-1}\boldsymbol{X}^{\mathrm{T}}\boldsymbol{Y}$，可以计算得到的二次多项式系数（升幂排列）如下：

```
a =
   -0.0527
    0.5243
   -0.0319
```

则拟合函数为：

$$\varphi(x)=-0.0319x^2+0.5243x-0.0527$$

可以发现，与 7.2.1 节中 polyfit 函数计算得到的结果相同。

注意　polyfit 函数计算得到的多项式系数为降幂排列 $[a_n,a_{n-1},\cdots,a_0]$，最小二乘法得到的多项式系数排列取决于矩阵 X、Y 的形式，在本问题中为升幂排列 $[a_0,a_1,\cdots,a_n]$。

为了方便调用，将最小二乘法求解多项式拟合系数整理为函数形式，得到 LeastSquare 函数。LeastSquare 函数利用最小二乘法，输入拟合数据及拟合多项式次数后，输出升幂排列的多项式系数 $[a_0,a_1,\cdots,a_n]$，如代码 7-4 所示。LeastSquare 函数的调用格式为：

```
a = LeastSquare (xi,yi,n)
[a, error] = LeastSquare(xi,yi,n)
[a, error,yk] = LeastSquare(xi,yi,n,xk)
```

其中，输入变量 xi 为拟合点，yi 为点 xi 对应的函数值，n 为拟合多项式次数；输入变量 xk 为查询点，输出变量 yk 为 xk 对应的由拟合函数计算得到的函数值；输出变量 a 为拟合多项式系数（升幂排列）；输出变量 error 为拟合点的误差平方和。

代码7-4

最小二乘法多项式拟合

```
function [a,error,yk] = LeastSquare(xi,yi,n,xk)
```

```
    if nargin<4 | isempty(xk)
        xk = [];
    end
    m = length(xi);
    xi = reshape(xi,m,1);
    yi = reshape(yi,m,1);
    X = ones(m,n+1);
    Y = yi;
    for i = 2:n+1
        X(:,i) = X(:,i-1).*xi;
    end
    a = inv(X'*X)*X'*Y;
    error = (X*a-Y)'*(X*a-Y);
    if length(xk) == 0
        yk = [];
    else
        k = length(xk);
        xk = reshape(xk,k,1);
        Xk = ones(k,n+1);
        Y = yi;
        for i = 2:n+1
            Xk(:,i) = Xk(:,i-1).*xk;
        end
        yk = Xk*a;
    end
    end
```

在 LeastSquare 函数中，首先根据最小二乘法定义，由变量 xi 和变量 yi 构造矩阵 X 和 Y，使用最小二乘法公式计算拟合函数系数 $\boldsymbol{A}$，公式为 $A=(X^{\mathrm{T}}X)^{-1}X^{\mathrm{T}}Y$。计算得到多项式拟合函数系数 $\boldsymbol{A}=[a_0,a_1,\cdots,a_n]^{\mathrm{T}}$ 后，再计算拟合函数在所有拟合点上的误差平方和，计算公式为：

$$\boldsymbol{J}=(\boldsymbol{XA}-\boldsymbol{Y})^{\mathrm{T}}(\boldsymbol{XA}-\boldsymbol{Y})$$

得到误差 error，如果函数输入变量 x_k，则计算其对应的拟合函数值 y_k 为：

$$y_k=\begin{pmatrix}1 & x_k & \cdots & x_k^n\end{pmatrix}\begin{bmatrix}a_0\\a_1\\\vdots\\a_n\end{bmatrix}$$

调用上述 LeastSquare 函数，对表 7.1 中数据利用最小二乘法进行多次多项式拟合，拟合次数从 1 依次取到 6，如代码 7-5 所示。

代码7-5

调用最小二乘法多项式拟合函数

```
x = [0,3,5,7,9,11,12,13,14];
y = [0,1.2,1.7,2.0,2.1,2.0,1.8,1.2,1.0];

h = figure;
set(h,'position',[100 100 600 480]);
xk = linspace(-1,15,100);
Error = zeros(1,6);
for n = 1:6
    subplot(3,2,n)
    [a,Error(n),yk] = LeastSquare(x,y,n,xk);
    plot(xk,yk,'k-','linewidth',1)
    hold on
    plot(x,y,'ko','markersize',6,'markerfacecolor','k')
    axis([-1,15,0,2.5])
    title(['n=',num2str(n)])
end
saveas(gcf,'fig/fig7_4.bmp')
```

在代码 7-5 中，调用 LeastSquare 函数对数据 x、y 进行 n 次拟合，并计算拟合函数在 xk 处的值，输出拟合函数的升幂排列系数，拟合点上的误差平方和，以及 xk 处的拟合函数值。经绘图展示，得到的结果如图 7.4 所示。其中黑色实心点为表 7.1 中的拟合点，曲线为拟合函数曲线。

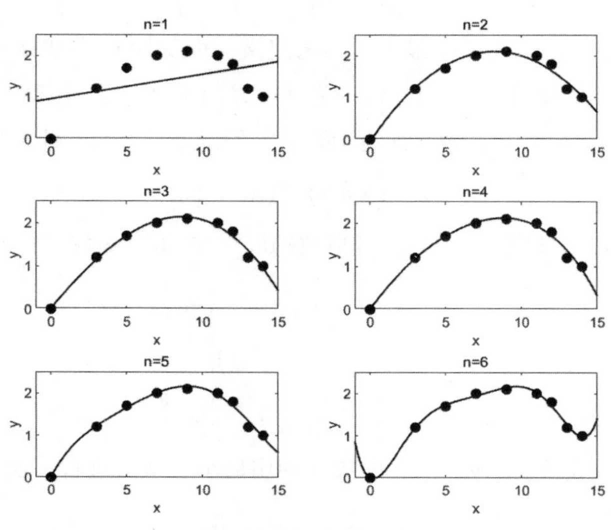

图7.4　最小二乘法数据拟合示意图

根据图 7.4 可以看出，随着拟合函数阶次的增加，拟合曲线与拟合点之间的误差会减小。代码 7-5 计算不同阶次多项式拟合函数下的误差平方和，并存在变量 error 中，如表 7.2 所示。

表 7.2 n 次多项式拟合误差平方和

拟合函数次数	误差（error）
1	2.9527
2	0.0881
3	0.0549
4	0.0511
5	0.0426
6	0.0203

由表 7.2 可以看出，随着拟合函数次数增大，误差逐渐减小，但当拟合次数大于 2 时，误差减小的幅度很小，即拟合函数阶次为 2、3、4、5、6 时，误差相差不大。因此，对表 7.1 中数据进行数据拟合时，拟合次数取为 2 即可。

7.3.3 特殊形式数据拟合

在 7.1 节的数据拟合问题分类中提到，除了多项式函数拟合外，还可以采用其他函数拟合。多项式函数拟合可以直接用 MATLAB 的拟合函数 polyfot 实现，也可以使用最小二乘法实现；而其他函数拟合只能基于最小二乘法实现。以下面函数形式为例介绍最小二乘法解决特殊形式数据拟合问题。

1. 缺项多项式

MATLAB 的 polyfit 函数在进行 n 次多项式拟合时，默认每一项 x^k 都存在，但在实际中，有时需要某几项不存在，即某几项的系数恒为 0。

例如，对表 7.1 中数据进行二次多项式拟合，其不存在常数项，即拟合多项式形式为：

$$\varphi(x) = a_1 x + a_2 x^2$$

这种问题不能直接通过 polyfit 函数求解，但可以利用最小二乘法求解。首先将目标函数列出，即：

$$\min \boldsymbol{J}(a_1, a_2) = \min\left(\boldsymbol{XA} - \boldsymbol{Y}\right)^{\mathrm{T}}\left(\boldsymbol{XA} - \boldsymbol{Y}\right)$$

其中，$\boldsymbol{Y} = [y_1, y_2, \cdots, y_m]^{\mathrm{T}} \in \mathbf{R}^{m\times 1}$，$\boldsymbol{A} = [a_1, a_2]^{\mathrm{T}}$，$\boldsymbol{X} \in \mathbf{R}^{m\times 2}$，

$$\boldsymbol{X} = \begin{bmatrix} x_1 & x_1^2 \\ \vdots & \vdots \\ x_m & x_m^2 \end{bmatrix}$$

基于最小二乘法，参数 $\boldsymbol{A} = [a_1, a_2]^{\mathrm{T}}$ 的求解公式为：

$$\boldsymbol{A} = (\boldsymbol{X}^{\mathrm{T}}\boldsymbol{X})^{-1}\boldsymbol{X}^{\mathrm{T}}\boldsymbol{Y}$$

与不缺项的多项式拟合相比，缺项多项式求解过程的区别在于矩阵 $\boldsymbol{X}$ 不同。基于求解公式，

对表 7.1 中的数据用函数 $\varphi(x)=a_1x+a_2x^2$ 进行拟合，如代码 7-6 所示。

代码7-6

最小二乘法的数据拟合示例

```
x = [0,3,5,7,9,11,12,13,14];
y = [0,1.2,1.7,2.0,2.1,2.0,1.8,1.2,1.0];
X = [x',x.^2'];
Y = y';
a = inv(X'*X)*X'*Y
```

计算得到的系数（按升幂排列）如下：

```
a =
    0.5112
   -0.0312
```

则拟合函数为：

$$\varphi(x)=-0.0312x^2+0.5112x$$

2. 其他函数拟合

除了多项式拟合外，最小二乘法也可以实现其他函数的拟合。例如，对表 7.3 中的数据 (x_i,y_i) 进行拟合，拟合函数为指数函数 $y=a\mathrm{e}^{bx}$。

表 7.3 拟合数据

x	y
1	1.53
2	2.05
3	2.74
4	3.66
5	4.91
6	6.56
7	8.78
8	11.76

首先对拟合函数进行变形，对 $y=a\mathrm{e}^{bx}$ 的两边同时取对数，将其整理为：

$$\ln y=bx+\ln a$$

可以将 $\ln y=bx+\ln a$ 看作自变量为 x、因变量为 $\ln y$、多项式系数为 $[\ln a,b]$ 的一次多项式函数。用该一次多项式对数据 $(x,\ln y)$ 进行拟合，目标函数为：

$$\min \boldsymbol{J}(a,b)=\min\sum_{i=1}^{m}\left(bx_i+\ln a-\ln y_i\right)^2=\min\left(\boldsymbol{XA}-\boldsymbol{Y}\right)^{\mathrm{T}}\left(\boldsymbol{XA}-\boldsymbol{Y}\right)$$

其中，$\boldsymbol{Y}=[\ln y_1,\ln y_2,\cdots,\ln y_m]^{\mathrm{T}}\in\mathbf{R}^{m\times1}$，$\boldsymbol{A}=[\ln a,b]^{\mathrm{T}}\in\mathbf{R}^{2\times1}$，$\boldsymbol{X}\in\mathbf{R}^{m\times2}$，

$$X = \begin{bmatrix} 1 & x_1 \\ \vdots & \vdots \\ 1 & x_m \end{bmatrix}$$

基于最小二乘法，参数 $A = [\ln a, b]^{\mathrm{T}}$ 的求解公式为：

$$A = (X^{\mathrm{T}} X)^{-1} X^{\mathrm{T}} Y$$

根据上述分析，用代码进行实现，如代码 7-7 所示。

代码7-7

特殊形式数据拟合示例

```
x = [1,2,3,4,5,6,7,8];
y = [1.53 2.05 2.74 3.66 4.91 6.56 8.78 11.76];
n = length(x);
X = [ones(n,1),x'];
Y = log(y)';

A = inv(X'*X)*X'*Y;

a = exp(A(1))
b = A(2)
```

得到的输出结果为：

```
a =
    1.1437
b =
    0.2912
```

则拟合函数为 $y = 1.1437\mathrm{e}^{0.2912x}$，示意图如图 7.5 所示。图中，黑色实心点为拟合点，实线为拟合曲线。

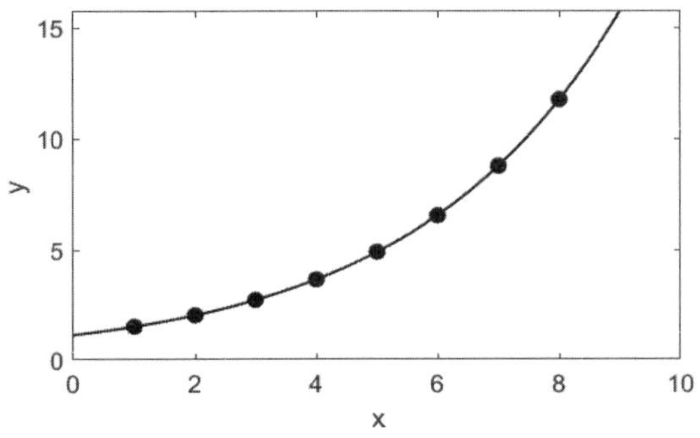

图7.5　特殊形式数据拟合示意图

3. 多元函数拟合

对于自变量x为多维数据、因变量y为一维数据的拟合问题，需要用多元函数进行拟合，称为多元函数拟合。下面以自变量x为二维数据为例介绍基于 MATLAB 的多元函数拟合过程。

已知m组数据(x_i, y_i)，$i=1,\cdots,m$，其中x_i为二维数据，可以记为$x_i=(x_i^{(1)}, x_i^{(2)})$，若拟合函数为如下二元一次函数：

$$f(x^{(1)}, x^{(2)}) = a_0 + a_1^{(1)}x^{(1)} + a_1^{(2)}x^{(2)}$$

基于最小二乘法，参数$\boldsymbol{A}=[a_0, a_1^{(1)}, a_1^{(2)}]^{\mathrm{T}}$的求解公式为：

$$\boldsymbol{A} = (\boldsymbol{X}^{\mathrm{T}}\boldsymbol{X})^{-1}\boldsymbol{X}^{\mathrm{T}}\boldsymbol{Y}$$

其中，$\boldsymbol{Y}=[y_1, y_2, \cdots, y_m]^{\mathrm{T}} \in \mathbf{R}^{m\times 1}$，$\boldsymbol{X} \in \mathbf{R}^{m\times 3}$，

$$\boldsymbol{X} = \begin{bmatrix} 1 & x_1^{(1)} & x_1^{(2)} \\ \vdots & \vdots & \vdots \\ 1 & x_m^{(1)} & x_m^{(2)} \end{bmatrix}$$

总之，利用最小二乘法进行数据拟合的核心就是将数据表示为矩阵形式（$\boldsymbol{X}$与$\boldsymbol{Y}$），再利用最小二乘公式$\boldsymbol{A}=(\boldsymbol{X}^T\boldsymbol{X})^{-1}\boldsymbol{X}^T\boldsymbol{Y}$计算得到拟合函数的参数$\boldsymbol{A}$。

7.4 回归问题

在机器学习、人工智能领域有两大类经典问题：回归与分类。两者的区别为：回归问题的输出变量（在机器学习领域被称为标签）为连续数据，分类问题的输出变量为离散数据。例如，预测房价、股票市场走向为回归问题；判断身高为 1.85m、体重为 100kg 的男人穿什么尺码的 T 恤，根据肿瘤的体积、患者的年龄来判断肿瘤性质为分类问题。

回归问题的数学本质就是科学计算中的数据拟合问题，但通常意义下，回归问题的输入变量x为多维数据$[x_1, x_2, \cdots, x_n]$，回归模型为$f(x_1, x_2, \cdots, x_n)$；而前文学习的数据拟合中输入变量x为一维数据，拟合函数为$f(x)$。因此，上一节的数据拟合问题的拟合函数为一元n次多项式函数，本节引入的回归问题的拟合函数为多元线性函数，这两种问题都可以利用最小二乘法求解。

7.4.1 回归问题概念

回归问题实质上就是数据拟合问题在机器学习领域的拓展，求解回归问题的数学模型数不胜数，包括最基础的线性回归模型，以及神经网络、支持向量机等非线性机器学习模型。在学习这些内容之前，首先需要了解回归问题的基本概念。

回归问题是机器学习领域中一个重要的子问题，通俗意义上讲即为给定一组自变量x与因变量

y，其中因变量为连续值 $y \in \mathbf{R}$，构建能够描述自变量 x 与因变量 y 之间关系的模型 $f(x)$，使得 $f(x)$ 与 y 的误差平方和最小，即：

$$\min \sum_{i=1}^{m} (f(x_i) - y_i)^2$$

在机器学习领域，通常将自变量 x 称为模型的输入变量，相应的数据为输入数据；因变量 y 称为模型的输出变量，相应的数据为输出数据。

当回归问题的输入数据为一维时，即 $x_i \in \mathbf{R}$，则该问题为一元回归问题，否则为多元回归问题。

根据数学模型，回归问题又可分为线性回归问题与非线性回归问题。线性回归的数学模型为：

$$f(x) = w_1 x^{(1)} + w_2 x^{(2)} + \cdots + w_n x^{(n)}$$

即 $f(x) = \boldsymbol{x}^{\mathrm{T}} \boldsymbol{w}$，其中，$\boldsymbol{w} = [w_1, w_2, \cdots, w_n]^{\mathrm{T}}$ 为回归系数，也被称为权重。当某维输入变量为常数时，线性回归模型可以写为：

$$f(x) = w_1 x^{(1)} + w_2 x^{(2)} + \cdots + w_n x^{(n)} + b$$

其中，常数项 b 也被称为偏置。

前文介绍的多项式拟合问题，当拟合函数次数 n 大于 1 时，是一元非线性回归问题。

7.4.2 线性回归求解函数 regress

当输入数据 $\boldsymbol{x}$ 为 m 个 n 维数据，输出数据 $\boldsymbol{y}$ 为 m 个一维数据时，多元线性回归问题的数学模型为：

$$f(\boldsymbol{x}) = w_1 \boldsymbol{x}^{(1)} + w_2 \boldsymbol{x}^{(2)} + \cdots + w_n \boldsymbol{x}^{(n)}$$

其中，$\boldsymbol{w} = [w_1, w_2, \cdots, w_n]^{\mathrm{T}}$ 为回归系数。线性回归问题需要根据输入数据 $\boldsymbol{x}$ 与输出数据 $\boldsymbol{y}$ 确定回归系数 $\boldsymbol{w}$，使得模型输出值 $f(\boldsymbol{x})$ 与 $\boldsymbol{y}$ 的误差平方和最小，即：

$$\min \sum_{i=1}^{m} (f(\boldsymbol{x}_i) - \boldsymbol{y}_i)^2$$

在 MATLAB 中，regress 函数可以求解上述多元线性回归问题，输入数据 $\boldsymbol{x}$ 和 $\boldsymbol{y}$ 后，输出模型的回归系数，其调用格式为：

```
b = regress(y,x)
[b,bint] = regress(y,x)
[b,bint,r] = regress(y,x)
[b,bint,r,rint] = regress(y,x)
[b,bint,r,rint,stats] = regress(y,x)
```

其中，函数的输入为数据 y 与 x，要计算具有常数项的模型的系数估计值，需要在矩阵 $\boldsymbol{x}$ 中包含一个由 1 构成的列。函数的输出变量 b 为多元线性回归的系数估计值，bint 为回归系数的估计值的 95% 置信区间，即回归系数有 95% 可能性处于该区间；r 为残差，rint 为用于诊断离群值的区间。

stats 用于检验回归模型的统计量，其中第一个值为决定系数 r^2，决定系数 r^2 越接近 1，实际观测点离样本线越近，模型越好。

不同调用格式的区别在于函数输出不同，满足不同需求。例如，当只需要计算回归系数时，可以使用第一个调用格式。

下面利用多元线性回归函数 regress 求解实际问题，学习并掌握 regress 函数。已知 16 名成年女子的身高、腿长与体重数据，如表 7.4 所示，基于表中数据利用 regress 函数对成年女子身高进行预测。

表 7.4　身高 - 腿长 - 体重数据

身高 (cm)	腿长 (cm)	体重 (kg)
143	88	49
145	85	47
146	88	52
147	91	43
149	92	46
150	93	50
153	93	53
154	95	55
155	96	58
156	98	56
157	97	49
158	96	56
159	98	55
160	99	52
162	100	63
164	102	57

在表 7.4 数据中，变量有身高、腿长、体重，由于要求对身高进行预测，因此多元线性回归模型的输出变量为身高，输入变量为腿长、体重。分别用变量 x、y、z 表示腿长、体重、身高，则身高预测模型为：

$$z = f\left(\boldsymbol{x}, \boldsymbol{y}\right)$$

$$f(\boldsymbol{x}, \boldsymbol{y}) = w_1\boldsymbol{x} + w_2\boldsymbol{y} + \boldsymbol{b}$$

调用 regress 函数求解上述带常数项的多元线性回归问题，代码如 7-8 所示。

代码7-8

regress 函数应用实例

```
x = [88 85 88 91 92 93 93 95 96 98 97 96 98 99 100 102]';
y = [49 47 52 43 46 50 53 55 58 56 49 56 55 52 63 57]';
z = [143 145 146 147 149 150 153 154 155 156 157 158 159 160 162 164]';
X = [ones(16,1) x y];
[b,bint,r,rint,stats] = regress(z,X);
```

输出结果为:

```
b =
   34.5404
    1.1651
    0.1723
bint =
   15.2979   53.7829
    0.8948    1.4354
   -0.0794    0.4240
r =
   -2.5109
    3.3289
   -0.0278
   -0.9726
   -0.6545
   -1.5087
    0.9745
   -0.7003
   -1.3822
   -2.3679
    1.0032
    1.9623
    0.8044
    1.1561
    0.0960
    0.7994
rint =
   -5.5953    0.5734
    0.9805    5.6774
   -3.3309    3.2754
   -4.0593    2.1142
   -4.0999    2.7909
   -5.0795    2.0621
   -2.6701    4.6190
   -4.3618    2.9612
   -4.8097    2.0452
   -5.6966    0.9608
```

```
   -2.3379    4.3442
   -1.4876    5.4123
   -2.8137    4.4225
   -2.2225    4.5347
   -3.0174    3.2094
   -2.5286    4.1275
stats =
    0.9385   99.2345    0.0000    2.8834
```

其中，regress 函数的输出变量 b 为回归系数，具体如下：

```
b =
   34.5404
    1.1651
    0.1723
```

因此，多元线性回归模型为：

$$f(\boldsymbol{x},\boldsymbol{y}) = 34.5404 + 1.1651\boldsymbol{x} + 0.1723\boldsymbol{y}$$

根据上式，可以预测任意腿长与体重下的成年女性身高。绘制（腿长、体重、身高）数据散点图与函数 $\boldsymbol{z} = f(\boldsymbol{x},\boldsymbol{y})$ 曲面图，得到结果如图 7.6 所示，可以看出，实际值与模型预测值误差较小，模型准确性较高。

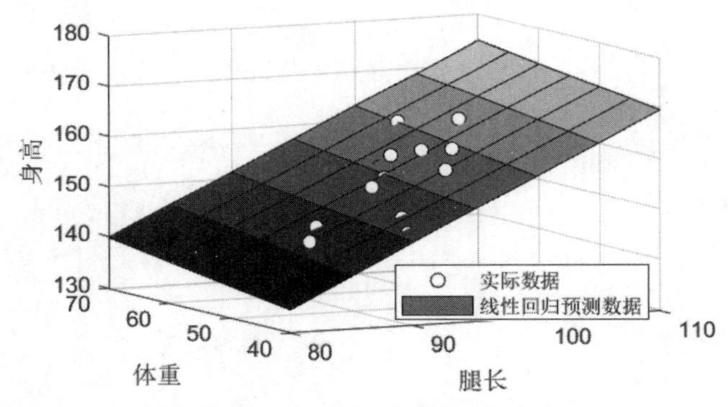

图7.6　regress函数结果示意图

regress 函数除了第一个输出参数 b 外，其他输出参数可以对该线性回归问题进行分析。第 3 个输出参数 r 为每一条数据预测值与真实值的误差，如表 7.4 中第一条数据是身高为 143cm、腿长为 88cm、体重为 49kg，而根据得到的多元线性回归模型，其预测身高为 145.5119cm，计算公式如下：

$$f(88,49) = 34.5404 + 1.1651 \times 88 + 0.1723 \times 49 = 145.5119$$

因此，第一条数据的误差为 –2.5109cm，即输出结果中矩阵 r 中的第一个元素。

第 4 个输出参数 rint 可以判断数据 (x,y) 中是否有异常数据（即离群点），通常情况下，异常数据的预测值与真实值误差较大。当输出 rint 矩阵每一行组成的区间不包含 0，认为该点可能是离群点。运行以下代码：

```
contain0 = (rint(:,1)<0 & rint(:,2)>0);
idx = find(contain0==false)
```

得到输出结果为

```
idx =   2
```

即 rint 矩阵中第 2 条数据组成的区间不包含 0，根据 rint 矩阵的定义，表 7.4 中第二条数据是异常数据。异常数据可能是由于数据统计错误产生的，因此利用线性回归模型进行预测时，误差一般较大。创建所有数据误差的散点图，如图 7.7 所示。

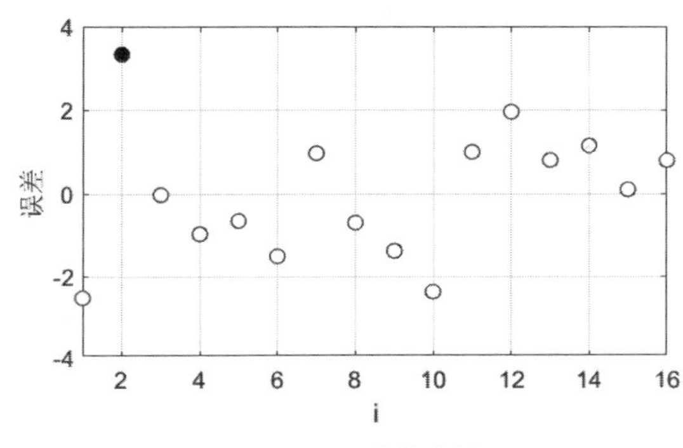

图7.7　误差散点图

图中各点对应表 7.4 中各数据的误差，其中，黑色实心点表示表 7.4 中第二条数据的误差，该点对应的误差绝对值明显大于其他点，为离群点。

7.5 神经网络

在实际研究中，数据中的线性关系很少见，非线性回归问题才是回归问题中的重要部分。实际上，线性回归问题比较简单，可以通过 MATLAB 对 regress 函数直接求解，也可以利用前文最小二乘法、梯度下降法等算法解决；而非线性回归问题需要更加复杂的数学模型才能处理。

神经网络是一个求解非线性回归问题的高效算法，读者可能已经在很多领域见到神经网络的身影，但对其一知半解。实际上，神经网络和线性回归几乎一致，仅仅比线性回归多了激活函数。本节从基础神经元讲起，带领读者利用 MATLAB 自行构建一个神经网络。

7.5.1 神经元

神经元是神经网络的基础，是一个计算单元。一个神经元通常接受 m 个输入 $\boldsymbol{x}$，在神经元内部运算，然后得到一个输出 a。计算公式为：

$$a = f(\boldsymbol{x}^{\mathrm{T}}\boldsymbol{w} + b)$$

其中，$\boldsymbol{x}$ 为一个输入向量，维度为 $m\times 1$；$\boldsymbol{w}$ 为权重向量，维度为 $m\times 1$；b 为阈值，为常数；a 为神经元输出。$f(x)$ 为激活函数，有 sigmoid 函数、tanh 函数、ReLu 函数等，激活函数在 7.5.2 节介绍。

一个神经元的示意图如图 7.8 所示。

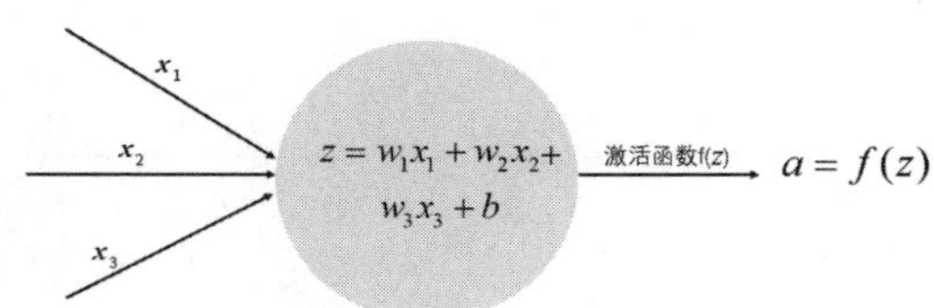

图7.8 神经元示意图

在神经元中，需要调整的参数为权重 $\boldsymbol{w}$ 与阈值 b。

7.5.2 激活函数

如果没有激活函数，$a = \boldsymbol{x}^{\mathrm{T}}\boldsymbol{w} + b$，问题就会退化成 7.4.1 节中的线性回归问题。激活函数是神经网络能够进行非线性回归的基础。常用的激活函数见表 7.5。

表 7.5 常用的激活函数

激活函数名称	函数公式	导数公式
sigmoid 函数	$f(x) = \dfrac{1}{1+\mathrm{e}^{-x}}$	$f'(x) = f(x)(1-f(x))$
tanh 函数	$f(x) = \dfrac{\mathrm{e}^{x}-\mathrm{e}^{-x}}{\mathrm{e}^{x}+\mathrm{e}^{-x}}$	$f'(x) = 1-f(x)^2$
ReLu 函数	$f(x) = \begin{cases} 0 & x<0 \\ x & x>0 \end{cases}$	$f'(x) = \begin{cases} 0 & x<0 \\ 1 & x>0 \end{cases}$

利用 MATLAB 实现以上激活函数，如代码 7-9 所示。激活函数调用格式为：

```
y = activation(x)
y = activation(x,method)
```

其中，输入变量 method 为激活函数名，有 sigmoid、ReLu、tanh、None（不使用激活函数，即 $f(x)=x$），默认为 sigmoid。当使用第一个调用格式时，不输入激活函数名，此时选择默认的激活函数 sigmoid。输入变量 x 为自变量，输出相应的激活函数值 $y = f(x)$。

代码7-9

激活函数

```
function y = activation(x,method,varargin)
if nargin < 2
    method = 'sigmoid';
end
if method(1:4) == 'None'
    y = x;
elseif method(1:4) == 'ReLu'
    y = max(0,x);
elseif method(1:4) == 'tanh'
    x1 = exp(x);
    x2 = exp(-x);
    y = (x1-x2)./(x1+x2);
elseif method(1:7) == 'sigmoid'
    y = 1./(1+exp(-x));
end
end
```

由于后续计算会用到激活函数的导数，本小节先给出激活函数导数，见代码 7-10。

代码7-10

激活函数的导数

```
function dydt = gradient(x,y,method,varargin)
if nargin < 2
    method = 'sigmoid';
end
if method(1:4) == 'None'
    dydt = ones(size(y));
elseif method(1:4) == 'ReLu'
    dydt = zeros(size(y));
    dydt(find(x)>0,:) = 1;
elseif method(1:4) == 'tanh'
    dydt = 1-y.^2;
elseif method(1:7) == 'sigmoid'
    dydt = y.*(1-y);
end
end
```

gradient 函数的输入变量为自变量 x、因变量 y、激活函数名 method，输出变量为激活函数的导数值 dydt。

7.5.3 神经网络的前向传播

神经网络是由多层神经元构成的一个数学模型，每层神经元有多个。本小节将完成神经网络的构建。

在构建神经网络之前，首先给出需要解决的数学问题。利用神经网络，实现如下函数在 [−10,10] 上 200 个点的拟合。

$$f(x)=\frac{1}{1+\mathrm{e}^{-\sin(x)}}$$

首先构建拟合数据，并绘图展示，结果如图 7.9 所示。

```
n = 200;
x = linspace(-10,10,n)';
fun = @(x)1./(1+exp(-sin(x)));
y = fun(x);
plot(x,y)
```

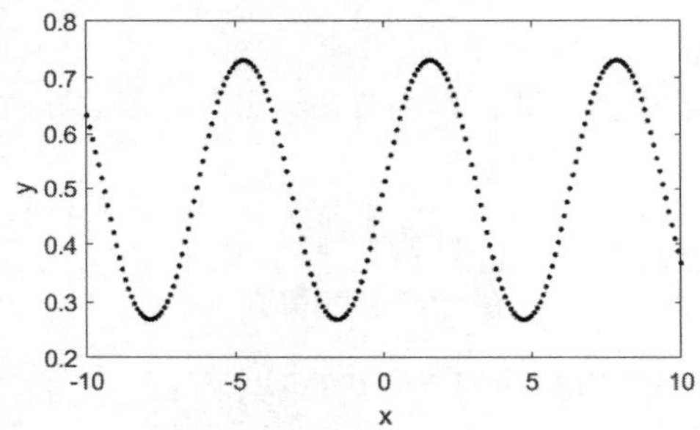

图7.9　非线性回归数据示意图

用 MATLAB 的多维变量 n 存储神经网络除输入层外其他层神经元数量，例如，当 $n=[p,m]$ 时，代表该神经网络除了输入层之外还有两层，第一层有 p 个神经元，第二层（即输出层）有 m 个神经元。

神经网络结构示意图如图 7.10 所示。

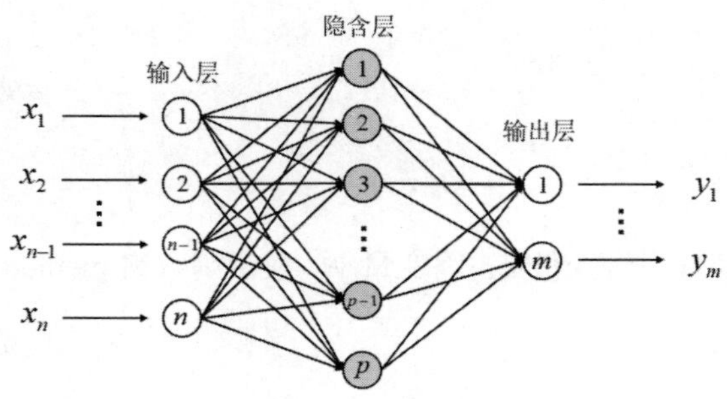

图7.10　神经网络结构示意图

用结构体（struct）表示一个神经网络，结构体字段为：

```
model =
  包含以下字段的 struct:
        m: 3
        w: {[2×6 double]  [6×6 double]  [6×1 double]}
        b: {1×3 cell}
   method: 'sigmoid'
```

在结构体中，字段 m 表示神经网络的层数（包括输出层，不包括输入层），字段 w 为一个元胞数组，存放每一层神经网络的权重，字段 b 为存放每一层神经网络阈值的元胞数组，字段 method 存放该神经网络的激活函数名称。

编写一个随机初始化神经网络的函数，输出神经网络的结构、激活方式，输出该神经网络的结构体，如代码 7-11 所示。

代码7-11

随机初始化神经网络

```
function model = Initialization(d,n,method,varargin)
rng(4)
if nargin < 3
    method = 'sigmoid';
end
model.m = length(n);
model.w = cell(1,model.m);
model.b = cell(1,model.m);
model.method = method;
n = [d,n];
for i = 1:model.m
    model.w{i} = rand(n(i),n(i+1));
    model.b{i} = rand(1,n(i+1));
end
end
```

其中，输入变量 d 为神经网络输入数据的维度；输入变量 n 为上文介绍的每一层神经元的数量；method 为神经网络的激活函数，默认为 sigmoid 函数。

在代码 7-11 中，利用随机函数 rand 随机初始化神经网络参数权重 $\boldsymbol{w}$ 和阈值 b。

神经网络的前向传播就是在已知神经网络权重 w 和阈值 b 的基础上，计算输入为 x_i 时对应的神经网络输出值。

为了方便计算，补充一个 layer 函数，将神经网络的每一层相应参数封装成一个函数。layer 函数输入神经网络某层的权重 $\boldsymbol{w}$、阈值 b、激活函数 $f(x)$，输出相应的神经网络计算函数 $fun(x)$，实现：

$$fun(x) = f(\boldsymbol{x}^{\mathrm{T}}\boldsymbol{w} + b)$$

layer 函数的具体实现如代码 7-12 所示。

代码7-12

layer 函数

```
function fun = layer(w,b,method,varargin)
if nargin < 3
    method = 'sigmoid';
end
fun = @(x)activation(x*w+b,method);
end
```

7.5.4 神经网络的反向传播

神经网络的反向传播就是利用已知数据，对神经网络参数 $\boldsymbol{w}$ 和 b 进行优化的过程，以梯度下降法为核心，与链式法则相结合，就能得到神经网络的反向传播算法。

首先考虑最基础的问题，假设神经网络只有一个神经元，权重为 $\boldsymbol{w}$，阈值为 b，激活函数为 $f(\boldsymbol{x})$，根据前文，该神经网络可以表示为以下函数形式：

$$a = f(\boldsymbol{x}^{\mathrm{T}}\boldsymbol{w} + b)$$

对该神经网络进行参数优化，得到最优的 $\boldsymbol{w}$ 和 b。任何优化问题都必须有一个目标函数，神经网络将其称为损失函数，有多种类型的损失函数，对于 n 个数据 (x_i, y_i) 的拟合问题，可以采用最简单的误差平方和最小，即：

$$\min J(\boldsymbol{w},b) = \sum_{i=1}^{n}(\boldsymbol{x}_i^{\mathrm{T}}\boldsymbol{w} + b - y_i)^2$$

定义误差平方和 mse 函数，如代码 7-13 所示。

代码7-13

损失函数

```
function J = mse(y_hat,y)
J = sum(sum((y_hat-y).*(y_hat-y)));
end
```

对于该目标函数，利用梯度下降法求 $\boldsymbol{w}$ 和 b。梯度下降法在 5.3.4 节中已做详细介绍，此处不再赘述。

实际上，神经网络的反向传播算法就是梯度下降法在神经网络上的拓展，只要了解神经网络的数学表示，就可以直接根据梯度下降法求出反向传播算法。

反向传播算法可以根据计算梯度所使用的数据量，分为批量梯度下降法（Batch Gradient Descent, BGD）、小批量梯度下降法（Mini-Batch Gradient Descent, MBGD）及随机梯度下降法（Stochastic Gradient Descent, SGD）。

（1）批量梯度下降法是常用的梯度下降法，在计算目标函数时使用所有数据，目标函数为：

$$\min J(\boldsymbol{w},b)=\sum_{i=1}^{n}(\boldsymbol{x}_i^{\mathrm{T}}\boldsymbol{w}+b-y_i)^2$$

批量梯度下降法在计算目标函数的梯度时利用全部样本数据，优点是非凸函数可保证收敛至全局最优解，缺点是计算速度缓慢，不允许新样本中途进入。

（2）随机梯度下降法在计算优化函数时利用随机选择的一个样本数据 (x_i,y_i) ，目标函数为：

$$\min J(\boldsymbol{w},b)=(\boldsymbol{x}_i^{\mathrm{T}}\boldsymbol{w}+b-y_i)^2$$

随机梯度下降法计算速度快，但计算结果不易收敛，可能会陷入局部最优解中。

（3）小批量梯度下降法在计算优化函数的梯度时利用随机选择的一部分样本数据，目标函数为：

$$\min J(\boldsymbol{w},b)=\sum_{i\in\mathbf{S}}(\boldsymbol{x}_i^{\mathrm{T}}\boldsymbol{w}+b-y_i)^2$$

其中，**S** 为随机选择的一部分数据组成的集合。小批量梯度下降法计算速度快，收敛稳定。

批量梯度下降法、小批量梯度下降法、随机梯度下降法的实现分别如代码 7-14、代码 7-15、代码 7-16 所示。其中，model 为神经网络结构体；x、y 为需要拟合的数据 (x_i,y_i) ；alpha 为学习率；IterMax 为最大迭代次数；model 为训练之后的神经网络结构体；error 为训练结束后目标函数值（即误差平方和）；y_hat 为神经网络对 x 的预测值。

代码7-14

批量梯度下降法

```
function [model,error,y_hat] = BackPropagation(model,x,y,alpha,IterMax,varargin)
if nargin < 5
    IterMax = 1e5;
end
if nargin < 4
    alpha = 1e-3;
end
error = zeros(1,IterMax);
for i = 1:IterMax
    Layer = cell(1,model.m);
    Y = cell(1,model.m);
    Error = cell(1,model.m);
    Gradient_w = cell(1,model.m);
    Gradient_b = cell(1,model.m);
    for j = 1:model.m
        Layer{j} = layer(model.w{j},model.b{j},model.method);
        if j == 1
            Y{j} = Layer{j}(x);
```

```
            else
                Y{j} = Layer{j}(Y{j-1});
            end
        end
        error(i) = mse(Y{end},y);
        for j = model.m:-1:1
            if j == model.m
                Error{j} = (Y{end}-y).*gradient(Y{j-1},Y{j},model.method);
                Gradient_w{j} = Y{j-1}'*Error{j};
                Gradient_b{j} = ones(1,size(Y{j-1},1))*Error{j};
            elseif j == 1
                Error{j} = (Error{j+1}*model.w{j+1}').*gradient(x,Y{j},model.method);
                Gradient_w{j} = x'*Error{j};
                Gradient_b{j} = ones(1,size(x,1))*Error{j};
            else
                Error{j} = (Error{j+1}*model.w{j+1}').*gradient(Y{j-1},Y{j},model.method);
                Gradient_w{j} = Y{j-1}'*Error{j};
                Gradient_b{j} = ones(1,size(Y{j-1},1))*Error{j};
            end
        end
        for j = model.m:-1:1
            model.w{j} = model.w{j} - alpha*Gradient_w{j};
            model.b{j} = model.b{j} - alpha*Gradient_b{j};
        end
    end
    y_hat = Y{end};
    end
```

代码7-15

小批量梯度下降法

```
    function [model,error,y_hat] = BackPropagationMiniBatch(model,x,y,k,alpha,IterMax,
varargin)
    if nargin < 6
        IterMax = 1e5;
    end
    if nargin < 5
        alpha = 1e-3;
    end
    if nargin < 4
        k = 10;
    end
    error = zeros(1,IterMax);
    for i = 1:IterMax
        Layer = cell(1,model.m);
```

```
        Y = cell(1,model.m);
        Error = cell(1,model.m);
        Gradient_w = cell(1,model.m);
        Gradient_b = cell(1,model.m);
        for j = 1:model.m
            Layer{j} = layer(model.w{j},model.b{j},model.method);
            if j == 1
                Y{j} = Layer{j}(x);
            else
                Y{j} = Layer{j}(Y{j-1});
            end
        end
        error(i) = mse(Y{end},y);
        index = randi(size(x,1),1,k);
        for j = model.m:-1:1
            if j == model.m
                 Error{j} = (Y{end}(index,:)-y(index,:)).*gradient(Y{j-1}(index,:),Y{j}
(index,:),model.method);
                Gradient_w{j} = Y{j-1}(index,:)'*Error{j};
                Gradient_b{j} = ones(1,size(Y{j-1}(index,:),1))*Error{j};
            elseif j == 1
                    Error{j} = (Error{j+1}*model.w{j+1}').*gradient(x(index,:),Y{j}
(index,:),model.method);
                Gradient_w{j} = x(index,:)'*Error{j};
                Gradient_b{j} = ones(1,size(x(index,:),1))*Error{j};
            else
                  Error{j} = (Error{j+1}*model.w{j+1}').*gradient(Y{j-1}(index,:),Y{j}
(index,:),model.method);
                Gradient_w{j} = Y{j-1}(index,:)'*Error{j};
                Gradient_b{j} = ones(1,size(Y{j-1}(index,:),1))*Error{j};
            end
        end
        for j = model.m:-1:1
            model.w{j} = model.w{j} - alpha*Gradient_w{j};
            model.b{j} = model.b{j} - alpha*Gradient_b{j};
        end
    end
    y_hat = Y{end};
    end
```

代码7-16

随机梯度下降法

```
    function [model,error,y_hat] = BackPropagationSGD(model,x,y,alpha,IterMax,vararg
in)
```

```
    if nargin < 5
        IterMax = 1e5;
    end
    if nargin < 4
        alpha = 1e-3;
    end
    error = zeros(1,IterMax);
    for i = 1:IterMax
        Layer = cell(1,model.m);
        Y = cell(1,model.m);
        Error = cell(1,model.m);
        Gradient_w = cell(1,model.m);
        Gradient_b = cell(1,model.m);
        for j = 1:model.m
            Layer{j} = layer(model.w{j},model.b{j},model.method);
            if j == 1
                Y{j} = Layer{j}(x);
            else
                Y{j} = Layer{j}(Y{j-1});
            end
        end
        error(i) = mse(Y{end},y);
        index = randi(size(x,1));
        for j = model.m:-1:1
            if j == model.m
                    Error{j} = (Y{end}(index)-y(index)).*gradient(Y{j-1}(index),Y{j}
(index),model.method);
                Gradient_w{j} = Y{j-1}(index)'*Error{j};
                Gradient_b{j} = ones(1,size(Y{j-1}(index),1))*Error{j};
            elseif j == 1
                    Error{j} = (Error{j+1}*model.w{j+1}').*gradient(x(index,:),Y{j}
(index),model.method);
                Gradient_w{j} = x(index,:)'*Error{j};
                Gradient_b{j} = ones(1,size(x(index,:),1))*Error{j};
            else
                    Error{j} = (Error{j+1}*model.w{j+1}').*gradient(Y{j-1}(index),Y{j}
(index),model.method);
                Gradient_w{j} = Y{j-1}(index)'*Error{j};
                Gradient_b{j} = ones(1,size(Y{j-1}(index),1))*Error{j};
            end
        end
        for j = model.m:-1:1
            model.w{j} = model.w{j} - alpha*Gradient_w{j};
            model.b{j} = model.b{j} - alpha*Gradient_b{j};
        end
    end
```

```
y_hat = Y{end};
end
```

7.5.5 神经网络的实现

7.5.4 节给出了三种神经网络优化算法，本小节在此基础上实现一个神经网络非线性回归问题。在代码 7-17 中运用三种优化算法（批量梯度下降法、小批量梯度下降法、随机梯度下降法），得到的结果如图 7.11 ~ 图 7.13 所示。

代码7-17

神经网络实现

```
clear all;close all;clc
rng(4)
%%
n = 200;
x = linspace(-10,10,n)';
fun = @(x)1./(1+exp(-sin(x)));
y = fun(x);
x = [x,sin(x)];

%%
n1 = 6;
n2 = 6;
n3 = 1;
%%
d = size(x,2);
n = [n1,n2,n3];
model = Initialization(d,n);
%%
[model,error,y_hat] = BackPropagation(model,x,y,0.01,2000);
h = figure;
set(h,'position',[100 100 700 240]);
subplot(121)
plot(error,'k-')
subplot(122)
plot(x(:,1),y,'k-')
hold on
plot(x(:,1),y_hat,'k--')
title('GD')
saveas(gcf,'fig\fig7_11.bmp')
```

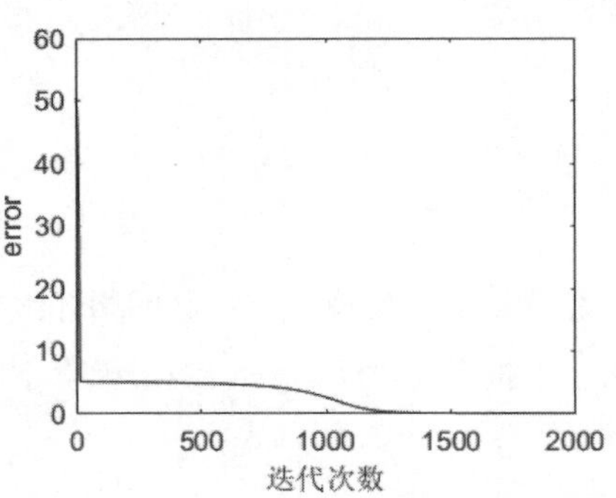

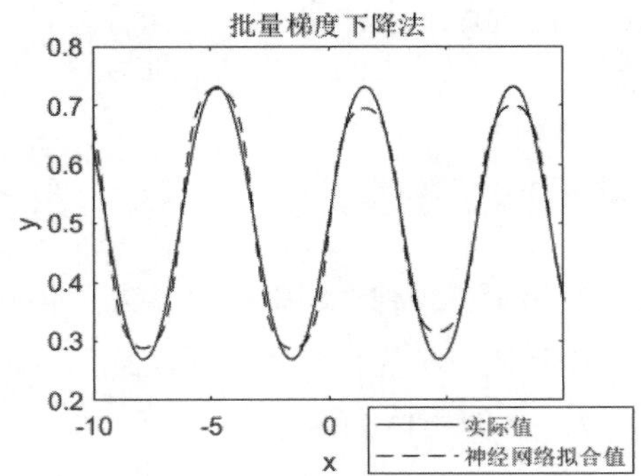

图7.11　批量梯度下降法优化结果示意图

```
model = Initialization(d,n);
[model,error,y_hat] = BackPropagationMiniBatch(model,x,y,10,1,2000);
h = figure;
set(h,'position',[100 100 700 240]);
subplot(121)
plot(error,'k-')
subplot(122)
plot(x(:,1),y,'k-')
hold on
plot(x(:,1),y_hat,'k--')
title('MiniBatch')
saveas(gcf,'fig\fig7_12.bmp')
```

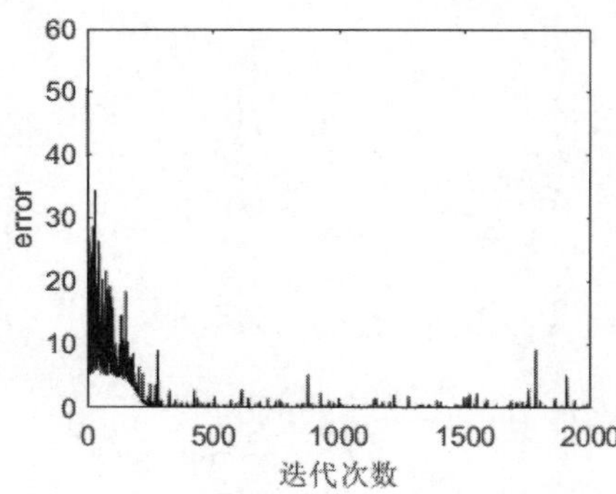

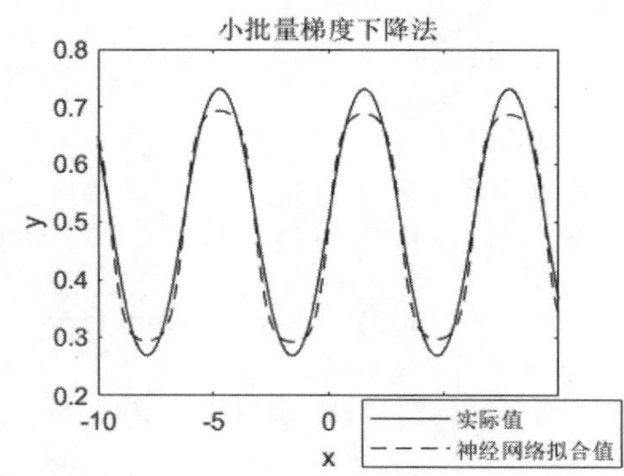

图7.12　小批量梯度下降法优化结果示意图

```
model = Initialization(d,n);
[model,error,y_hat] = BackPropagationSGD(model,x,y,5,20000);h = figure;
set(h,'position',[100 100 700 240]);
subplot(121)
plot(error,'k-')
subplot(122)
plot(x(:,1),y,'k-')
```

```
hold on
plot(x(:,1),y_hat,'k--')
title('SGD')
saveas(gcf,'fig\fig7_13.bmp')
```

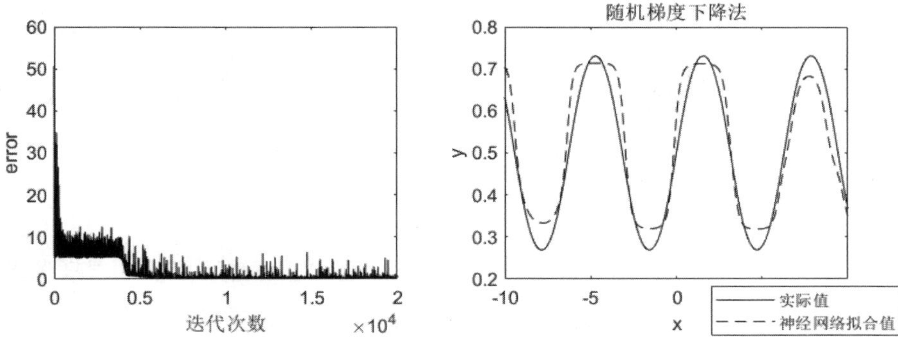

图7.13　随机梯度下降法优化结果示意图

本章针对数据拟合问题，首先介绍了 MATLAB 数据拟合函数 polyfit 与 polyval，可以实现多项式拟合的系数计算。其次在此基础上介绍了多项式拟合的最小二乘法，并拓展介绍了特殊形式的数据拟合求解过程。最后介绍了回归的概念，回归分析是在曲线拟合上进行进一步的统计分析，可以通过 regress 函数实现。

本章涉及的算法只有最小二乘法，其核心为将数据表示为矩阵形式，再代入最小二乘法公式 $\boldsymbol{A}=(\boldsymbol{X}^{\mathrm{T}}\boldsymbol{X})^{-1}\boldsymbol{X}^{\mathrm{T}}\boldsymbol{Y}$，计算得到待求系数。除了最小二乘法外，多项式拟合问题和回归问题还可以通过优化算法求解。

此外，本章补充介绍了神经网络的实现代码，介绍了三种常见的神经网络参数优化算法，并在 MATLAB 上实现。

第 8 章

数值积分

数值积分可用于计算解析函数的积分值，基本原理是利用多项式插值近似被积函数，然后用多项式的积分值近似被积函数积分值。本章主要涉及的知识点如下。

- **MATLAB 积分函数：**掌握 int、trapz、quad、dblquad 等函数的使用方法。
- **等距节点积分算法：**了解并掌握梯形积分、辛普森积分公式，了解复化积分公式。
- **不等距节点积分算法：**了解并掌握两点高斯积分公式。

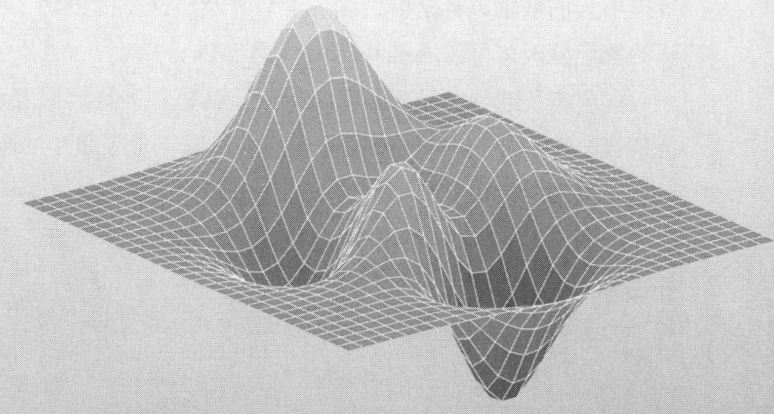

8.1 MATLAB 积分函数

函数积分问题是常见的数学问题，分为不定积分与定积分两大类，不定积分的结果是一个函数，而定积分的结果为常数。本节介绍利用 MATLAB 求解不定积分与定积分的函数，包括 int 函数、trapz 函数、quad 函数等。

8.1.1 MATLAB 求解不定积分

函数$f(x)$的不定积分$F(x)$为：

$$F(x)=\int f(x)\mathrm{d}x$$

MATLAB 求解不定积分的函数为 int，其输入为用符号函数表示的$f(x)$，输出为不定积分结果$F(x)$，有以下几种使用场景。

1. int(f)

MATLAB 的 int 函数可以直接求解各类函数的不定积分。inf(f) 的输入变量 f 为符号函数，表示被积函数$f(x)$，输出变量为$f(x)$的不定积分结果。例如，求函数$f(x)=x\sin x$的不定积分，代码如下：

```
syms x
f = x*sin(x);
g = int(f)
```

得到的输出结果为：

```
g = sin(x) - x*cos(x)
```

即函数的不定积分结果为：

$$F(x)=\int x\sin x\mathrm{d}x=\sin x-x\cos x$$

2. int(f,x)

当函数含有多个自变量时，可以使用 int（f, x）对某个自变量求不定积分。其中，输入变量 f 为被积函数$f(x)$，输入变量 x 为被积变量，这一调用格式可以用于多元函数的积分计算过程中。当被积函数含有多个自变量时，可以对某个自变量求不定积分。例如，求函数$f(x,y)=x^2+y^2$关于x的不定积分与关于y的不定积分，代码如下：

```
syms x y
f = x^2 + y^2;
g1 = int(f,x)
g2 = int(f,y)
```

得到的输出结果为：

```
g1 = x^3/3 + x*y^2
g2 = x^2*y + y^3/3
```

即关于 x 的不定积分与关于 y 的不定积分结果分别为：

$$\int\left(x^2+y^2\right)\,\mathrm{d}x=\frac{1}{3}x^3+xy^2$$

$$\int\left(x^2+y^2\right)\,\mathrm{d}y=x^2y+\frac{1}{3}y^3$$

3. 重积分

MATLAB 多次调用 int 函数，可以计算多元函数的多重积分。例如，求函数 $f(x,y)=x^2+y^2$ 的二重积分，代码如下：

```
syms x y
f = x^2 + y^2;
g = int(int(f,x),y)
```

得到的输出结果为：

```
g = (x*y*(x^2 + y^2))/3
```

即该函数的不定积分结果为：

$$\iint x^2+y^2\mathrm{d}x\mathrm{d}y=\frac{1}{3}x^3y+\frac{1}{3}xy^3$$

8.1.2 MATLAB 求解定积分

函数 $f(x)$ 在区间 $[a,b]$ 上的定积分为：

$$\int_a^b f(x)\mathrm{d}x=F(b)-F(a)$$

其中，$F(x)$ 为函数 $f(x)$ 的原函数（即不定积分结果）。求解定积分的 MATLAB 函数有 int 函数、trapz 函数、quad 函数等。

1. int 函数

int 函数不仅可以求解函数的不定积分，还可以求解函数的定积分，其调用格式为在不定积分求解代码 int(f) 或 int(f,x) 中增加定积分求解区间 $[a,b]$，即：

```
int(f,a,b)
int(f,x,a,b)
```

上述调用格式可以求得符号函数 f 在积分区间 [a,b] 上的定积分。

例如，计算函数 $f(x)=x\sin x$ 在区间 [0,10] 上的积分值，代码如下：

```
syms x
```

```
f = x*sin(x);
res = int(f,0,10)
```

得到的结果为：

```
res = sin(10) - 10*cos(10)
```

可通过函数 double，将输出转换为小数，即代码 double(int(f,0,10))，可以得到结果约为 7.8467。

$$\int_0^{10} x\sin x\mathrm{d}x = (\sin x - x\cos x)\Big|_0^{10} = \sin 10 - 10\cos 10 \approx 7.8467$$

2. trapz 函数

trapz 函数为梯形数值积分函数，利用梯形法得到的数值积分结果是定积分的近似值。在学习 trapz 函数之前，首先需要了解数值积分的概念。

数值积分利用“函数$f(x)$的在区间$[a,b]$上的定积分即为曲线$f(x)$与x轴围成的面积”这一性质，利用简单函数近似被积函数$f(x)$，利用简单函数的积分值对待求定积分进行近似。其中，近似函数经过被积函数上多个点$(x_i, f(x_i))$，因此，数值积分算法的输入量为被积函数上的点$(x_i, f(x_i))$，输出量为定积分的近似值。

MATLAB 的 trapz 函数通过梯形法计算数值积分，其输入变量 X 与 Y 为被积函数上的点$(x_i, f(x_i))$对应的向量，输出变量为定积分的近似值。trapz 函数的调用格式有：

```
trapz(Y)
trapz(X,Y)
```

其中，当只输入 Y 时，X 取默认值 [1,2,3,⋯]。例如，需要求函数$f(x)$在区间 [1,5] 上的定积分值，函数$f(x)$的表达式未知，但已知其在积分区间内的部分点如 (1, 0)、(2, 4)、(3, 12)、(4, 14)、(5, 10)，则可以直接利用 trapz 函数求出定积分值的近似值，代码为：

```
X = [1 2 3 4 5]
Y = [0 4 12 14 10];
Q = trapz(Y)
```

得到定积分值的近似值 Q=35，由于 trapz 函数是利用梯形法计算数值积分，因此 Q 值为图 8.1 中的阴影部分面积。

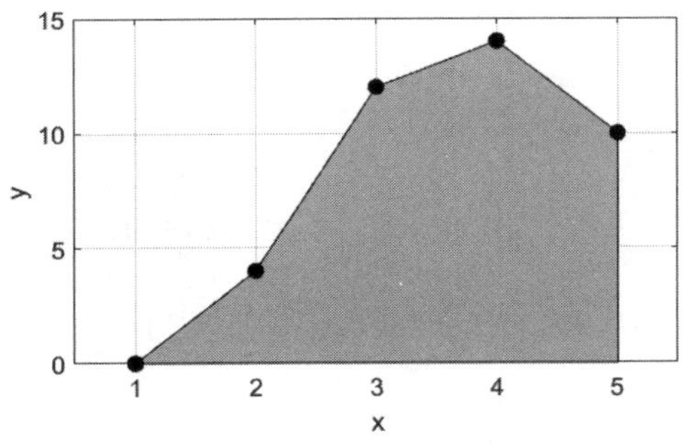

图8.1　trapz(Y)函数示意图

当调用格式为 trapz(X,Y) 时，根据 X 指定的坐标或标量间距对 Y 进行积分。例如，输入变量 X=[1,1.5,2,2.5,3]，Y=[0,4,12,14,10]，代码为：

```
X = [1,1.5,2,2.5,3];
Y = [0,4,12,14,10];
Q = trapz(X,Y)
```

得到输出 Q=17.5。实际上计算的是图 8.2 中实心点所在曲线组成的灰色部分面积。从图 8.2 可以看出 trapz(Y) 与 trapz(X,Y) 函数的区别，trapz(Y) 函数默认 X 为从 1 开始的整数。

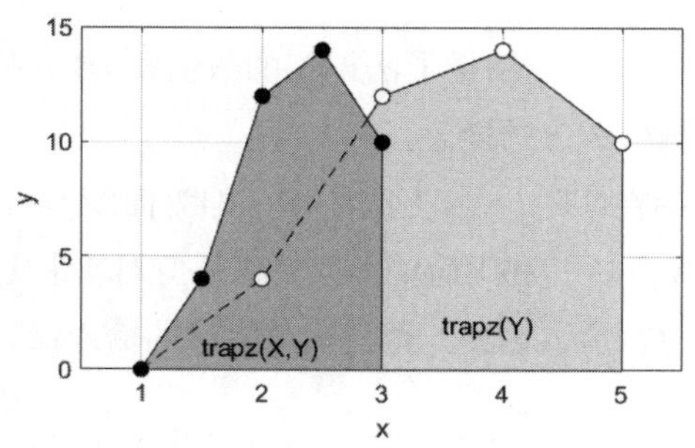

图8.2　trapz(X,Y)函数示意图1

trapz 函数即为数值积分函数，具体利用的数值积分算法（梯形法）将在后续章节中介绍。利用 trapz 函数计算 $f(x)=x\sin x$ 在区间 [0,10] 上的积分值，首先根据函数 $f(x)=x\sin x$ 生成 n 个积分点 $(x_i, f(x_i))$，令 $\boldsymbol{X}=[x_1,x_2,\cdots,x_n]$、$\boldsymbol{Y}=[y_1,y_2,\cdots,y_n]$，调用 trapz(X,Y) 函数求解积分值，如代码 8-1 所示。

代码8-1

trapz 函数求解定积分示例

```
f = @(x)x.*sin(x);
n = 20;
X = linspace(0,10,n);
Y = f(X);
Q = trapz(X,Y)

h = figure;
set(h,'position',[100 100 400 240]);
hold on
patch([X X(end) X(1) X(1)],[Y,0,0,Y(1)],[0.75 0.75 0.75])
hold on
plot(X,Y,'ko','markersize',6,'MarkerFaceColor','k')
grid on
xlabel('x')
ylabel('y')
```

```
title(['n=',num2str(n),',  \int_0^1^0 xsinx dx\approx',num2str(Q,'%.4f')])
saveas(gcf,'fig/fig8_3.bmp')
```

在代码 8-1 中，在区间 [0,10] 上等间隔取 20 个积分点 x_i（n=20），根据这 20 个点的值 $f(x_i)$，求数值积分值，得到的数值积分 Q=7.6394，与利用 int 函数求得的真实值 7.8467 相差 0.2 左右。其示意图如图 8.3 所示。

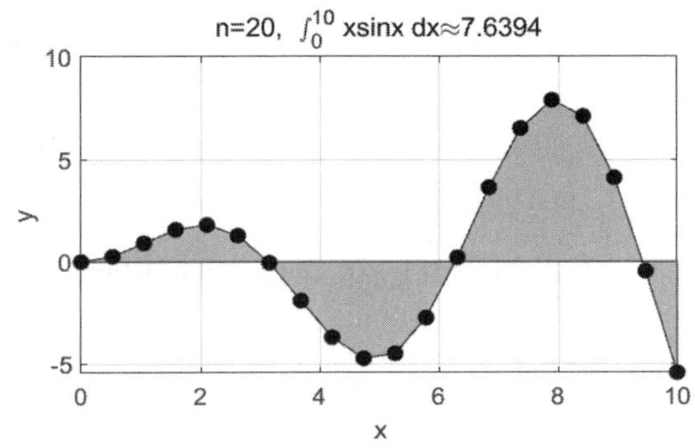

图8.3 trapz(X,Y)函数示意图2

当采样点增大时，数值积分结果误差逐渐减小。在上例中，当 n=200 时，得到的积分结果为 7.8448，误差减小到 0.02 左右。

3. quad 函数

quad 函数与 trapz 函数相同，也是求解数值积分的函数，区别在于 trapz 函数直接输入积分点 $(x, f(x))$，而 quad 函数输入积分函数 $f(x)$ 与积分区间 $[a,b]$，quad 函数利用自适应辛普森积分法自动选择积分节点，计算数值积分。quad 函数的调用格式为：

```
q = quad(fun,a,b)
q = quad(fun,a,b,tol)
```

该调用格式表示求取函数 fun 从 a 到 b 的数值积分，即定积分近似值，误差为 tol（默认为 10^{-6}，第一种调用格式不输入 tol 时，tol 取默认值，第二种调用格式可以设定其他 tol 值）。fun 是函数句柄。范围 a 和 b 必须是有限的。

例如，利用 quad 函数计算 $f(x)=x\sin x$ 在区间 [0,10] 上的积分值，代码如下：

```
f = @(x)x.*sin(x);
q = quad(f,0,10)
```

可以得到结果 q=7.8467，与 int 函数求得的结果接近。当改变误差精度 tol 时，代码如下：

```
f = @(x)x.*sin(x);
q = quad(f,0,10,0.01)
```

可以得到结果为 7.473，误差精度为 0.01。

4. dblquad 函数

dblquad 函数可以计算二重积分，对于如下二重积分：

$$\int_{x_{\min}}^{x_{\max}}\int_{y_{\min}}^{y_{\max}} f(x,y)\mathrm{d}y\mathrm{d}x$$

dblquad 函数输入二元函数 $f(x,y)$ 、积分区间 $[x_{\min},x_{\max}]$ 与 $[y_{\min},y_{\max}]$ 后，即可输出数值积分结果，其调用格式为：

```
q = dblquad(fun,xmin,xmax,ymin,ymax)
q = dblquad(fun,xmin,xmax,ymin,ymax,tol)
```

计算函数 fun 在 xmin ≤ x ≤ xmax 和 ymin ≤ y ≤ ymax 矩形区域上的二重积分，误差精度 tol 默认值为 10^{-6}，第二种调用格式可以修改误差精度。

例如，求函数 $f(x,y)=x^2+y^2$ 在区间上 $[0,1]\times[0,1]$ 的二重定积分，代码如下：

```
fun = @(x,y)x.^2+y.^2;
q = dblquad(fun,0,1,0,1)
```

得到的结果为：

```
q = 0.6667
```

即：

$$\int_0^1\int_0^1\left(x^2+y^2\right)\mathrm{d}x\mathrm{d}y\approx 0.6667$$

此外，二重定积分也可以通过 int 函数求得，代码如下：

```
syms x y
f = x^2 + y^2;
int(int(f,x,0,1),y,0,1)
```

得到的结果为：

$$\int_0^1\int_0^1\left(x^2+y^2\right)\mathrm{d}x\mathrm{d}y=\frac{2}{3}$$

5. triplequad 函数

MATLAB 还有计算三重积分的函数 triplequad，输入三元函数 $f(x,y,z)$ 及积分区间 $[x_{\min},x_{\max}]$、$[y_{\min},y_{\max}]$、$[z_{\min},z_{\max}]$ 后，输出如下定积分值：

$$\int_{x_{\min}}^{x_{\max}}\int_{y_{\min}}^{y_{\max}}\int_{z_{\min}}^{z_{\max}} f(x,y,z)\mathrm{d}z\mathrm{d}y\mathrm{d}x$$

其调用格式为：

```
q = triplequad(fun,xmin,xmax,ymin,ymax,zmin,zmax)
q = triplequad(fun,xmin,xmax,ymin,ymax,zmin,zmax,tol)
```

可以对三维矩形区域 xmin ≤ x ≤ xmax、ymin ≤ y ≤ ymax、zmin ≤ z ≤ zmax 求 fun(x,y,z) 的三重定积分。

例如，求函数$f(x,y,z)=x^2+y^2+z^2$在区间上$[0,1]\times[0,1]\times[0,1]$的三重定积分，代码如下：

```
fun = @(x,y,z)x.^2+y.^2+z.^2;
q = triplequad (fun,0,1,0,1,0,1)
```

得到输出结果为：

```
q = 1
```

即：

$$\int_0^1\int_0^1\int_0^1 x^2+y^2+z^2\mathrm{d}x\mathrm{d}y\mathrm{d}z=1$$

8.2 等距节点积分算法

第8.1节介绍了MATLAB求定积分、不定积分的函数及调用方法，在求解定积分时，trapz函数采用梯形法求定积分值，quad函数采用自适应辛普森积分法计算定积分值，这两种算法都是数值积分算法。本节介绍常见的数值积分算法，包括梯形法、辛普森积分法等。

8.2.1 梯形法

采用数形结合的思想，求积分实际上就是求函数$f(x)$在给定区间与x轴围成的面积。数值积分算法就是对面积进行近似，得到积分值。梯形法采用梯形近似面积来计算函数定积分。

1. 算法原理与步骤

对于函数$f(x)$在区间$[x_0,x_1]$上的定积分值，可采用梯形法，即以点$(x_0,f(x_0))$、点$(x_1,f(x_1))$的连线与x轴围成的梯形面积作为积分近似值，如图8.4中灰色部分所示。

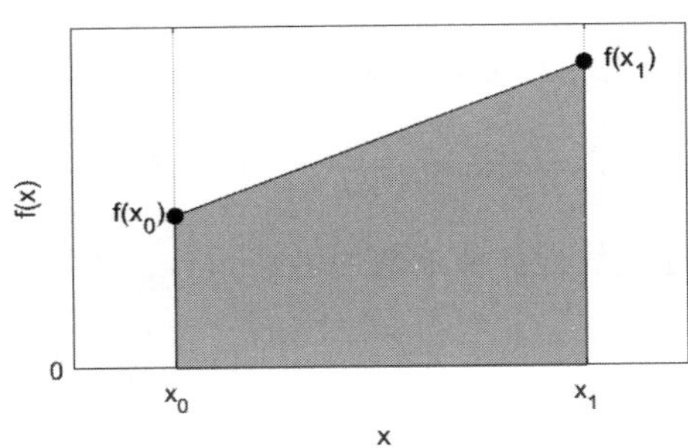

图8.4 梯形法积分示意图1

其中，梯形面积表达式为：

$$S=\frac{x_1-x_0}{2}(f(x_0)+f(x_1))$$

当$f(x)$为一次多项式函数$f(x)=a_0+a_1x$时，$f(x)$曲线与点$(x_0,f(x_0))$、点$(x_1,f(x_1))$的连线相等，此时梯形面积与定积分值完全相同。可以用 int 函数验证在区间$[x_0,x_1]$上$f(x)=a_0+a_1x$的定积分值，代码如下：

```
syms x a0 a1 x0 x1
f = a0 + a1*x;
g = int(f,x,x0,x1)
```

得到的结果为：

```
g = -((x0 - x1)*(2*a0 + a1*x0 + a1*x1))/2
```

即：

$$\int_{x_0}^{x_1}\left(a_0+a_1x\right)\mathrm{d}x=-\frac{1}{2}(x_0-x_1)(2a_0+a_1x_0+a_1x_1)$$
$$=\frac{1}{2}(x_1-x_0)(f(x_0)+f(x_1))$$

可以发现，一次多项式函数$f(x)=a_0+a_1x$在区间$[x_0,x_1]$上的定积分值，等于图 8.4 中梯形面积。

对于其他函数，如二次多项式函数，利用梯形面积计算得到的积分值与实际积分值存在误差。如图 8.5 所示，对于图中的二次多项式函数，利用梯形面积得到的积分值（灰色部分面积）大于实际积分值。

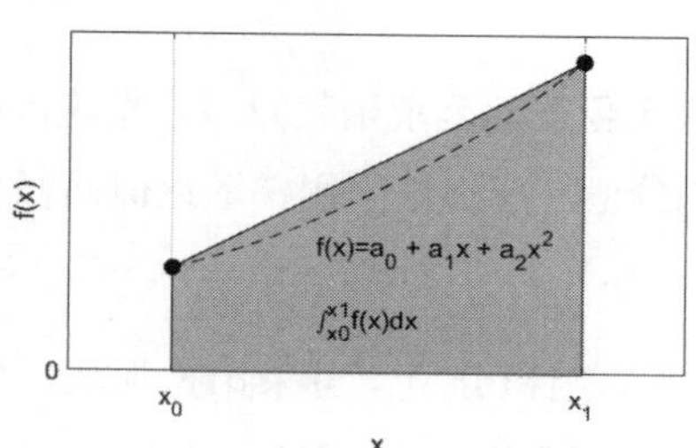

图8.5　梯形法积分示意图2

综上，任意函数$f(x)$在区间$[a,b]$上利用梯形公式求得的定积分值为：

$$\int_a^b f(x)\mathrm{d}x\approx\frac{b-a}{2}(f(a)+f(b))$$

实际上，梯形法可以视为通过线性插值近似原函数$f(x)$，用线性插值函数的积分值近似原函数的积分值。

由于梯形法误差较大，可以将积分区间$[a,b]$分为多个子区间，在每一个子区间上利用梯形法求积分值，再求和得到函数$f(x)$在$[a,b]$上的积分值，这种方法被称为复化梯形法，其公式为：

$$\int_a^b f(x)\mathrm{d}x\approx\sum_{i=0}^{n-1}\frac{x_{i+1}-x_i}{2}(f(x_i)+f(x_{i+1}))$$

如果子区间长度相等，公式可以简化为：

$$\int_a^b f(x)\mathrm{d}x \approx \frac{h}{2}\left[f(a)+2\sum_{k=1}^{n-1}f(x_k)+f(b)\right]$$

其中，$h=x_i-x_{i-1}$ 为子区间长度。将区间 $[a,b]$ 分为 4 个均匀子区间，利用复化梯形法求积分，示意图如图 8.6 所示。

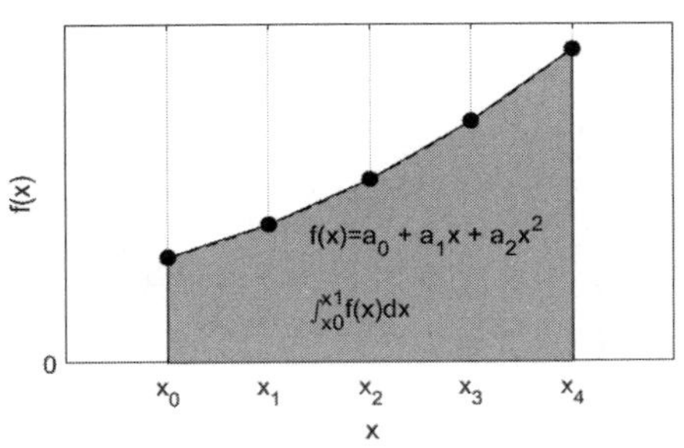

图8.6 复化梯形法积分示意图

图 8.6 与图 8.5 相比，灰色部分面积与实际定积分值的误差减小，可见复化梯形法的精度优于简单的梯形法，下文采用复化梯形法计算数值积分。

2. 算法的 MATLAB 实现

利用 MATLAB 可以实现复化梯形法函数 CompTrapz，在输入求积节点 $(x, f(x))$ 后，输出会根据节点利用复化梯形法求得数值积分结果，具体如代码 8-2 所示。调用格式为：

```
q = CompTrapz(x,y)
```

其中，输入变量 x、y 为求积节点；输出变量 q 为基于复化梯形法求得的定积分值。

代码8-2

复化梯形法的函数实现 1

```
function q = CompTrapz(x,y)
n = length(x);
q = 0;
for i = 2:n
    q = q + (x(i)-x(i-1))*(y(i)+y(i-1))/2;
end
end
```

注意　代码 8-2 中自定义函数 CompTrapz 和 MATLAB 自带的 trapz 函数实现的算法与功能相同。

3. 算法应用举例

调用复化梯形法函数计算如下积分值，如代码 8-3 所示。

$$\int_0^1 1+x+x^2\mathrm{d}x$$

代码8-3

CompTrapz 函数调用实例

```
fun = @(x)1 + x + x.^2;
a = 0;
b = 1;
n = 5;
x = linspace(a,b,n);
y = fun(x);
q5 = CompTrapz(x,y);
```

代码中，共有 5 个求积节点，求积节点横坐标为 x，纵坐标为相应的函数值 y=fun(x)，将其作为 CompTrapz 函数的输入变量，得到的结果为：

```
q5 = 1.8438
```

可以通过 int 函数得到积分精确值，代码如下：

```
syms x
f = 1 + x + x.^2;
Q = int(f,0,1)
```

结果为 Q=11/6。复化梯形法结果 q5 与精确值 Q 之间的误差绝对值为 1/96，即当将求积区间划分为 4 个子区间时，复化梯形法求得的结果和精确值误差为 1/96。

随着复化梯形法求积节点的增加，数值积分误差逐渐减小。如图 8.7 所示，横坐标为求积节点 n，纵坐标为复化梯形法的误差。

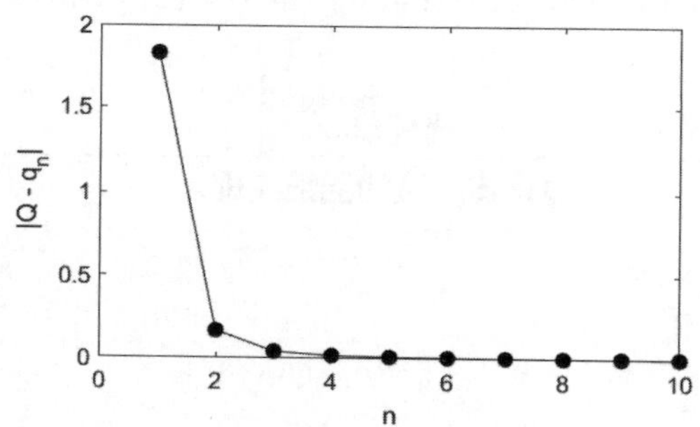

图8.7　复化梯形法误差示意图

4. 算法拓展

前文介绍的复化梯形法的输入变量为求积节点，在计算积分值时需要设定求积节点的数量，无法和 quad 函数一样直接得到给定精度的结果。下面对 CompTrapz 函数进行拓展得到 CompTrapzTol 函数，将被积函数也输入 CompTrapzTol 函数中，使其能够计算不同精度的积分结果，具体如代码 8-4 所示。CompTrapzTol 函数的调用格式为：

```
q = CompTrapzTol(fun,a,b)
```

```
[q,n] = CompTrapzTol(fun,a,b)
q = CompTrapzTol(fun,a,b,tol)
[q,n] = CompTrapzTol(fun,a,b,tol)
```

其中，输入变量 fun 为被积函数，a、b 为积分区间，tol 为积分精度，默认为 10^{-4}；输出变量 q 为积分值，n 为求积节点数量。

不同调用格式的区别在于输入变量中是否输入积分精度 tol，以及是否输出求积节点数量。第 1、2 个调用格式不输入积分精度 tol，此时 tol 为默认值 10^{-4}；第 1、3 个调用格式不输出求积节点数量 n。

代码8-4

复化梯形法的函数实现 2

```
function [q,n]= CompTrapzTol(fun,a,b,tol)
% code 8-4
if nargin == 3
    tol = 1e-4;
end
n = 1;
x = (a+b)/2;
y = fun(x);
q0 = 0;
q1 = y*(b-a);
while abs(q1-q0) >= tol
    n = n + 1;
    x = linspace(a,b,n);
    y = fun(x);
    q0 = q1;
    q1 = (x(2:end)-x(1:end-1))*(y(1:end-1)+y(2:end))'/2;
end
q = q1;
end
```

例如，调用上述 CompTrapzTol 函数，计算：

$$\int_0^1 1+x+x^2\mathrm{d}x$$

积分精度选择为默认精度，代码为：

```
fun = @(x)1 + x + x.^2;
a = 0;
b = 1;
[q,n] = CompTrapzTol(fun,a,b)
```

得到的结果为 q=1.8340，n=17。当有 17 个求积节点，将原积分区间 f 分为 16 个相等长度的子区间时，函数 $f(x)=1+x+x^2$ 在区间 [0,1] 上的数值积分结果为 1.8340，精度为 10^{-4}。

8.2.2 辛普森积分法

第 8.2.1 节中的梯形法可以视为通过线性函数 $L_1(x)$ 近似原函数 $f(x)$，用线性函数 $L_1(x)$ 的积分值近似原函数的积分值，即：

$$\int_a^b f(x)\mathrm{d}x \approx \int_a^b L_1(x)\mathrm{d}x$$

首先得到线性函数的表达式。$f(x)$ 在区间 $[a,b]$ 上经过两点 $(a,f(a))$、$(b,f(b))$，经过两点的线性函数表达式为：

$$L_1(x) = \frac{x-b}{a-b}f(a) + \frac{x-a}{b-a}f(b)$$

则 $f(x)$ 在区间 $[a,b]$ 上的梯形积分值为：

$$\int_a^b f(x)\mathrm{d}x \approx \int_a^b L_1(x)\mathrm{d}x = \int_a^b \left[\frac{x-b}{a-b}f(a) + \frac{x-a}{b-a}f(b)\right]\mathrm{d}x = \frac{b-a}{2}\left[f(a)+f(b)\right]$$

上述方法为梯形法。辛普森积分法在梯形法的基础上增加一个点（一般选为区间中点），用三个点组成的二次多项式函数积分值来近似原函数的积分值。

1. 算法原理与步骤

在计算函数 $f(x)$ 在积分区间 $[a,b]$ 上的积分值时，辛普森积分法用经过 $f(x)$ 三个点的二次多项式函数 $L_2(x)$ 在区间 $[a,b]$ 上的积分值来近似 $f(x)$ 在区间 $[a,b]$ 上的积分值，即：

$$\int_a^b f(x)\mathrm{d}x \approx \int_a^b L_2(x)\mathrm{d}x$$

其中三个点分别为：区间 $[a,b]$ 两个端点 $(a,f(a))$、$(b,f(b))$，以及区间 $[a,b]$ 中点 $(\bar{x},f(\bar{x}))$。

$$\bar{x} = \frac{a+b}{2}$$

辛普森积分法示意图如图 8.8 所示，图中黑色实心点为积分点，实线为二次多项式函数 $L_2(x)$，虚线为原被积函数 $f(x)$，灰色部分为 $L_2(x)$ 在区间 $[a,b]$ 上的积分值。

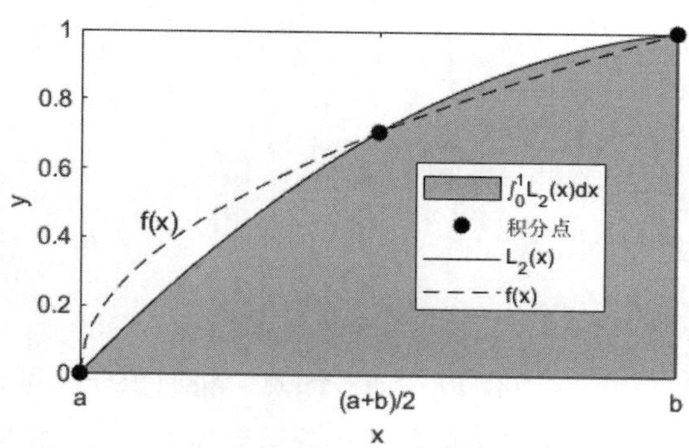

图8.8 辛普森积分法示意图

根据 6.4 节中的拉格朗日插值公式，通过 $(a,f(a))$ 、 $(b,f(b))$ 、 $(\bar{x},f(\bar{x}))$ 三点的二次多项式函数 $L_2(x)$ 公式为：

$$L_2(x)=\frac{(x-b)(x-\bar{x})}{(a-b)(a-\bar{x})}f(a)+\frac{(x-a)(x-b)}{(\bar{x}-a)(\bar{x}-b)}f(\bar{x})+\frac{(x-a)(x-\bar{x})}{(b-a)(b-\bar{x})}f(b)$$

则 $L_2(x)$ 在区间 $[a,b]$ 上的积分值为：

$$\int_a^b L_2(x)\mathrm{d}x=f(a)\int_a^b\frac{(x-b)(x-\bar{x})}{(a-b)(a-\bar{x})}\mathrm{d}x+f(\bar{x})\int_a^b\frac{(x-a)(x-b)}{(\bar{x}-a)(\bar{x}-b)}\mathrm{d}x+f(b)\int_a^b\frac{(x-a)(x-\bar{x})}{(b-a)(b-\bar{x})}\mathrm{d}x$$

由于

$$\int_a^b\frac{(x-b)(x-\bar{x})}{(a-b)(a-\bar{x})}\mathrm{d}x=\frac{1}{6}(b-a)$$

$$\int_a^b\frac{(x-a)(x-b)}{(\bar{x}-a)(\bar{x}-b)}\mathrm{d}x=\frac{4}{6}(b-a)$$

$$\int_a^b\frac{(x-a)(x-\bar{x})}{(b-a)(b-\bar{x})}\mathrm{d}x=\frac{1}{6}(b-a)$$

因此 $L_2(x)$ 在区间 $[a,b]$ 上的积分值为：

$$\int_a^b L_2(x)\mathrm{d}x=\frac{b-a}{6}\left[f(a)+4f(\bar{x})+f(b)\right]$$

辛普森积分法用 $L_2(x)$ 在区间 $[a,b]$ 上的积分值来近似 $f(x)$ 在区间 $[a,b]$ 上的积分值，则有：

$$\int_a^b f(x)\mathrm{d}x\approx\int_a^b L_2(x)\mathrm{d}x=\frac{b-a}{6}\left[f(a)+4f(\bar{x})+f(b)\right]$$

上式即为辛普森积分公式。

与梯形法相似，辛普森积分法也有复化求积公式，复化求积指将求积区间分为 n 个子区间，对每个子区间应用同一求积公式再求和。在求积区间 $[a,b]$ 上均匀取 $n+1$ 个点，$x_0=a$ 、 $x_n=b$ ，在每一子区间 $[x_k,x_{k+1}]$ 内应用辛普森积分公式：

$$\int_{x_k}^{x_{k+1}}f(x)\mathrm{d}x\approx\frac{h}{6}\left[f(x_k)+4f(x_{k+\frac{1}{2}})+f(x_{k+1})\right]$$

其中，$h=x_{k+1}-x_k$ 为子区间长度，则辛普森复化求积公式为：

$$\int_a^b f(x)\mathrm{d}x\approx\frac{h}{6}\sum_{k=0}^{n-1}\left[f(x_k)+4f(x_{k+\frac{1}{2}})+f(x_{k+1})\right]$$

其中，$x_{k+\frac{1}{2}}=\dfrac{x_k+x_{k+1}}{2}$ 。

2. 算法的 MATLAB 实现

利用MATLAB实现复化辛普森积分法函数CompSimpsonTol，具体如代码 8-5 所示。CompSimpsonTol 函数的调用格式为：

```
q = CompSimpsonTol (fun,a,b)
[q,n] = CompSimpsonTol (fun,a,b)
q = CompSimpsonTol (fun,a,b,tol)
[q,n] = CompSimpsonTol (fun,a,b,tol)
```

其中，输入变量 fun 为被积函数，a、b 为积分区间，tol 为积分精度，默认为 10^{-4}；输出变量 q 为积分值，n 为求积节点数量。

各调用格式的区别在于输入变量中积分精度是否取默认值 10^{-4}，以及是否输出求积节点数量 n。

代码8-5

复化辛普森积分法的函数实现

```
function [q,n] = CompSimpsonTol(fun,a,b,tol)
if nargin == 3
    tol = 1e-4;
end
n = 3;
x = linspace(a,b,n);
h = x(3) - x(1);
y = fun(x);
q0 = 0;
q1 = h/6*(y(1)+4*y(2)+y(3));
while abs(q1-q0) >= tol
    n = n + 2;
    x = linspace(a,b,n);
    h = x(3) - x(1);
    y = fun(x);
    w = zeros(size(x));
    w([1,n]) = 1;
    w(2:2:end) = 4;
    w(3:2:end-1) = 2;
    q0 = q1;
    q1 = h/6*y*w';
end
q = q1;
end
```

3. 算法应用举例

调用复化辛普森积分法函数计算：

$$\int_0^1 1+x+x^2 \mathrm{d}x$$

算法的具体实现过程如代码 8-6 所示。

代码8-6

CompSimpsonTol 函数调用实例

```
fun = @(x)1 + x + x.^2;
a = 0;
b = 1;
[q2,n2] = CompSimpsonTol(fun,a,b);
```

计算得到的结果为:

```
q2 =
    1.8333
n2 =
     5
```

复化辛普森积分法函数计算得到的数值解与 int 函数计算得到的真实解的误差为 0，这是由于被积函数为抛物线函数，而辛普森积分法利用三点拟合抛物线，拟合函数与被积函数相等。n2=5，表示共有 5 个点参与运算，实际上辛普森积分法可以直接根据三个点计算 $1+x+x^2$ 误差为 0 的积分值。代码中使用 5 个点（即两个子区间，每个子区间内使用一次辛普森积分法），是因为默认复化辛普森积分法从三个点开始计算，进行一次迭代后，两次结果的误差为 0，退出循环。

8.2.3 牛顿 - 科特斯公式

前两小节介绍的梯形法积分公式、辛普森积分公式都属于插值型求积公式，其中，梯形法积分公式利用两点进行线性插值，辛普森积分公式利用三点进行抛物线插值，得到插值函数后，用插值函数的积分值来近似求解原函数积分值。

牛顿 - 科特斯公式对插值型求积公式进行概括。求函数 $f(x)$ 在 $[a,b]$ 上的积分值，首先在积分区间 $[a,b]$ 上取 $n+1$ 个等距节点，$a=x_0<\cdots<x_n=b$，利用 $n+1$ 个点 $(x_k,f(x_k))$ 进行 n 次多项式插值，得到插值函数 $L_n(x)$，插值函数 $L_n(x)$ 可通过拉格朗日基函数表示，即:

$$L_n(x)=\sum_{k=0}^{n} f(x_k)l_k(x) \qquad l_k(x)=\prod_{j=0,j\neq k}^{n}\frac{x-x_j}{x_k-x_j}$$

则积分值近似为:

$$\int_a^b f(x)\mathrm{d}x \approx \int_a^b L_n(x)\mathrm{d}x=\int_a^b \sum_{k=0}^{n} f(x_k)l_k(x)\mathrm{d}x=\sum_{k=0}^{n} f(x_k)\left(\int_a^b l_k(x)\mathrm{d}x\right)$$

将插值基函数 $l_k(x)$ 在区间 $[a,b]$ 上的积分值记为 A_k，并计算得到:

$$A_k=\int_a^b l_k(x)\mathrm{d}x=\frac{b-a}{n}\frac{(-1)^{n-k}}{k!(n-k)!}\int_0^n \prod_{j=0,j\neq k}^{n}(t-j)\mathrm{d}t$$

因为插值基函数只与插值节点 $x_0<\cdots<x_n$ 有关，与被积函数 $f(x)$ 无关，因此插值基函数 $l_k(x)$ 在区间 $[a,b]$ 上的积分值 A_k 也只与插值节点 $x_0<\cdots<x_n$ 有关。

已知插值基函数在区间 $[a,b]$ 上的积分值，则插值函数 $L_n(x)$ 在区间 $[a,b]$ 上的积分值为：

$$\int_a^b L_n(x)\mathrm{d}x = \sum_{k=0}^{n} f(x_k)A_k = (b-a)\sum_{k=0}^{n} f(x_k)\frac{1}{n}\frac{(-1)^{n-k}}{k!(n-k)!}\int_0^n \prod_{j=0,j\neq k}^{n}(t-j)\mathrm{d}t$$

为了方便表示，令

$$C_k^{(n)} = \frac{1}{n}\frac{(-1)^{n-k}}{k!(n-k)!}\int_0^n \prod_{j=0,j\neq k}^{n}(t-j)\mathrm{d}t$$

则

$$\int_a^b L_n(x)\mathrm{d}x = (b-a)\sum_{k=0}^{n} C_k^{(n)} f(x_k)$$

将插值函数 $L_n(x)$ 在区间 $[a,b]$ 上的积分值近似为函数 $f(x)$ 在 $[a,b]$ 上的积分值，即可得到插值型求积公式：

$$\int_a^b f(x)\mathrm{d}x \approx \int_a^b L_n(x)\mathrm{d}x = (b-a)\sum_{k=0}^{n} C_k^{(n)} f(x_k)$$

上式即为牛顿 - 科特斯公式，$C_k^{(n)}$ 为科特斯系数，表 8.1 给出了常用的科特斯系数。

表 8.1　科特斯系数与牛顿 - 科特斯公式

n	科特斯系数	牛顿 - 科特斯公式
1	$\begin{bmatrix}\frac{1}{2} & \frac{1}{2}\end{bmatrix}$	梯形积分公式 $\frac{b-a}{2}[f(a)+f(b)]$
2	$\begin{bmatrix}\frac{1}{6} & \frac{4}{6} & \frac{1}{6}\end{bmatrix}$	辛普森积分公式 $\frac{b-a}{6}\left[f(a)+4f\left(\frac{a+b}{2}\right)+f(b)\right]$
3	$\begin{bmatrix}\frac{1}{8} & \frac{3}{8} & \frac{3}{8} & \frac{1}{8}\end{bmatrix}$	辛普森 3/8 公式 $\frac{b-a}{8}[f(x_0)+3f(x_1)+3f(x_2)+f(x_3)]$
4	$\begin{bmatrix}\frac{7}{90} & \frac{32}{90} & \frac{12}{90} & \frac{32}{90} & \frac{7}{90}\end{bmatrix}$	科特斯公式 $\frac{b-a}{90}[7f(x_0)+32f(x_1)+12f(x_2)+32f(x_3)+7f(x_4)]$

注意

注意，牛顿 - 科特斯公式中，插值节点均为等距节点。

8.3 不等距节点积分算法

在 8.2 节的数值积分算法中，所有积分节点均为等距节点，实际上，当选择积分区间内某些特定的节点进行积分时，可以提高积分精度。本节介绍的高斯积分法，即为利用高斯点进行积分来提高积分精度的方法。

1．算法原理与步骤

高斯积分公式利用 $n+1$ 个不等距节点 $x_0 < \cdots < x_n$ 对被积函数进行插值，然后对插值后的函数进行积分，积分公式为：

$$\int_{-1}^{1} f(x)\mathrm{d}x \approx \sum_{k=0}^{n} A_k f(x_k)$$

其中积分节点 x_k 为高斯点，A_k 被称为高斯系数。如果积分区间为 $[a,b]$，则公式需转换为：

$$\int_{a}^{b} f(x)\mathrm{d}x \approx \frac{b-a}{2}\int_{-1}^{1} f\left(\frac{b-a}{2}t+\frac{a+b}{2}\right)\mathrm{d}t$$

高斯型求积公式的高斯系数 A_k 的确定涉及求积公式的代数精度问题，计算较为繁琐，由于实际中很少用到高次高斯型求积公式，因此本节只给出积分区间为 $[-1,1]$ 时常用的高斯公式，如表 8.2 所示，当积分区间不为 $[-1,1]$ 时，可以根据转换公式计算其他积分区间下的定积分近似值。

表 8.2　高斯型积分公式

n	高斯积分公式
0	$\int_{-1}^{1} f(x)\mathrm{d}x \approx 2f(0)$
1	$\int_{-1}^{1} f(x)\mathrm{d}x \approx f\left(-\frac{1}{\sqrt{3}}\right)+f\left(\frac{1}{\sqrt{3}}\right)$
2	$\int_{-1}^{1} f(x)\mathrm{d}x \approx \frac{5}{9}f\left(-\frac{\sqrt{15}}{5}\right)+\frac{8}{9}f(0)+\frac{5}{9}f\left(\frac{\sqrt{15}}{5}\right)$

与等距节点积分公式相比，在插值节点数量相等条件下，不等距节点的高斯积分公式精度更高。

2．两点高斯积分法的 MATLAB 实现

当求解区间为 $[-1,1]$ 时，两点高斯积分公式为：

$$\int_{-1}^{1} f(x)\mathrm{d}x \approx f\left(-\frac{1}{\sqrt{3}}\right)+f\left(\frac{1}{\sqrt{3}}\right)$$

当积分区间为 $[a,b]$ 时，公式需转换为：

$$\int_{a}^{b} f(x)\mathrm{d}x \approx \frac{b-a}{2}\left[f\left(\frac{a-b}{2\sqrt{3}}+\frac{a+b}{2}\right)+f\left(\frac{b-a}{2\sqrt{3}}+\frac{a+b}{2}\right)\right]$$

利用 MATLAB 实现两点高斯积分法函数 TwoPointGauss，如代码 8-7 所示。

其中，输入变量 fun 为被积函数，a、b 为积分区间；输出变量 q 为积分值。

代码8-7

两点高斯积分法的函数实现

```
function q = TwoPointGauss(fun,a,b)
x1 = (a-b)/(2*sqrt(3)) + (a+b)/2;
x2 = (b-a)/(2*sqrt(3)) + (a+b)/2;
f1 = fun(x1);
f2 = fun(x2);
q = (b-a)/2*(f1 + f2);
end
```

3. 算法应用举例

调用两点高斯积分法函数 TwoPointGauss 计算如下定积分值，如代码 8-8 所示。

$$\int_0^1 1+x+x^2\mathrm{d}x$$

代码8-8

TwoPointGauss 函数调用实例

```
fun = @(x)1 + x + x.^2;
a = 0;
b = 1;
q = TwoPointGauss(fun,a,b)
```

计算得到的结果为：

```
q =
    1.8333
```

两点高斯积分法得到的结果与真实解之间的误差为 0。同样是利用两个点进行插值，梯形法误差为 1/6。两点高斯积分法与梯形法示意图如图 8.9 所示，左图为两点高斯积分法，右图为梯形法，显然，两点高斯法误差更小。

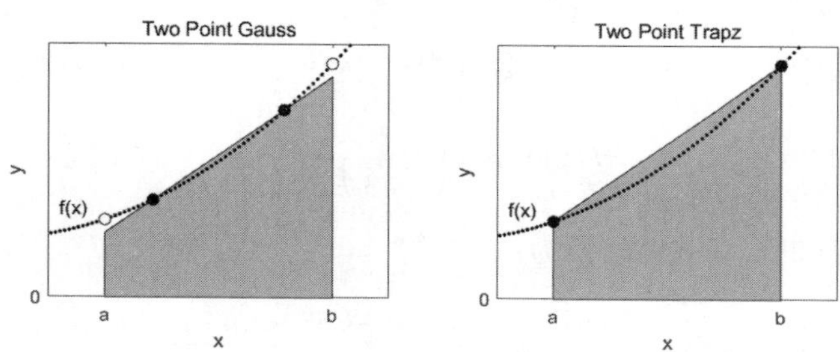

图8.9　两点高斯积分法与梯形法示意图

本章以数值积分为核心，首先介绍了 MATLAB 积分函数，包括不定积分函数 int，定积分函数 int、trapz、quad 等。然后介绍了数值积分算法，分为等距节点积分算法和不等距节点积分算法。等距节点积分算法又包括梯形法、辛普森积分法，以及牛顿 - 科特斯公式。不等距节点积分算法主要介绍了两点高斯积分法。

学习本章之后，读者可以掌握各类求解数值解的算法，并能快速计算各类复杂函数的定积分近似值。

第 9 章

常微分方程求解

本章主要介绍了 MATLAB 求解常微分方程的函数，常用求常微分方程数值解的算法有欧拉类算法和龙格库塔法。本章主要涉及的知识点如下。

- **常微分方程概述：** 了解并掌握常微分方程的定义、解析解与数值解的区别。
- **MATLAB 求解常微分方程：** 了解 MATLAB 常微分方程的符号解求解函数 dsolve 和数值解求解函数 solver。
- **欧拉法：** 掌握向前欧拉法、向后欧拉法、两点欧拉法、欧拉预估 - 校正法，了解其区别。
- **龙格库塔法：** 掌握常用的四阶龙格库塔公式，并用 MATLAB 实现。
- **线性多步法：** 了解线性多步法的思路，掌握推导过程。

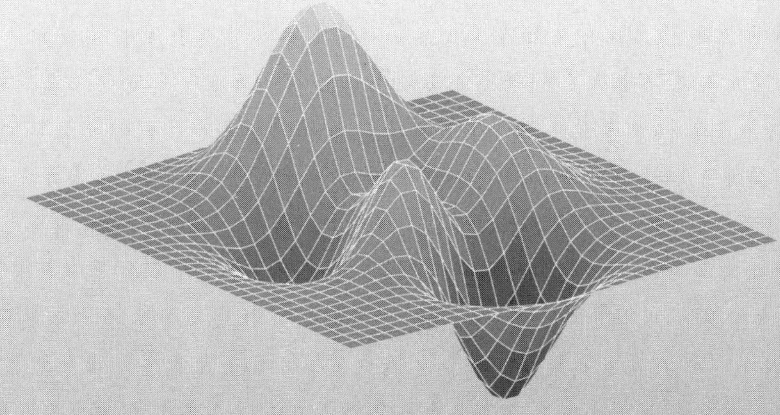

9.1 常微分方程概述

常微分方程为仅含有一个独立变量的微分方程。常微分方程的求解分为解析解和数值解两类方法。

1. 常微分方程的解析解

目前，只有线性常系数微分方程且自由项是某些特殊类型的函数时，才可以得到解析解。例如，二阶常系数线性微分方程标准形式为：

$$\frac{\mathrm{d}^2 y(x)}{\mathrm{d}x^2}+p\frac{\mathrm{d}}{\mathrm{d}x}y(x)+qy(x)=f(x)$$

根据自由项$f(x)$的形式和特征方程$r^2+pr+q=0$的特征根，可以得到该二阶常系数线性微分方程的通解。

当$f(x)=0$时，其为二阶常系数齐次微分方程。先求出特征方程的根r_1、r_2，如果r_1、r_2为相异实根，即$r_1\neq r_2$，则通解为：

$$y(x)=C_1\mathrm{e}^{r_1x}+C_2\mathrm{e}^{r_2x}$$

如果r_1、r_2为相等实根，则通解为：

$$y(x)=(C_1+C_2x)\mathrm{e}^{r_1x}$$

如果r_1、r_2为一对共轭复根$r_{1,2}=\alpha\pm\mathrm{i}\beta$，则通解为：

$$y(x)=\mathrm{e}^{\alpha x}(C_1\cos\beta x+C_2\sin\beta x)$$

当$f(x)\neq 0$时，其为二阶常系数非齐次微分方程。根据$f(x)$的形式不同，其通解形式不同。

2. 常微分方程的数值解

上述能求出通解的常微分方程只是特例，绝大多数变系数方程、非线性方程都无法得到解析解。即使是非常简单的微分方程，如

$$\frac{\mathrm{d}y}{\mathrm{d}x}=y^2+x^2$$

也无法直接求解。因此，在用微分方程解决实际问题时，微分方程的数值解法十分重要。通常，要将微分方程离散化，如一阶常微分方程一般形式为：

$$\begin{cases}\dfrac{\mathrm{d}y}{\mathrm{d}x}=f(x,y) \quad a\leqslant x\leqslant b\\ y(a)=y_0\end{cases}$$

在下面的讨论中，我们总假定函数$f(x,y)$连续，且关于y满足李普希兹条件，即存在常数L，使得$|f(x,y)-f(x,\overline{y})|\leqslant L|y-\overline{y}|$，这样，由常微分方程理论知，初值问题的解必定存在且唯一。

数值解法，就是求常微分方程的解 $y(x)$ 在 $a=x_0<x_1<\cdots<x_N=b$ 处的近似值 y_n $(n=1,2,\cdots,N)$ 的方法。y_n $(n=1,2,\cdots,N)$ 被称为数值解，$h_n=x_{n+1}-x_n$ 被称为步长。

9.2 MATLAB 中常微分方程求解函数

本节主要介绍利用 MATLAB 求解常微分方程的函数，包括求常微分方程符号解的 dsolve 函数和求常微分方程数值解的 solver 函数（也被称为 ode 系列函数）。

9.2.1 dsolve 函数求常微分方程解析解

dsolve 函数可以求解常微分方程的符号解，输入用符号方程表示的常微分方程后，可以直接输出该常微分方程的解析解。其调用格式为：

```
dsolve(eqn)
dsolve(eqn,cond)
```

其中，eqn 为常微分方程，cond 为初始条件。

注意

用符号方程表示常微分方程时，用 diff(y,t,1) 表示 y(t) 函数的一次微分，用 diff(y,t,2) 表示 y(t) 函数的二次微分。

例如，常微分方程为

$$\frac{\mathrm{d}^2 y(t)}{\mathrm{d}t^2}+2\frac{\mathrm{d}}{\mathrm{d}t}y(t)+y(t)=0$$

则在 MATLAB 中，该常微分方程的符号方程 eqn 的代码为：

```
syms y(t)
eqn = diff(y,t,2) + diff(y,t,1) + y(t) == 0
```

例如，求下面常微分方程的解：

$$\frac{\mathrm{d}^2 y(x)}{\mathrm{d}x^2}+2\frac{\mathrm{d}}{\mathrm{d}x}y(x)+y(x)=0$$

其中，$y(0)=1$，$y'(0)=1$。

该常微分方程为二阶常系数微分方程，可以直接根据特征方程求得解析解。由于特征方程 $r^2+2r+1=0$ 的根为相等实根，即 $r=-1$，所有具有相等实根的二阶常系数微分方程的解均为 $y(x)=(C_1+C_2x)\mathrm{e}^{rx}$ 形式，其中 r 为特征方程的根，则该常微分方程的通解为：

$$y(x)=(C_1+C_2x)\mathrm{e}^{-x}$$

初始条件为 $y(0)=1$，$y'(0)=1$，代入通解，可得 $C_1=1$、$C_2=2$，因此，该微分方程的解为：$y(x)=(1+2x)\mathrm{e}^{-x}$

上述过程是利用二阶常系数微分方程的性质求得解，较为麻烦，而在 MATLAB 中，利用 dsolve 函数可以直接求微分方程的解析解，如代码 9-1 所示。

代码9-1

dsolve 函数求解常微分方程

```
syms y(x)
f = diff(y,x,2) + 2*diff(y,x,1) + y == 0;
Dy = diff(y,x,1);
cond = [y(0) == 1,Dy(0) == 1];
res = dsolve(f,cond)
```

其中，f 表示常微分方程，cond 为其初值条件。得到的输出为：

```
res =
exp(-x)*(2*x + 1)
```

dsolve 函数的输出结果与根据二阶常系数微分方程的性质求得的解 $y(x)=(1+2x)\mathrm{e}^{-x}$ 相符，其示意图如图 9.1 所示。

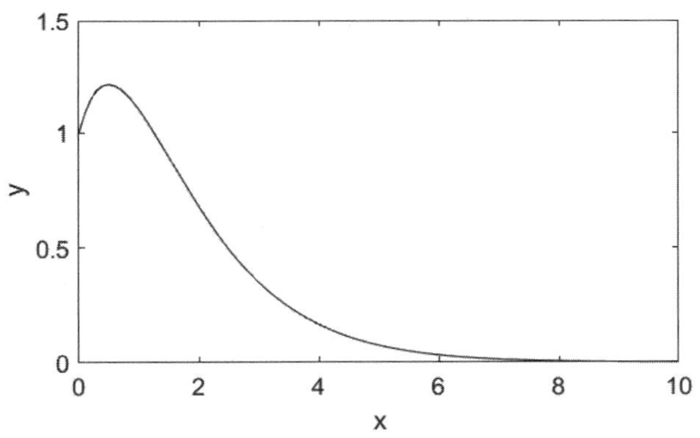

图9.1　dsolve函数结果示意图

当求解的微分方程无解析解，例如，求 $y'=y^2+x^2$ 时，dsolve 函数无法求解。代码如下：

```
f1 = diff(y,x,2) - y^2 - x^2 == 0;
cond1 = y(0) == 1;
res1 = dsolve(f1,cond1)
```

得到的输出结果为：

```
警告: Unable to find symbolic solution.
> 位置: dsolve (第 209 行)
res1 =
[ empty sym ]
```

由于该微分方程无解析解，因此，dsolve 函数无法求解，只能求其数值解。

9.2.2 solver 函数求常微分方程数值解

MATLAB 求解微分方程数值解的函数有很多，包括非刚性 ODE 求解命令 ode45、ode23、ode113，以及刚性 ODE 求解命令 ode23t、ode15s、ode23s、ode23tb。最常用的为 ode45 求解器与 ode23 求解器，两者调用格式相同，区别在于内部算法：ode45 运用 4/5 阶龙格库塔法，ode23 运用 2/3 阶龙格库塔法。

由于调用格式都相同，实现功能也相同，本节将求解常微分方程数值解的函数统称为 solver，并在下文以 ode45 函数为例展开介绍。

对于如下一阶常微分方程：

$$\begin{cases} y'(t) = f(t,y) \quad a \leqslant t \leqslant b \\ y(a) = y_0 \end{cases}$$

solver 函数输入常微分方程的函数 $y'(t) = f(t,y)$ 及初值 y_0、求解区间 $[a,b]$ 后，输出原函数 $y(t)$ 在求解区间 $[a,b]$ 上的数值解 (t,y)，调用格式为：

```
[t,y] = solver(odefun,tspan,y0)
```

其中，输入变量 odefun 为显式常微分方程 $y' = f(t,y)$ 中的函数 $f(t,y)$，利用 function 或匿名函数表示；tspan 为求解区间，如果 tspan 中只有两个元素，则 solver 自动选择求解时刻，如果 tspan 中元素超过两个且单调，则 solver 求其在 tspan 上每个点处的值；y0 为初值条件。

注意　在 MATLAB 中，用 odefun 函数表示常微分方程 $y' = f(t,y)$ 时，函数头必须为 odefun(t,y)。例如，当 $y' = t + y$ 时，odefun 函数为：

```
odefun = @(t,y)t + y
```

当 $y' = t$ 时，odefun 函数为：

```
odefun = @(t,y)t
```

即使函数中没有 y，也不能写为 odefun = @(t)t。

1. ode45 函数求解一阶常微分方程

调用 ode45 函数，求 $y' = y^2 + x^2$ 在 $[0,1]$ 上的数值解，假设初值为 $y(0) = 0$，实现如代码 9-2 所示。

代码9-2

ode45 函数求解一阶常微分方程

```
odefun = @(x,y)x^2 + y^2;
tspan = [0,1];
y0 = 0;
[x,y] = ode45(odefun,tspan,y0);

h = figure;
set(h,'position',[100 100 400 240]);
```

```
plot(x,y,'k-')
xlabel('x')
ylabel('y')
saveas(gcf,'fig/fig9_2.bmp')
```

代码中，用匿名函数 odefun 表示显式微分方程，tspan 为求解区间，y0 为初值。经绘图展示，结果如图 9.2 所示。

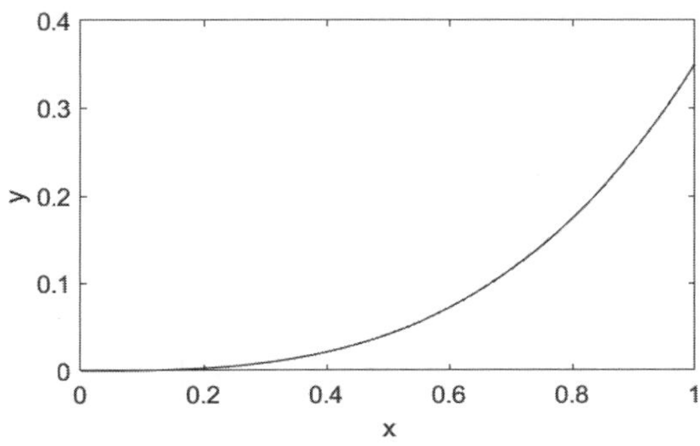

图9.2 ode45函数结果示意图

2. ode45 函数求解多阶常微分方程与常微分方程组

solver 求解器输入变量 odefun 为 y' 对应的函数，对于一阶以上的常微分方程，例如：

$$y''(x)+2y'(x)+y(x)=0$$

已知 $y(0)=1,\ y'(0)=1$ 。9.2.1 节已求出解析解为 $y(x)=(1+2x)\mathrm{e}^{-x}$，利用 ode45 函数求解时，需要先对其进行换元，将一元二阶常微分方程转换为二元一阶常微分方程组，再调用 ode45 求解器求解。

对于二阶微分方程，将 $y'(x)$ 也视为一个变量，令 $\boldsymbol{Y}(x)=[y(x),y'(x)]^{\mathrm{T}}$，得到其一阶导数为：

$$\boldsymbol{Y}'(x)=\begin{bmatrix} y(x) \\ y'(x) \end{bmatrix}'=\begin{bmatrix} y'(x) \\ y''(x) \end{bmatrix}=\begin{bmatrix} y'(x) \\ -2y'(x)-y(x) \end{bmatrix}$$

初值为 $y(0)=1$ ， $y'(0)=1$ ，对应的初值为 $\boldsymbol{Y}_0=[1,1]^{\mathrm{T}}$ ，利用 ode45 函数求解，并与解析解结果对比，实现如代码 9-3 所示。

代码9-3

ode45 函数求解二阶常微分方程

```
odefun = @(x,Y)[Y(2);-2*Y(2)-Y(1)];
tspan = [0,10];
y0 = [1;1];
[x,Y] = ode45(odefun,tspan,y0);
fun_y = @(x)(1+2*x).*exp(-x);
fun_dot_y = @(x)(1-2*x).*exp(-x);
```

代码中，fun_y 为解析解 $y(x)=(1+2x)\mathrm{e}^{-x}$，fun_dot_y 为其导数 $y'(x)=(1-2x)\mathrm{e}^{-x}$。展示结果如图 9.3 所示。得到的 Y 为 $N\times 2$ 维矩阵，其中第一列为 $y(x)$，如左图中实线所示；第二列为 $y'(x)$，如右图中实线所示。可以看出，ode45 函数的结果与解析解误差很小。

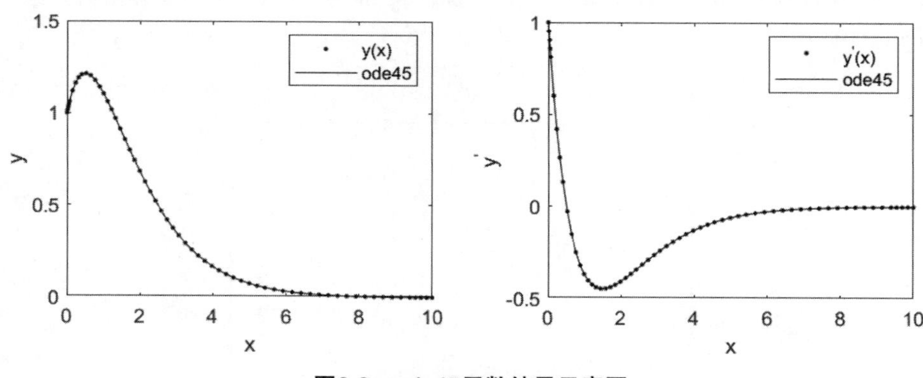

图9.3 ode45函数结果示意图

除了匿名函数外，还可以利用 function 表示 ode45 函数输入变量的 odefun。例如，求解下面二元一阶常微分方程组：

$$\begin{cases} y_1' = y_1 + 2y_2 \\ y_2' = 3y_1 + 2y_2 \end{cases}$$

实现如代码 9-4 所示。

代码9-4

ode45 函数求解二元一阶常微分方程组

```
tspan = [0,10];
y0 = [1;1];
[x,Y] = ode45(@odefun,tspan,y0);
function dydt = odefun(t,Y)
dydt = zeros(2,1);
dydt(1) = Y(1)+2*Y(2);
dydt(2) = 3*Y(1)+2*Y(2);
end
```

需要注意的是，odefun 必须返回列向量。

9.3 欧拉法

欧拉法是一种用“差商”近似导数的算法，使用不同的差商会得到不同的欧拉法，常用的差商有向前差商、向后差商、中心差商，具体如下。

在点 $(x, f(x))$ 处的“向前差商”为点 $(x, f(x))$ 与下一点 $(x+h, f(x+h))$ 之间的斜率：

$$f'(x) \approx \frac{f(x+h)-f(x)}{h}$$

在点 $(x, f(x))$ 处的“向后差商”为点 $(x, f(x))$ 与上一点 $(x-h, f(x-h))$ 之间的斜率：

$$f'(x) \approx \frac{f(x)-f(x-h)}{h}$$

在点 $(x, f(x))$ 处的“中心差商”为上一点 $(x-h, f(x-h))$ 与下一点 $(x+h, f(x+h))$ 之间的斜率：

$$f'(x) \approx \frac{f(x+h)-f(x-h)}{2h}$$

9.3.1 向前欧拉法

向前欧拉法是用向前差商近似导数，将常微分方程转化为差分方程进行求解的一种算法。其中，对于点 $(x_n, y(x_n))$，其下一点为 $(x_{n+1}, y(x_{n+1}))$，向前差商为：

$$y'(x_n) \approx \frac{y(x_{n+1})-y(x_n)}{x_{n+1}-x_n}$$

1. 算法原理

对于如下常微分方程，求该方程的解 $y(x)$ 在 $a = x_0 < x_1 < \cdots < x_N = b$ 处的近似值。

$$y'(x) = f(x, y) \quad a \leqslant x \leqslant b$$

其中，$y(a) = y_0$，将 $y(x)$ 在 x_n 处的函数值 $y(x_n)$ 的近似值记为 y_n。首先，用向前差商近似导数，即：

$$y'(x_n) = f(x_n, y(x_n)) \approx \frac{y(x_{n+1})-y(x_n)}{x_{n+1}-x_n}$$

化简可以得到：

$$y(x_{n+1}) \approx y(x_n) + f(x_n, y(x_n))(x_{n+1}-x_n)$$

用 $y(x_n)$ 的近似值 y_n 替换上式中 $y(x_n)$，可以得到 $y(x_{n+1})$ 的近似值 y_{n+1}：

$$y(x_{n+1}) \approx y_{n+1} = y_n + f(x_n, y_n)(x_{n+1}-x_n)$$

上式即为向前欧拉法的核心公式，给定初值 $y(x_0) = y_0$ 后，可逐次计算出 y_1、y_2、…、y_n。

2. 算法的 MATLAB 实现

利用 MATLAB 实现向前欧拉法函数 ForwardEuler，输入常微分方程 $y'=f(t,y)$ 、初值与求解区间后，输出在该求解区间上的数值解 (t,y) ，具体如代码 9-5 所示。向前欧拉法函数 ForwardEuler 的调用格式为：

```
[t,y] = ForwardEuler(odefun,tspan,y0)
[t,y] = ForwardEuler(odefun,tspan,y0,N)
```

其中，odefun 为显式微分方程函数 $y'=f(t,y)$ 中函数 $f(t,y)$ ，多输入时需要为列向量；tspan 为数值解的求解区间；y0 为初值，N 为求解时刻数量，默认为 100 ；输出变量 t 为近似解的求解时刻，y 为 t 对应的函数值。

两种调用格式的区别在于是否输入求解时刻数量 N，在不输入 N 时，N 取默认值 100。

代码9-5

向前欧拉法的函数实现

```
function [t,y] = ForwardEuler(odefun,tspan,y0,N,varargin)
if nargin<4 | isempty(N)
    N = 100;
end
k = length(y0);
t = linspace(tspan(1),tspan(2),N+1);
h = t(2) - t(1);
y = zeros(k,N+1);
y(:,1) = reshape(y0,k,1);
for n = 1:N
    y(:,n+1) = y(:,n) + h*odefun(t(n),y(:,n));
end
y = y';t = t';
end
```

3. 算法应用举例

使用向前欧拉法对代码 9-3 中的例子进行计算，并与解析解及 ode45 进行对比，如代码 9-6 所示。

代码9-6

调用向前欧拉法函数

```
odefun = @(x,Y)[Y(2);-2*Y(2)-Y(1)];
tspan = [0,1];
y0 = [1;1];N = 50;
[x1,Y1] = ForwardEuler(odefun,tspan,y0,N);
[x2,Y2] = ode45(odefun,x1,y0);
fun_y = @(x)(1+2*x).*exp(-x);
```

```
fun_dot_y = @(x)(1-2*x).*exp(-x);
y = fun_y(x1);
error1 = max(abs(y-Y1(:,1)));
error2 = max(abs(y-Y2(:,1)));
```

代码中，fun_y 为解析解 $y(x)=(1+2x)\mathrm{e}^{-x}$，fun_dot_y 为其导数 $y'(x)=(1-2x)\mathrm{e}^{-x}$。x1、Y1 为向前欧拉法的结果，x2、Y2 为 ode45 的结果。将结果进行绘图展示，如图 9.4 所示。

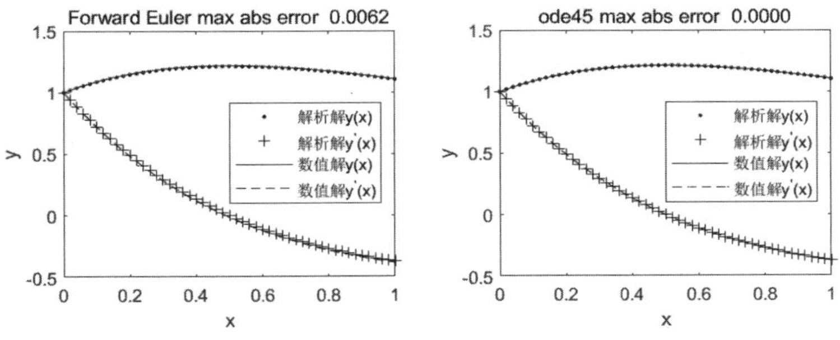

图9.4 向前欧拉法结果示意图

在图 9.4 中，左图为向前欧拉法的结果（线）与解析解（点）对比，右图为 ode45 的结果（线）与解析解（点）的对比。在向前欧拉法中，采样点数目 N 为 50。

可以看出，与 ode45 结果相比，向前欧拉法的误差较大。计算所有采样时刻上误差绝对值的最大值，并在子图标题中标出，向前欧拉法的误差绝对值最大值为 0.0062，ode45 的误差绝对值最大值小于 0.0001。

4. 算法误差分析

算法中，$h_n=x_{n+1}-x_n$ 被称为步长，随着步长减小，误差逐渐减小。代码 9-5 实现向前欧拉法时，利用 linspace 函数产生均匀采样点，采样点越多，步长越小，得到的结果越精确。研究不同采样点数量下（采样点依次取 5、10、15、20、50、75、100、150、200、500、750、1000）的误差区别，具体方法如代码 9-7 所示。

代码9-7

不同采样点下的误差分析

```
odefun = @(x,Y)[Y(2);-2*Y(2)-Y(1)];
tspan = [0,1];
y0 = [1;1];
fun_y = @(x)(1+2*x).*exp(-x);
N = [5,10,15,20,50,75,100,150,200,500,750,1000];
res = [];
res2 = [];
h = figure;
```

```
set(h,'position',[100 100 500 360]);
xi = linspace(tspan(1),tspan(2),50);
yi = fun_y(xi);
for i = 1:length(N)
    [x1,Y1] = ForwardEuler(odefun,tspan,y0,N(i));
    y = fun_y(x1);
    error1 = max(abs(y-Y1(:,1)));
    res = [res,error1];
    if i <= 6
        subplot(2,3,i)
        plot(xi,yi,'k--')
        hold on
        plot(x1,Y1(:,1),'k-')
        title(['N=',num2str(N(i))])
    end
end
saveas(gcf,'fig/fig9_5.bmp')

h = figure;
set(h,'position',[100 100 400 240]);
loglog(N,res,'k-+')
xlabel('N')
ylabel('error')
title('Forward Euler')
saveas(gcf,'fig/fig9_6.bmp')
```

将 N 为 5、10、15、20、50、75 时的数值解结果绘制在图 9.5 中，观察不同采样点数量下的向前欧拉法求得的常微分方程数值解（实线）与解析解（虚线）的对比。

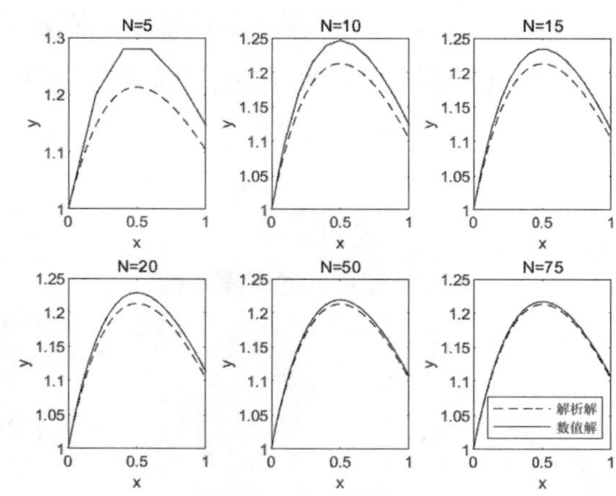

图9.5　不同采样点下y-x示意图

从图 9.5 可以看出，随着采样点的增加，数值解与解析解之间的误差逐渐减小。接下来绘制误差绝对值最大值随采样数量（N）的变化曲线，如图 9.6 所示。

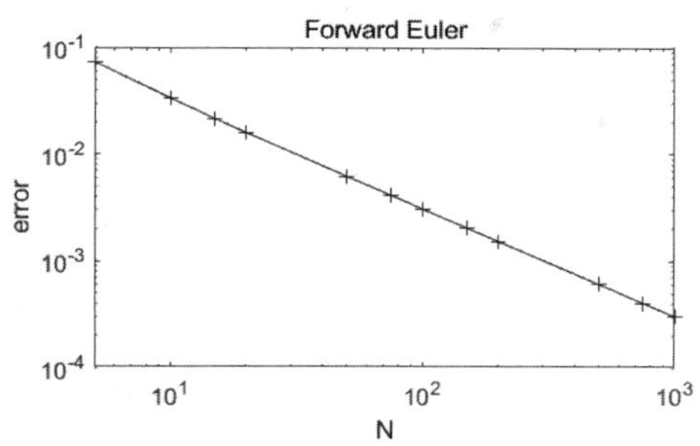

图9.6 不同采样点下误差示意图

图 9.6 再次证明了，随着采样点数量的增加，向前欧拉法的数值解的误差逐渐减小。

9.3.2 向后欧拉法

向后欧拉法利用向后差商代替微分方程中的导数项。点 $(x_{n+1}, y(x_{n+1}))$ 的上一点为 $(x_n, y(x_n))$，因此 $(x_{n+1}, y(x_{n+1}))$ 处的向后差商为：

$$y'(x_{n+1}) \approx \frac{y(x_{n+1}) - y(x_n)}{x_{n+1} - x_n}$$

1．算法原理

在微分方程离散过程中，向前欧拉法用向前差商代替导数，而在用向后差商代替导数时，可以得到向后欧拉法。用向后差商近似导数，公式为：

$$y'(x_{n+1}) = f(x_{n+1}, y(x_{n+1})) \approx \frac{y(x_{n+1}) - y(x_n)}{x_{n+1} - x_n}$$

与向前欧拉法相似，用 $y(x_n)$ 的近似值 y_n 替换上式中的 $y(x_n)$，则 $y(x_{n+1})$ 的近似值 y_{n+1} 为：

$$y_{n+1} = y_n + f(x_{n+1}, y_{n+1})(x_{n+1} - x_n)$$

向后欧拉法与向前欧拉法在形式上相似，但实际计算复杂很多，这是由于向前欧拉公式 $y_{n+1} = y_n + f(x_n, y_n)(x_{n+1} - x_n)$ 是显式的，可以根据已知的 x_n、x_{n+1}、y_n 直接计算 y_{n+1}，而向后欧拉公式是隐式的，不能直接计算 y_{n+1}，对于非线性方程：

$$y_{n+1} = y_n + f(x_{n+1}, y_{n+1})(x_{n+1} - x_n)$$

可通过迭代法计算，迭代公式为：

$$\begin{cases} y_{n+1}^{(0)} = y_n + f(x_n, y_n)(x_{n+1} - x_n) \\ y_{n+1}^{(k+1)} = y_n + f(x_n, y_{n+1}^{(k)})(x_{n+1} - x_n) \end{cases}$$

迭代过程和不动点迭代法相似。

2. 算法的 MATLAB 实现

利用 MATLAB 的向后欧拉法函数 BackwardEuler，可以实现利用向后欧拉法计算常微分方程的数值解 (t, y)。BackwardEuler 函数输入常微分方程、初值、求解区间后，输出数值解，具体如代码 9-8 所示。该函数的调用格式为：

```
[t,y] = BackwardEuler(odefun,tspan,y0)
[t,y] = BackwardEuler(odefun,tspan,y0,N)
```

其中，odefun 为显式微分方程函数 $y' = f(t, y)$ 中函数 $f(t, y)$，多输入时需要为列向量；tspan 为数值解的求解区间；y0 为初值，N 为求解时刻数量，默认为 100，当使用第一个调用格式时，不输入 N，此时 N 取默认值 100，第二个调用格式可以设定其他 N；输出变量 t 为近似解的求解时刻，y 为 t 对应的函数值。

代码 9-8

向后欧拉法的函数实现

```
function [t,y] = BackwardEuler(odefun,tspan,y0,N,varargin)
if nargin<4 | isempty(N)
    N = 100;
end
k = length(y0);
t = linspace(tspan(1),tspan(2),N+1);
h = t(2) - t(1);
y = zeros(k,N+1);
y(:,1) = reshape(y0,k,1);
for n = 1:N
    x0 = y(:,n) + h*odefun(t(n),y(:,n));
    f = @(x)y(:,n) + odefun(t(n),x)*h;
    y(:,n+1) = FixedPoint(f,x0);
end
y = y';
t = t';
end

function [x,x_set] = FixedPoint(f,x0,eps,N,varargin)
% code 4-5
if nargin<3 | isempty(eps)
    eps = 1e-6;
end
if nargin<4 | isempty(N)
    N = 1e3;
end
x = x0;
x_set = [x];
```

```
    for i = 1:N
        x = f(x);
        x_set = [x_set,x];
        if abs(x_set(:,i+1)-x_set(:,i)) < eps
            fprintf('The Fixed Point algorithm iterates %d times to find the x:%f.
\n',i,x(1))
            break
        end
    end
    end
```

在代码中，FixedPoint 函数用来求向后欧拉法中每一步迭代的隐式非线性方程的解 y_{n+1}，方程为 $y_{n+1} = y_n + f(x_{n+1}, y_{n+1})(x_{n+1} - x_n)$。

3. 算法应用举例

将代码 9-6 中向前欧拉法函数改为向后欧拉法函数，得到图 9.7。与图 9.4 相比，向后欧拉法的误差绝对值最大值为 0.0060，小于向前欧拉法的误差。

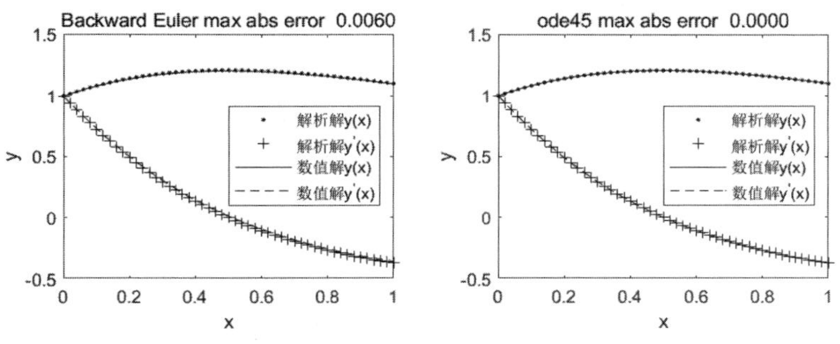

图9.7 向后欧拉法结果示意图

实际上，由于向后欧拉法在每一次求解 y_{n+1} 中都需要进行一次迭代，因此在实际中不太常用。

9.3.3 两点欧拉法

两点欧拉法利用中心差商代替微分方程中的导数项，其中，点 $(x_n, y(x_n))$ 处的中心差商为：

$$y'(x_n) \approx \frac{y(x_{n+1}) - y(x_{n-1})}{x_{n+1} - x_{n-1}}$$

由于中心差商是用前后两个点 $(x_{n-1}, y(x_{n-1}))$、$(x_{n+1}, y(x_{n+1}))$ 计算得到的差商，因此用中心差商代替导数项的欧拉法被称为两点欧拉法。

1. 算法原理

在微分方程离散过程中，向前欧拉法用向前差商代替导数，向后欧拉法用向后差商代替导数，如果用中心差商代替导数，可以得到两点欧拉公式。

在节点x_n处，可以用中心差商来近似导数：

$$y'(x_n)=f(x_n,y(x_n))\approx\frac{y(x_{n+1})-y(x_{n-1})}{x_{n+1}-x_{n-1}}$$

则两点欧拉公式为：

$$y_{n+1}=y_{n-1}+f(x_n,y_n)(x_{n+1}-x_{n-1})$$

两点欧拉公式是一种显式格式。计算y_{n+1}时，需要前两步y_n和y_{n-1}的信息，因此需要给定两个初值y_0、y_1，一般只给定$y_0=y(x_0)$，y_1利用向前欧拉法得到。

2. 算法的 MATLAB 实现

利用 MATLAB 实现两点欧拉法函数 TwoPointEuler，能够计算常微分方程的数值解(t,y)。TwoPointEuler 函数输入常微分方程、初值、求解区间后，输出数值解，具体如代码 9-9 所示。该函数调用格式为：

```
[t,y] = TwoPointEuler(odefun,tspan,y0)
[t,y] = TwoPointEuler(odefun,tspan,y0,N)
```

其中，odefun 为显式微分方程函数$y'=f(t,y)$中的函数$f(t,y)$，多输入时需要为列向量；tspan 为数值解的求解区间；y0 为初值，N 为求解时刻数量，默认为 100，当使用第一个调用格式时，不输入 N，此时 N 取默认值 100，第二个调用格式可以设定其他 N 值；输出变量 t 为近似解的求解时刻，y 为 t 对应的函数值。

代码9-9

两点欧拉法的函数实现

```
function [t,y] = TwoPintEuler(odefun,tspan,y0,N,varargin)
if nargin<4 | isempty(N)
    N = 100;
end
k = length(y0);
t = linspace(tspan(1),tspan(2),N+1);
h = t(2) - t(1);
y = zeros(k,N+1);
y(:,1) = reshape(y0,k,1);
for n = 1:N
    if n == 1
        y(:,n+1) = y(:,n) + h*odefun(t(n),y(:,n));
    else
        y(:,n+1) = y(:,n-1) + 2*h*odefun(t(n),y(:,n));
    end
end
y = y';
```

```
    t = t';
end
```

3. 算法应用举例与误差分析

将代码 9-6 中向前欧拉法函数改为两点欧拉法函数，得到的结果如图 9.8 所示。两点欧拉法的误差绝对值最大值为 0.0014，小于向前欧拉法及向后欧拉法的误差。

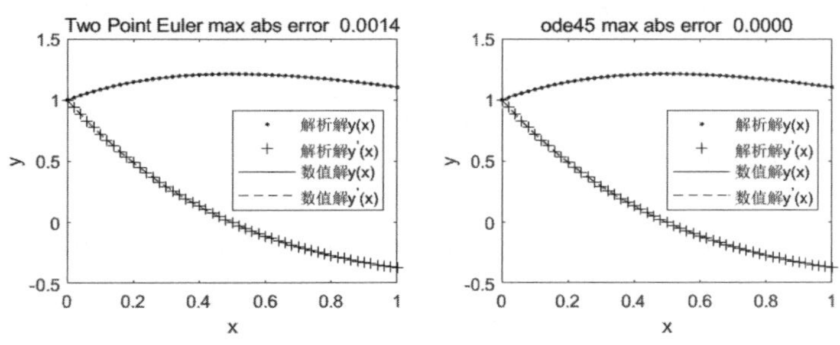

图9.8 两点欧拉法结果示意图

增大采样点数目，在代码 9-7 中将向前欧拉法函数改为两点欧拉法函数，得到两点欧拉法在不同采样点下的结果，如图 9.9 所示。

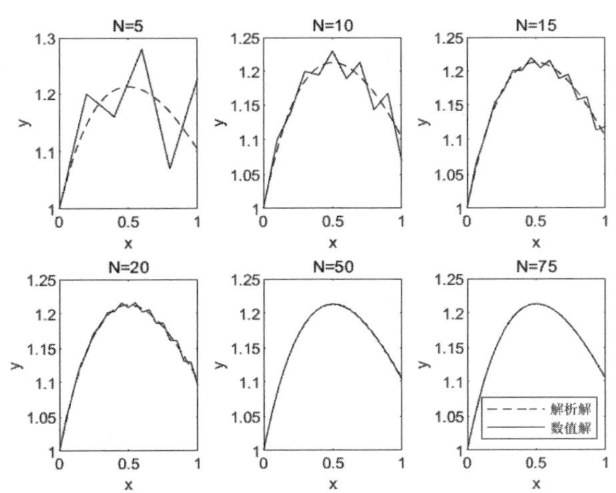

图9.9 不同采样点下两点欧拉法误差示意图

根据图 9.9 可以看出，当采样点较少时，两点欧拉法并不稳定，这是所有求解常微分方程数值算法共有的问题。因此，只有选取合适的采样点数量，才能得到正确的数值解。

9.3.4 欧拉预估 - 校正法

欧拉预估 - 校正法又被称为改进的欧拉法，是一种将向前欧拉法和梯形公式结合起来的常微分方程数值解求解算法，提高了向前欧拉法的精度。

1. 算法原理

前面介绍的向前欧拉法、向后欧拉法、两点欧拉法，都是在微分方程离散化过程中利用差商代替导数。对于如下微分方程：

$$y'(x)=f(x,y)\quad a\leqslant x\leqslant b$$

已知$y(a)=y_0$，欧拉预估 - 校正法利用积分计算y_{n+1}：

$$y(x_{n+1})=y(x_n)+\int_{x_n}^{x_{n+1}}f(x,y(x))\mathrm{d}x$$

利用梯形公式计算积分项，即：

$$\int_{x_n}^{x_{n+1}}f(x,y(x))\mathrm{d}x\approx\frac{x_{n+1}-x_n}{2}\left[f(x_n,y(x_n))+f(x_{n+1},y(x_{n+1}))\right]$$

用$y(x_n)$的近似值y_n代替$y(x_n)$，可以得到梯形公式：

$$y_{n+1}=y_n+\frac{x_{n+1}-x_n}{2}\left[f(x_n,y_n)+f(x_{n+1},y_{n+1})\right]$$

显然，梯形公式和向后欧拉法一样，都是隐式格式，可以视为向前欧拉法和向后欧拉法的平均。由于梯形公式是一种隐式格式，实际计算时不是很方便，可通过以下步骤将其修正为一种显式格式。

（1）预估。利用向前欧拉法计算出$y(x_{n+1})$的近似值$y^*_{n+1}=y_n+f(x_n,y_n)(x_{n+1}-x_n)$，称其为预估值。

（2）校正。将预估值y^*_{n+1}代入梯形公式右侧，计算得到y_{n+1}：

$$y_{n+1}=y_n+\frac{x_{n+1}-x_n}{2}\left[f(x_n,y_n)+f(x_{n+1},y^*_{n+1})\right]$$

综上，欧拉预估 - 校正公式为：

$$y^*_{n+1}=y_n+f(x_n,y_n)(x_{n+1}-x_n)$$
$$y_{n+1}=y_n+\frac{x_{n+1}-x_n}{2}\left[f(x_n,y_n)+f(x_{n+1},y^*_{n+1})\right]$$

2. 算法的 MATLAB 实现

利用 MATLAB 实现欧拉预估 - 校正法函数 PredCorrEuler，输入常微分方程$y'=f(t,y)$、初值与求解区间后，输出在该求解区间上的数值解(t,y)，具体如代码 9-10 所示。该函数的调用格式为：

```
[t,y] = PredCorrEuler(odefun,tspan,y0)
[t,y] = PredCorrEuler(odefun,tspan,y0,N)
```

其中，odefun 为显式微分方程函数$y'=f(t,y)$中的函数$f(t,y)$，多输入时需要为列向量；tspan 为数值解的求解区间；y0 为初值，N 为求解时刻数量，默认为 100，第一种调用格式不需要输入 N，此时取 N 为默认值 100；输出变量 t 为近似解的求解时刻，y 为 t 对应的函数值。

代码9-10

欧拉预估 - 校正法的函数实现

```
function [t,y] = PredCorrEuler(odefun,tspan,y0,N,varargin)
if nargin<4 | isempty(N)
    N = 100;
end
k = length(y0);
t = linspace(tspan(1),tspan(2),N+1);
h = t(2) - t(1);
y = zeros(k,N+1);
y(:,1) = reshape(y0,k,1);
for n = 1:N
    y_temp = y(:,n) + h*odefun(t(n),y(:,n));
    y(:,n+1) = y(:,n) + h/2*(odefun(t(n),y(:,n))+odefun(t(n+1),y_temp));
end
y = y';
t = t';
end
```

3. 算法应用举例

将代码 9-6 中的向前欧拉法函数改为欧拉预估 - 校正法，将会得到如图 9.10 所示的结果。欧拉预估 - 校正法的误差绝对值最大值为 0.0001，小于向前欧拉法、向后欧拉法及两点欧拉法的误差。

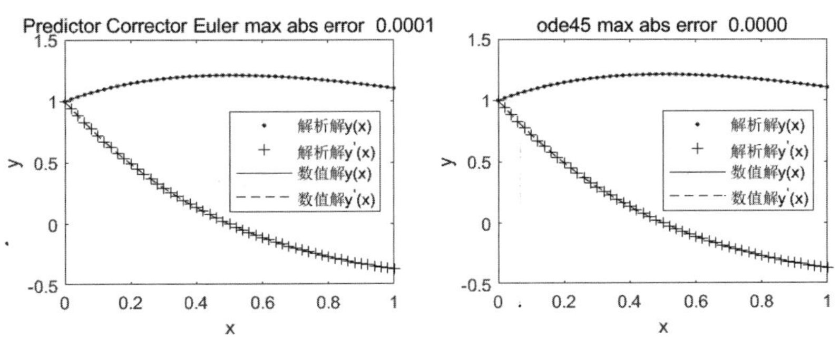

图9.10 欧拉预估-校正法结果示意图

9.3.5 欧拉法对比

令 $h = x_{n+1} - x_n$，对于常微分方程：

$$y'(x) = f(x, y) \quad a \leqslant x \leqslant b$$

已知 $y(a) = y_0$，欧拉法及其拓展形式具体如表 9.1 所示。

表 9.1　欧拉法求解常微分方程对比

算法	实现函数	公式	格式	N=50 的误差
向前欧拉法	ForwardEuler	$y_{n+1}=y_n+h\cdot f(x_n,y_n)$	显式，可直接计算	0.0062
向后欧拉法	BackwardEuler	$y_{n+1}=y_n+h\cdot f(x_{n+1},y_{n+1})$	隐式，需迭代计算	0.0060
两点欧拉法	TwoPointEuler	$y_{n+1}=y_{n-1}+2h\cdot f(x_n,y_n)$	显式，可直接计算	0.0014
梯形公式	无	$y_{n+1}=y_n+\frac{h}{2}\left[f(x_n,y_n)+f(x_{n+1},y_{n+1})\right]$	隐式，需迭代计算	无
欧拉预估 - 校正法	PredCorrEuler	$y^*_{n+1}=y_n+h\cdot f(x_n,y_n)$ $y_{n+1}=y_n+\frac{h}{2}\left[f(x_n,y_n)+f(x_{n+1},y^*_{n+1})\right]$	显式，可直接计算	0.0001

根据表 9.1，欧拉预估 - 校正法误差最小，且为显式格式，是最常用的 ODE 求解算法。

9.4 龙格库塔法

对方程

$$y'(x)=f(x,y)$$

在区间 $[x_n,x_{n+1}]$ 上积分可得：

$$y(x_{n+1})-y(x_n)=\int_{x_n}^{x_{n+1}} f(x,y(x))\mathrm{d}x$$

其中，$h=x_{n+1}-x_n$。由微分中值定理可知，存在 $\xi\in(x_n,x_{n+1})$，使得

$$y(x_{n+1})-y(x_n)=hf(\xi,y(\xi))=hy'(\xi)$$

记 $k^*=f(\xi,y(\xi))$，则有：

$$y(x_{n+1})=y(x_n)+h\cdot k^*$$

称 k^* 为 $y(x)$ 在 $[x_n,x_{n+1}]$ 上的平均斜率。各种 ODE 求解算法就是对 k^* 进行近似，向前欧拉法中以 x_n 处的导数值 $k_1=f(x_n,y_n)$ 来近似 k^*；欧拉预估 - 校正法以 x_n 处的导数 $k_1=f(x_n,y_n)$ 和 x_{n+1} 处的近似导数 $k_2=f(x_{n+1},y_n+hk_1)$ 的平均值 $(k_1+k_2)/2$ 来近似 k^*。

龙格库塔法的基本思想是：在 $[x_n,x_{n+1}]$ 内多预估一些点的导数值，将它们加权平均作为 k^* 的近似。

9.4.1 二阶龙格库塔法

二阶龙格库塔法可看作是对欧拉预估 - 校正方法的推广，其基本思想是在区间 $[x_n, x_{n+1}]$ 上取任意一点 x_n^*，用 x_n 和 x_n^* 处导数值的加权平均值来近似 k^*。

记 $h = x_{n+1} - x_n$，$[x_n, x_{n+1}]$ 上任意一点 x_n^* 可以由以下公式计算：

$$x_n^* = x_n + ph$$

其中，p 为任意满足 $0 < p \leqslant 1$ 的数。

记 x_n 处的导数值为 $k_1 = f(x_n, y_n)$，则点 x_n^* 处的近似函数值为：

$$y_n^* = y_n + phk_1$$

由此可以得到 x_n^* 处的近似导数值 $k_2 = f(x_n^*, y_n^*)$，将两个函数值进行加权平均，得到 k^* 的近似值。加权平均计算公式为：

$$k^* = (1-\lambda)k_1 + \lambda k_2$$

其中，λ 为加权系数。已证明，只要保证 $\lambda p = 0.5$，上述近似就具有二阶精度。计算得到 k^* 后，可以给出二阶龙格库塔法公式为：

$$y_{n+1} = y_n + h \cdot k^*$$

总结二阶龙格库塔法公式如下（需按顺序进行计算）：

$$\begin{aligned}
&k_1 = f(x_n, y_n) \\
&x_n^* = x_n + ph, \quad y_n^* = y_n + phk_1 \\
&k_2 = f(x_n^*, y_n^*) \\
&y_{n+1} = y_n + h \cdot \left[(1-\lambda)k_1 + \lambda k_2\right]
\end{aligned}$$

当 $p = 1$，$\lambda = 0.5$ 时，二阶龙格库塔公式为：

$$\begin{aligned}
&x_n^* = x_n + h, \quad y_n^* = y_n + h \cdot f(x_n, y_n) \\
&y_{n+1} = y_n + \frac{h}{2} \cdot (f(x_n, y_n) + f(x_n^*, y_n^*))
\end{aligned}$$

即为欧拉预估 - 校正公式。

当 $p = 0.5$，$\lambda = 1$ 时，二阶龙格库塔公式即为：

$$\begin{aligned}
&k_1 = f(x_n, y_n) \\
&x_n^* = x_n + 0.5h, \quad y_n^* = y_n + 0.5hk_1 \\
&k_2 = f(x_n^*, y_n^*) \\
&y_{n+1} = y_n + h \cdot k_2
\end{aligned}$$

其中，$x_n^* = x_n + 0.5h$，x_n^* 为 $[x_n, x_{n+1}]$ 的中点，该公式可以看作是用中点处导数值 k_2 作为 k^* 的近似，被称为中点公式。

9.4.2 高阶龙格库塔法

二阶龙格库塔法利用两个点处的导数值近似$y(x)$在$[x_n, x_{n+1}]$上的平均斜率k^*，高阶龙格库塔法的基本思想是利用更多点对k^*进行近似。

1. 算法原理

常用的三阶龙格库塔公式为：

$$k_1 = f(x_n, y_n)$$
$$x_n^* = x_n + 0.5h,\quad y_n^* = y_n + 0.5hk_1,\quad k_2 = f(x_n^*, y_n^*)$$
$$x_{n+1} = x_n + h,\quad y_{n+1}^* = y_n + h\left(2k_2 - k_1\right),\quad k_3 = f(x_{n+1}, y_{n+1}^*)$$
$$y_{n+1} = y_n + \frac{h}{6}(k_1 + 4k_2 + k_3)$$

经典的四阶龙格库塔公式为：

$$k_1 = f(x_n, y_n)$$
$$x_n^* = x_n + 0.5h,\quad y_n^* = y_n + 0.5hk_1,\quad k_2 = f(x_n^*, y_n^*)$$
$$x_n^* = x_n + 0.5h,\quad y_n^{**} = y_n + 0.5hk_2,\quad k_3 = f(x_n^*, y_n^{**})$$
$$x_{n+1} = x_n + h,\quad y_{n+1}^* = y_n + hk_3,\quad k_4 = f(x_{n+1}, y_{n+1}^*)$$
$$y_{n+1} = y_n + \frac{h}{6}(k_1 + 2k_2 + 2k_3 + k_4)$$

2. 算法的 MATLAB 实现

利用 MATLAB 的四阶龙格库塔法函数 RungeKutta4，可以实现计算常微分方程的数值解(t, y)。RungeKutta4 函数输入常微分方程、初值、求解区间后，将会输出数值解，具体如代码 9-11 所示。该函数的调用格式为：

```
[t,y] = RungeKutta4(odefun,tspan,y0)
[t,y] = RungeKutta4(odefun,tspan,y0,N)
```

其中，odefun 为显式微分方程函数$y' = f(t, y)$中的函数$f(t, y)$，多输入时需要为列向量；tspan 为数值解的求解区间；y0 为初值，N 为求值点数量，默认为 100，第一个调用格式不输入 N，此时 N 为默认值；输出变量 t 为近似解的求值点，y 为 t 对应的函数值。

代码9-11

四阶龙格库塔法函数实现

```
function [t,y] = RungeKutta4(odefun,tspan,y0,N,varargin)
if nargin<4 | isempty(N)
    N = 100;
end
k = length(y0);
```

```
    t = linspace(tspan(1),tspan(2),N+1);
    h = t(2) - t(1);
    y = zeros(k,N+1);
    y(:,1) = reshape(y0,k,1);
    for n = 1:N
        k1 = odefun(t(n),y(:,n));
        k2 = odefun(t(n)+h./2,y(:,n)+h./2.*k1);
        k3 = odefun(t(n)+h./2,y(:,n)+h./2.*k2);
        k4 = odefun(t(n)+h,y(:,n)+h.*k3);
        k = (k1+2*k2+2*k3+k4)./6;
        y(:,n+1) = y(:,n) + h*k;
    end
    y = y';
    t = t';
    end
```

3. 算法应用举例

将代码 9-6 中向前欧拉法函数改为四阶龙格库塔法函数，得到的结果如图 9.11 所示。其误差为 0.0000，小于任何一种欧拉法误差。

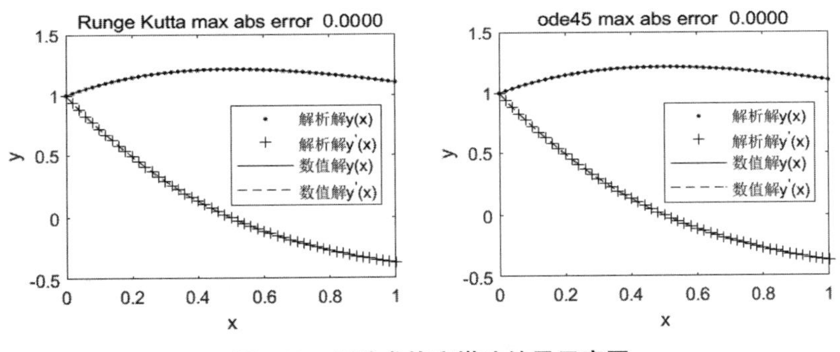

图9.11 四阶龙格库塔法结果示意图

本书不对二阶龙格库塔法和三阶龙格库塔法进行 MATLAB 实现，读者可参考代码 9-11 自行实现。

9.5 线性多步法

以上介绍的 ODE 数值求解算法都是单步法，在计算 y_{n+1} 时，只用到了前一步 y_n 的值（两点欧拉法用了 y_{n-1}，在此不考虑），单步法的一般形式为：

$$y_{n+1} = y_n + h \cdot k(x_n, y_n, h)$$

其中，$k(x_n, y_n, h)$ 被称为增量函数，在 9.4 节中被记为 k^*。多步法的基本思想是：通过较多地利用已知信息，如 y_n、y_{n-1}、…、y_{n-r}，来构造高精度的算法用以计算 y_{n+1}。

当 $r=1$ 时，对方程 $y'(x)=f(x,y)$ 在 $[x_n,x_{n+1}]$ 上积分可得：

$$y(x_{n+1})-y(x_n)=\int_{x_n}^{x_{n+1}} f(x,y(x))\mathrm{d}x$$

记 $f_n=f(x_n,y_n)$、$f_{n-1}=f(x_{n-1},y_{n-1})$，用两点 (x_n,f_n) 和 (x_{n-1},f_{n-1}) 的插值函数代替 $f(x,y(x))$，其拉格朗日插值函数为：

$$f_n\frac{x-x_{n-1}}{x_n-x_{n-1}}+f_{n-1}\frac{x-x_n}{x_{n-1}-x_n}=\frac{1}{h}\left[(x-x_{n-1})f_n-(x-x_n)f_{n-1}\right]$$

则积分结果为：

$$\int_{x_n}^{x_{n+1}} f(x,y(x))\mathrm{d}x\approx\int_{x_n}^{x_{n+1}}\frac{1}{h}\left[(x-x_{n-1})f_n-(x-x_n)f_{n-1}\right]\mathrm{d}x=\frac{3h}{2}f_n-\frac{h}{2}f_{n-1}$$

于是得到：

$$y_{n+1}=y_n+\frac{h}{2}(3f_n-f_{n-1})$$

如果取 r 为其他值，可通过类似的方法推导，例如，对于 $r=3$，有：

$$y_{n+1}=y_n+\frac{h}{24}(9f_{n+1}+19f_n-5f_{n-1}+f_{n-2})$$

由于其为隐式格式，与向后欧拉法相似，需要用迭代或校正的办法处理。

本章以常微分方程求解为核心，首先介绍了 MATLAB 的符号求解函数 dsolve，可以求常微分方程的解析解，对于没有解析解的情况，继续介绍了常微分方程的数值解求解函数 solver，其中最常用的为函数 ode45。然后介绍了 ODE 求解算法欧拉法，包括向前欧拉法、向后欧拉法、两点欧拉法，其区别在于近似时差商不同。欧拉预估 - 校正法是改进的欧拉法，精度大大提高。最后介绍了精度更高的龙格库塔法，并基于 MATLAB 实现了四阶龙格库塔法。此外，本章还补充介绍了线性多步法，并给出推导过程。

第 10 章

偏微分方程求解

本章主要介绍利用 MATLAB 的偏微分方程函数进行偏微分方程求解的具体过程，以及通过编程实现偏微分方程的数值求解。本章主要涉及的知识点如下。

- **偏微分方程概述：**了解偏微分方程的概念及分类。
- **MATLAB 求解偏微分方程：**了解并掌握 MATLAB 求解偏微分方程的函数。
- **偏微分方程求解算法：**了解并掌握有限差分法。

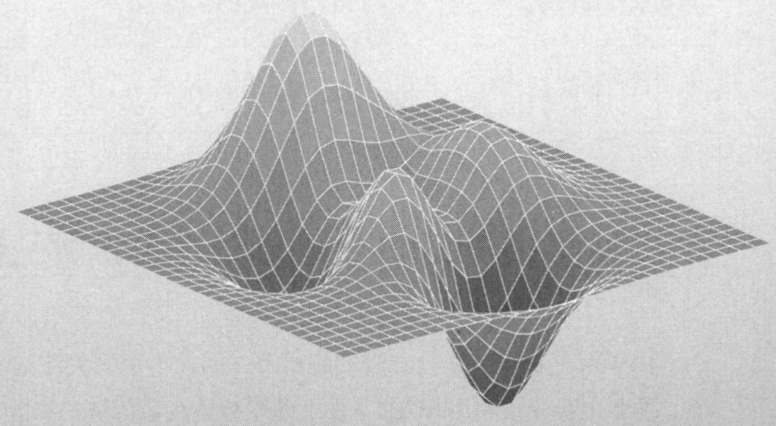

10.1 偏微分方程概述

第9章介绍了常微分方程的求解算法，本章介绍偏微分方程（Partial Differential Equation,PDE）求解算法。偏微分方程是指含有两个及以上自变量的微分方程。本章只讨论含有两个自变量 x 和 t 的二阶偏微分方程，其通用的数学表达式为：

$$A(x,t)\frac{\partial^2 u}{\partial x^2}+B(x,t)\frac{\partial^2 u}{\partial x\partial t}+C(x,t)\frac{\partial^2 u}{\partial t^2}=f(x,t,u,\frac{\partial u}{\partial x},\frac{\partial u}{\partial t})$$

其中，自变量 $x\in[x_0,x_f]$，$t\geqslant t_0$，因变量为 $u(x,t)$。偏微分方程初始条件记为 $u\left(x,t_0\right)$，边界条件记为 $u\left(x_0,t\right)$、$u\left(x_f,t\right)$。

根据偏微分方程中系数 $A(x,t)$、$B(x,t)$、$C(x,t)$ 之间的关系，可以将其分为三大类，具体如表 10.1 所示。

表 10.1　偏微分方程类型

类别	满足条件	例子
椭圆类型偏微分方程	$B(x,t)^2-4A(x,t)C(x,t)<0$	泊松方程：$\frac{\partial^2 u(x,t)}{\partial x^2}+\frac{\partial^2 u(x,t)}{\partial t^2}=f(x,t)$ 拉普拉斯方程：$\frac{\partial^2 u(x,t)}{\partial x^2}+\frac{\partial^2 u(x,t)}{\partial t^2}=0$
抛物线型偏微分方程	$B(x,t)^2-4A(x,t)C(x,t)=0$	一维热传导方程：$A\frac{\partial^2 u(x,t)}{\partial x^2}=\frac{\partial u(x,t)}{\partial t}$
双曲线型偏微分方程	$B(x,t)^2-4A(x,t)C(x,t)>0$	一维波动方程：$A\frac{\partial^2 u(x,t)}{\partial x^2}-\frac{\partial u^2(x,t)}{\partial t^2}=0$

10.2 MATLAB 中偏微分方程求解函数

由于很难求得偏微分方程的解析解，因此本章只关注基于 MATLAB 求二阶偏微分方程的数值解。本节主要介绍利用 MATLAB 求偏微分方程数值解的函数 pdepe。

10.2.1　pdepe 函数说明

pdepe 函数可以求解一维抛物线型和椭圆类型偏微分方程，调用这个函数时，首先需要将偏微分方程重写为所需的形式：

$$c\left(x,t,u,\frac{\partial u}{\partial x}\right)\frac{\partial u}{\partial t}=x^{-m}\frac{\partial}{\partial x}\left(x^m f\left(x,t,u,\frac{\partial u}{\partial x}\right)\right)+s\left(x,t,u,\frac{\partial u}{\partial x}\right)$$

边界条件的标准形式为：

$$p(x,t,u)+q(x,t)f\left(x,t,u,\frac{\partial u}{\partial x}\right)=0$$

下面以实际方程与边界条件为例介绍如何将偏微分方程转化为 pdepe 函数能够处理的标准形式。

1. 编写方程代码

例如，已知偏微分方程为：

$$\frac{\partial u}{\partial t}=\frac{1}{x}\frac{\partial}{\partial x}\left(x\frac{\partial u}{\partial x}\right)$$

对照上文 pdepe 函数所需偏微分方程形式，可以得到：

$$\begin{cases} m=1 \\ c\left(x,t,u,\dfrac{\partial u}{\partial x}\right)=1 \\ f\left(x,t,u,\dfrac{\partial u}{\partial x}\right)=\dfrac{\partial u}{\partial x} \\ s\left(x,t,u,\dfrac{\partial u}{\partial x}\right)=0 \end{cases}$$

将偏微分方程根据 pdepe 函数所需标准形式转化为以上 4 项后，第一项 m 为常数，被称为对称常量；后三项均为函数，用 MATLAB 函数 pdefun 表示后三项 $c(x,t,u,\partial u/\partial x)$、$f(x,t,u,\partial u/\partial x)$、$s(x,t,u,\partial u/\partial x)$，具体代码如下：

```
function [c,f,s] = pdefun(x,t,u,dudx)
c = 1;
f = dudx;
s = 0;
end
```

其中，输入变量 x、t 为偏微分方程的自变量，u 为偏微分方程的因变量，dudx 为 $\partial u/\partial x$；输出变量 c、f、s 为转化后 pdepe 函数所需标准形式中的三个函数 $c(x,t,u,\partial u/\partial x)$、$f(x,t,u,\partial u/\partial x)$、$s(x,t,u,\partial u/\partial x)$。

2. 编写初始条件代码

在 pdepe 函数求解偏微分方程时，初始条件没有固定形式，直接用 MATLAB 函数表示即可。例如，对于如下初始条件：

$$u(x,t_o)=\sin(x)$$

用函数表示的代码为：

```
function u0 = icfun(x)
```

```
u0 = sin(x);
end
```

其中，输入变量为自变量 x，输出变量为 x 处初始条件函数值。

3. 编写边界条件代码

由于边界条件需要满足以下公式，对于 $x_0 \leqslant x \leqslant x_f$ 的两边界 $x = x_0$ 和 $x = x_f$ 均满足：

$$p(x,t,u)+q(x,t)f\left(x,t,u,\frac{\partial u}{\partial x}\right)=0$$

利用函数表示边界条件，函数头为：

```
function [pl,ql,pr,qr] = bcfun(xl,ul,xr,ur,t)
```

其中，输入变量 ul 是左边界 xl 处的近似解，ur 是右边界 xr 处的近似解；输出变量 pl 和 ql 是列向量，对应于在 xl 处计算的 $p(x,t,u)$ 和 $q(x,t,u)$。同样，pr 和 qr 则与 xr 相对应。

例如，对于如下的边界条件：

$$\begin{cases} u(0,t)=1 \\ u(1,t)=\cos(\pi t) \end{cases}$$

可以整理为：

$$\begin{cases} u(0,t)-1+0\cdot f\left(x,t,u,\dfrac{\partial u}{\partial x}\right)=0 \\ u(1,t)-\cos(\pi t)+0\cdot f\left(x,t,u,\dfrac{\partial u}{\partial x}\right)=0 \end{cases}$$

因此，边界条件代码为：

```
function [pl,ql,pr,qr] = bcfun(xl,ul,xr,ur,t)
pl = ul - 1;
ql = 0;
pr = ur - cos(pi*t);
qr = 0;
end
```

4. 求解偏微分方程

根据上文，将偏微分方程、初始条件、边界条件表示为函数 pdefun、icfun、bcfun 后，调用 pdepe 函数求解，其调用格式为：

```
sol = pdepe(m,pdefun,icfun,bcfun,xmesh,tspan)
```

sol 为 pdepe 函数基于输入变量 xmesh 指定的网格返回 tspan 指定的时间处的数值解。

10.2.2 pdepe 函数应用实例

本节以一个偏微分方程求解问题为例，讲解应用 pdepe 函数求解偏微分方程数值解的具体过程。对于如下一维热传导方程：

$$\begin{cases} \pi^2 \dfrac{\partial u}{\partial t} = \dfrac{\partial}{\partial x}\left(\dfrac{\partial u}{\partial x}\right), \quad 0 \leqslant x \leqslant 1,\ 0 \leqslant t \leqslant 2 \\ \text{初始条件：} \quad u(x,0) = \sin(\pi x) \\ \text{边界条件：} \quad u(0,t) = 0,\ \dfrac{\partial u}{\partial x}(1,t) = \pi e^{-t} - \pi \end{cases}$$

由于 pdepe 函数要求将偏微分方程转化为如下标准形式：

$$c\left(x,t,u,\frac{\partial u}{\partial x}\right)\frac{\partial u}{\partial t} = x^{-m}\frac{\partial}{\partial x}\left(x^m f\left(x,t,u,\frac{\partial u}{\partial x}\right)\right) + s\left(x,t,u,\frac{\partial u}{\partial x}\right)$$

根据标准形式，一维热传导方程中没有 x 的幂，因此对称常量 m=0 ； $c\left(x,t,u,\partial u/\partial x\right)$ 函数为 $\partial u/\partial t$ 的系数，一维热传导方程中 $\partial u/\partial t$ 的系数为 π^2 ，因此 $c\left(x,t,u,\partial u/\partial x\right) = \pi^2$ ；则另外两项为：

$$f\left(x,t,u,\frac{\partial u}{\partial x}\right) = \frac{\partial u}{\partial x}, \quad s = 0$$

根据上述分析，偏微分方程函数的代码如下：

```
m = 0;
function [c,f,s] = pdex1pde(x,t,u,DuDx)
    c = pi^2;
    f = DuDx;
    s = 0;
end
```

其中，DuDx 是偏导数 ∂u/∂x。初始条件函数 $u(x,0) = \sin(\pi x)$ 用函数表示为。

```
function uo = pdex1ic(x)
    uo = sin(pi*x);
end
```

pdepe 函数要求边界条件需要满足：

$$p(x,t,u) + q(x,t) f\left(x,t,u,\frac{\partial u}{\partial x}\right) = 0$$

根据左边界 $u(0,t) = 0$ ，可以得到：

$$p_l(x,t,u) = u, \quad q_l(x,t,u) = 0$$

根据右边界 $\dfrac{\partial u}{\partial x}(1,t) = \pi e^{-t} - \pi$ ，可以得到：

$$p_r(x,t,u) = \pi - \pi e^{-t}, \quad q_r(x,t,u) = 1$$

因此，上述边界条件对应代码为：

```
function [pl,ql,pr,qr] = pdex1bc(x1,u1,xr,ur,t)
    pl = u1;
    ql = 0;
    pr = pi - pi*exp(-t);
```

```
    qr = 1;
end
```

将偏微分方程、初始条件、边界条件都按照 pdepe 函数的格式定义好之后，运行代码 10-1，可以求解示例偏微分方程问题，得到结果如图 10.1 所示。

代码10-1

pdepe 函数求解偏微分方程

```
m = 0;
x = linspace(0,1,20); t = linspace(0,2,20);
sol = pdepe(m,@pdex1pde,@pdex1ic,@pdex1bc,x,t);
u = sol(:,:,1);
function [c,f,s] = pdex1pde(x,t,u,DuDx)
    c=pi^2;
    f=DuDx;
    s=0;
end
function uo = pdex1ic(x)
    uo = sin(pi*x);
end
function [pl,ql,pr,qr]=pdex1bc(x1,u1,xr,ur,t)
    pl = u1;
    ql = 0;
    pr = pi - pi*exp(-t);
    qr = 1;
end
```

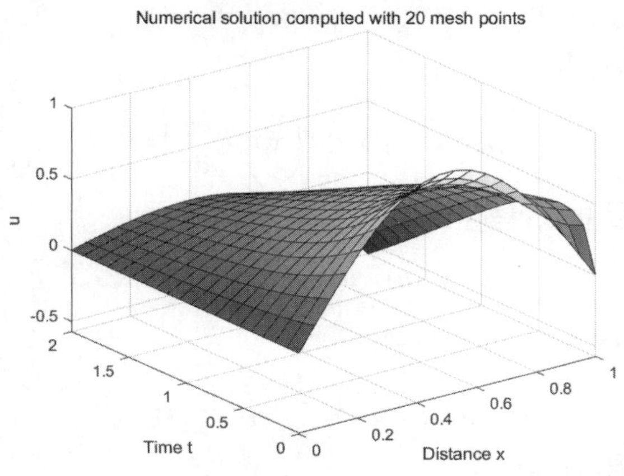

图10.1　pdepe函数结果示意图

上述即为利用 pdepe 函数求解偏微分方程的过程，其难点在于将常规的偏微分方程及其初始条件、边界条件表示为 pdepe 函数所需的形式。

读者如果想了解其他偏微分方程的求解过程，可在 MATLAB 命令行窗口输入 doc pdepe，打开帮助文档查看详细资料。

10.3 有限差分法

有限差分法是一种以差商代替微分方程中的微分项（或偏分项）求微分方程数值解的方法，是求解偏微分方程最常用的科学计算算法。本节以如下抛物线型方程的初边值问题为例，讲解有限差分法的算法原理与求解偏微分方程的过程。

$$\begin{cases}\dfrac{\partial u(x,t)}{\partial t}-a\dfrac{\partial^2 u(x,t)}{\partial x^2}=f(x,t), \quad 0<x<1, \quad 0<t\leqslant T\\ \text{初始条件：}u(x,0)=\varphi(x)\\ \text{边界条件：}u(0,t)=\alpha(t), \quad u(1,t)=\beta(t)\end{cases}$$

在求解之前，首先需要对求解区域做矩形网格剖分，即将空间域 $0<x<1$ 划分为 n 等份，将时间域 $0<t\leqslant T$ 划分为 m 等份。选定步长 $\Delta x=1/n$ 和 $\Delta t=T/m$，分别沿 x 和 t 方向进行网格划分，将会得到：

$$x_i=x_0+i\Delta x$$
$$t_k=t_0+k\Delta t$$

网格剖分示意图如图 10.2 所示。

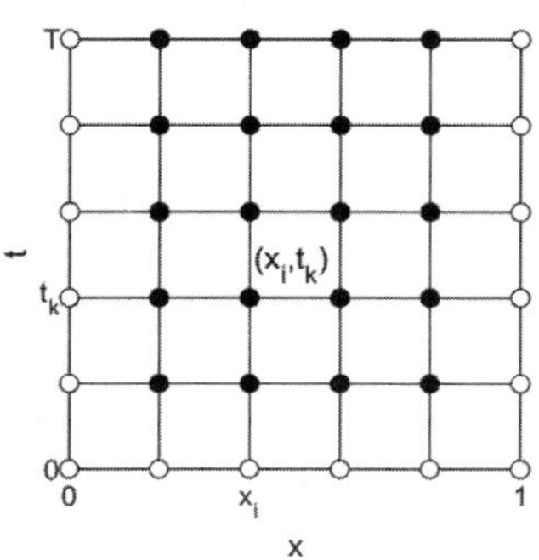

图10.2 网格剖分示意图

根据初始条件和边界条件，图 10.2 中的白点处的 $u(x,t)$ 函数值已知，黑点处的 $u(x,t)$ 函数值未知，科学计算算法求得的数值解为 $u(x,t)$ 在每一未知点 (x_i,t_k) 处的函数值。

网格剖分之后，需要将偏微分方程在 (x_i,t_k) 点处离散化，得到：

$$\frac{\partial u(x_i,t_k)}{\partial t}-a\frac{\partial^2 u(x_i,t_k)}{\partial x^2}=f(x_i,t_k)$$

初始边界条件为 $u(x_i,0)=\varphi(x_i)$，$u(0,t_k)=\alpha(t_k)$，$u(1,t_k)=\beta(t_k)$。

初始边界条件为 $u(x_i,0)=\varphi(x_i)$，$u(0,t_k)=\alpha(t_k)$，$u(1,t_k)=\beta(t_k)$。

用差商代替偏分项，就能得到可以求解的差分格式。根据使用的差商不同，有限差分法又可分为向前差分法、向后差分法等不同类别。一阶偏导数的差商如表 10.2 所示。

表 10.2 一阶偏导数的差商

差商类型	一阶向前差商	一阶向后差商	二阶中心差商
$\frac{\partial u(x_i,y_j)}{\partial x}$	$\frac{u(x_{i+1},y_j)-u(x_i,y_j)}{\Delta x}$	$\frac{u(x_i,y_j)-u(x_{i-1},y_j)}{\Delta x}$	$\frac{u(x_{i+1},y_j)-u(x_{i-1},y_j)}{2\Delta x}$
$\frac{\partial u(x_i,y_j)}{\partial y}$	$\frac{u(x_i,y_{j+1})-u(x_i,y_j)}{\Delta y}$	$\frac{u(x_i,y_j)-u(x_i,y_{j-1})}{\Delta y}$	$\frac{u(x_i,y_{j+1})-u(x_i,y_{j-1})}{2\Delta y}$

二阶偏导数一般使用中心差商，具体如下：

$$\frac{\partial^2 u(x_i,y_j)}{\partial x^2}\approx\frac{u(x_{i+1},y_j)-2u(x_i,y_j)+u(x_{i-1},y_j)}{\Delta x^2}$$

$$\frac{\partial^2 u(x_i,y_j)}{\partial y^2}\approx\frac{u(x_i,y_{j+1})-2u(x_i,y_j)+u(x_i,y_{j-1})}{\Delta y^2}$$

上述各种差商形式，在差分格式的设计中将经常使用。其中向前欧拉法在时间域上采用向前差商代替一阶偏导数，具体如下：

$$\frac{\partial u(x_i,t_k)}{\partial t}\approx\frac{u(x_i,t_{k+1})-u(x_i,t_k)}{\Delta t}$$

上式中左项为 $u(x,t)$ 关于时间的偏导数在 (x_i,t_k) 处的值，右项为向前差商。

空间域上的二阶偏导数用中心差商代替，公式为：

$$\frac{\partial u^2(x_i,t_k)}{\partial x^2}\approx\frac{u(x_{i+1},t_k)-2u(x_i,t_k)+u(x_{i-1},t_k)}{\Delta x^2}$$

则偏微分方程在 (x_i,t_k) 点处的差分方程为：

$$\frac{u(x_i,t_{k+1})-u(x_i,t_k)}{\Delta t}-a\frac{u(x_{i+1},t_k)-2u(x_i,t_k)+u(x_{i-1},t_k)}{\Delta x^2}=f(x_i,t_k)$$

根据差分方程和初始条件、边界条件可以求解该偏微分方程，如图 10.3 所示，对于图中的未知点 (x_1,t_1)，可以列出其差分方程：

$$\frac{u(x_1,t_1)-u(x_1,t_0)}{\Delta t}-a\frac{u(x_2,t_0)-2u(x_1,t_0)+u(x_0,t_0)}{\Delta x^2}=f(x_1,t_0)$$

上式中只有 $u(x_1,t_1)$ 为未知数，其他项都可根据初始条件、边界条件计算得到，因此可以根据上式求出 $u(x_1,t_1)$ 的值，求解公式为：

$$u(x_1,t_1)=u(x_1,t_0)+\Delta t\left(f(x_1,t_0)+a\frac{u(x_2,t_0)-2u(x_1,t_0)+u(x_0,t_0)}{\Delta x^2}\right)$$

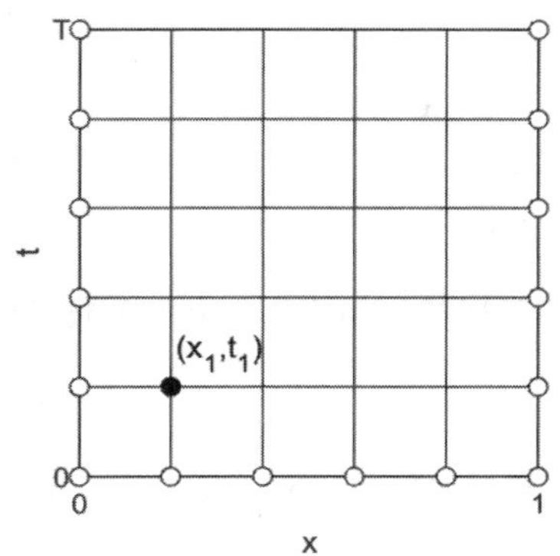

图10.3　有限差分法计算过程示意图

下面以一个实例，利用 MATLAB 实现有限差分法求解偏微分方程的初边值问题。问题为：

$$\begin{cases}\dfrac{\partial u(x,t)}{\partial t}-\dfrac{\partial^2 u(x,t)}{\partial x^2}=x\mathrm{e}^t-6x,\quad 0<x<1,\quad 0<t\leqslant 1\\ \text{初始条件：}u(x,0)=x^3+x\\ \text{边界条件：}u(0,t)=0,\quad u(1,t)=1+\mathrm{e}^t\end{cases}$$

上述问题的具体实现如代码 10-2 所示。在代码中，将时间域剖分为 5 等份（m）、空间域剖分为 5 等份（n）。首先根据初始条件和边界条件计算已知点的函数值，然后利用有限差分法求解未知点的函数值。有限分差法结果如图 10.4 所示。

代码10-2

有限差分法求解偏微分方程

```
n = 5;
m = 5;
dx = 1/n;
dt = 1/m;
x = linspace(0,1,n+1);
t = linspace(0,1,m+1);
u = zeros(n+1,m+1);

%%
f = @(x,t) -x.*exp(t) - 6*x;
%% ic u(x,0) = sin(pi*x)
phi = @(x) x.^3 + x;
u(1,:) = phi(x);

%%
alpha = @(t) 0;
beta = @(t) 1 + exp(t);
```

```
u(:,1) = alpha(t);
u(:,end) = beta(t);

%%
for k = 2:n-1
    for i = 2:m-1
        u(k,i) = u(k-1,i) + dt*(f(x(i),t(k)) + (u(k-1,i+1)-2*u(k-1,i)+u(k-1,i-1))/(dx^2));
    end
end
```

在图 10.4 中，网格上曲面高度表示函数值 $u(x,t)$ 在对应点的值。

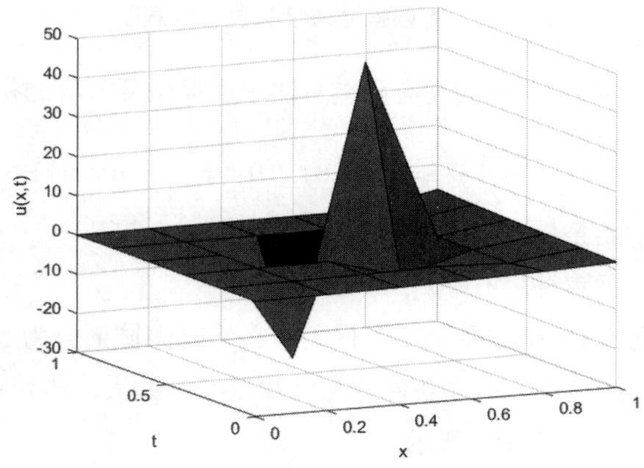

图10.4　有限差分法结果

本章简单介绍了偏微分方程的基本概念及主要类型，举例说明了 pdepe 函数求解偏微分方程的用法，在此基础上简单介绍了一个求解偏微分方程的算法——有限差分法。实际上，偏微分方程的求解非常复杂，根据不同的差商格式，求解算法也多种多样。因此，本章给出了几种常见的差商形式，读者可根据不同的差商形式，自行设计偏微分方程求解差分格式。

第 11 章

概率统计计算

概率统计是 MATLAB 数据处理中一项重要的应用。概率论主要包括随机事件与概率、随机变量及其概率分布、随机变量的数学特征、大数定律与中心极限定理；数理统计主要包括描述统计、参数估计、假设检验、回归分析。本章主要涉及的知识点如下。

- **基本概念：**了解并掌握概率论与数理统计的基本数学知识。
- **数学建模：**掌握用概率论与数理统计对实际问题进行数学建模的方法。
- **统计分析问题：**掌握利用 MATLAB 解决常见的统计分析问题的方法。

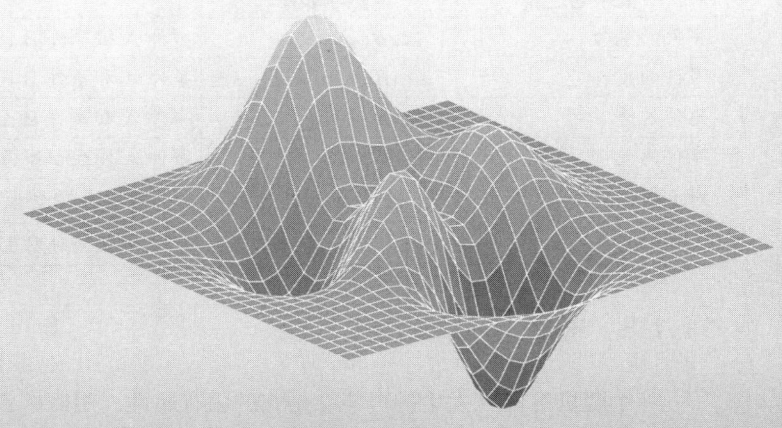

11.1 概率统计基本概念

在本节中，首先对试验、事件、随机变量、概率等基本概念进行介绍。

11.1.1 随机试验与事件

在概率论中，对随机现象的观察称为随机试验，其具有以下三个特征：（1）可在相同条件下重复进行；（2）试验可能出现的结果不止一个，且都是事先已知的；（3）在试验结束前，结果未知。

随机试验所有可能的结果组成的集合为样本空间，一般用字母Ω表示。

样本空间Ω的子集被称为随机事件或者事件。

例如，抛掷一颗骰子并观察结果，掷骰子这一过程为随机试验，而抛掷结果的点数为随机事件。其样本空间Ω={1,2,3,4,5,6}，随机事件“结果点数大于3”可以表示为{4,5,6}，显然，随机事件“结果点数大于3”发生的概率为0.5。

11.1.2 事件的关系与运算

事件是样本空间的子集合，事件的关系与运算如表11.1所示。

表11.1 事件的关系与运算

关系与运算	数学表示	描述
事件的包含	$A \subset B$	事件A被事件B包含
事件的交	$A \cap B$、AB	事件A和事件B同时发生
事件的并	$A \cup B$	事件A和事件B至少有一个发生
事件的差	$A - B$	事件A发生但事件B不发生
对立事件	$\bar{A} = \Omega - A$	$\bar{A}$表示“A不发生”这一新事件
互不相容	$AB = \varnothing$	“A和B同时发生”这一事件不可能

11.1.3 概率与概率公式

一个随机事件A发生的可能性是它的固有属性，用概率$P(A)$表示。

概率之间可以进行计算，典型的计算公式有概率加法公式、条件概率公式、全概率公式、贝叶斯公式。

1. 概率加法公式

概率加法公式用来描述事件A、事件B两事件的交($A \cap B$)、并($A \cup B$)之间的关系，具体如下：

$$P(A \cup B) = P(A) + P(B) - P(A \cap B)$$

2. 条件概率公式

"在已知事件 B 发生的条件下，事件 A 发生的概率"被称为条件概率，用 $P(A \mid B)$ 表示。条件概率公式为：

$$P(A \mid B) = \frac{P(A \cap B)}{P(B)}$$

如果事件 B 的发生与否不影响事件 A 的发生，则 $P(A \mid B) = P(A)$，即"在已知事件 B 发生的条件下，事件 A 发生的概率不变"。同时可以得到：

$$P(A \cap B) = P(A \mid B)P(B) = P(A)P(B)$$

称满足上式的事件 A、B 互相独立。

3. 全概率公式

全概率公式为概率论中的重要公式，它将对一复杂事件 B 的概率求解问题转化为了在不同情况下发生的简单事件 $P(A_i \cap B)$ 的概率的求和问题。

全概率公式为：如果事件 A_1、A_2、…、A_n 互不相容，$B \subset \cup_{j=1}^{n} A_j$，则

$$P(B) = \sum_{j=1}^{n} P(A_j)P(B \mid A_j)$$

4. 贝叶斯公式

贝叶斯公式用来描述条件概率 $P(A \mid B)$ 与 $P(B \mid A)$ 之间的关系。通常情况下，事件 A 在事件 B 发生的条件下的概率 $P(A \mid B)$，与事件 B 在事件 A 发生的条件下的概率 $P(B \mid A)$ 是不一样的。然而，这两者有确定的关系，贝叶斯公式就是这种关系的陈述。

贝叶斯公式为：如果事件 A_1、A_2、…、A_n 互不相容，$B \subset \cup_{j=1}^{n} A_j$，则

$$P(A_j \mid B) = \frac{P(A_j)P(B \mid A_j)}{\sum_{i=1}^{n} P(A_i)P(B \mid A_i)}$$

11.1.4 随机变量

在随机事件中，随机变量的值可以表示随机试验的结果。例如，在投掷骰子试验中，可用随机变量 X 表示掷出的骰子的点数。

如果随机变量只能取有限个值，如骰子的点数，就称其为离散型随机变量。如果随机变量可以取无限个值，如温度等，就称其为连续型随机变量。

对于随机变量 X，称

$$F(x) = P(X \leqslant x)$$

为X的分布函数，记为$X \sim F(x)$。常见的分布函数有正态分布、均匀分布、指数分布，MATLAB 可以生成不同分布的随机变量，具体如表 11.2 所示。

表 11.2 MATLAB 随机数函数

分布	MATLAB 生成函数	描述
标准正态分布	randn	返回一个从标准正态分布中得到的随机数
参数为 mu、sigma 的正态分布	normrnd(mu,sigma)	返回从均值为 mu 和标准差为 sigma 的正态分布中生成随机数
区间 [0,1] 上的均匀分布	rand	返回从区间 [0,1] 上的均匀分布中得到的随机数
区间 [a,b] 上的均匀分布	unifrnd(a,b)	返回从区间 [a,b] 上的均匀分布中生成一个随机数
参数为 lambda 的指数分布	exprnd(lambda)	返回从均值为 lambda 的指数分布中生成一个随机数

11.2 随机变量统计特征

随机变量的统计特征可以反映大量随机事件的性质，是概率论的重要研究内容。常见的随机变量统计特征主要有均值、方差与标准差、协方差与相关系数、变异系数、峰度、偏度。

11.2.1 均值

数学期望反映了随机变量的平均值，在概率统计中，通常用样本均值来近似表达随机变量的数学期望。对于随机变量X的一个样本$x=(x_1,x_2,\cdots,x_n)$，样本均值为：

$$\bar{x}=\frac{1}{n}\sum_{i=1}^{n}x_i$$

在数学上可以证明样本均值$\bar{x}$依概率收敛于随机变量X的均值。在 MATLAB 中，求均值的函数为 mean，输入向量或矩阵后，就会输出相应的均值，其调用格式为：

```
M = mean(A)
M = mean(A,'all')
M = mean(A,dim)
```

下面分别介绍三种调用格式的用法与区别。

1. mean(A)

在 mean(A) 中，当矩阵 $\boldsymbol{A}$ 只有一行或只有一列时，mean(A) 会直接求出该行或该列的均值。例如，运行下述代码：

```
x1 = mean([1 2 3])
x2 = mean([1;2;3])
```

得到的结果 x1、x2 均为 2。当矩阵 ***A*** 同时具有多行与多列，mean(A) 会求出每一列的均值，例如：

```
A = [1 2 3;
4 5 6]
x3 = mean(A)
```

得到的结果为：

```
x3 =
    2.5000    3.5000    4.5000
```

x3 中的第一个元素 2.5000 是矩阵 ***A*** 的第一列 [1;4] 的均值，其他类似。

2. mean(A,'all')

如果要求矩阵 ***A*** 中所有元素的均值，可利用关键字 'all'，代码 mean(A,'all') 可以求出矩阵 ***A*** 中所有元素的均值，示例如下：

```
A = [1 2 3;
4 5 6]
x4 = mean(A,'all')
```

得到的结果为 x4=3.5，是矩阵 ***A*** 中 6 个元素的均值。

3. mean(A,dim)

代码 mean(A,dim) 中 A 为待求均值的矩阵，dim 为待求均值的维度。例如，对一个二维矩阵 ***A***，当 dim=1 时，会对第一维求均值，即求每一列的均值，返回一个行向量；当 dim=2 时，会求出每一行的均值，返回一个列向量。示意图如图 11.1 所示。

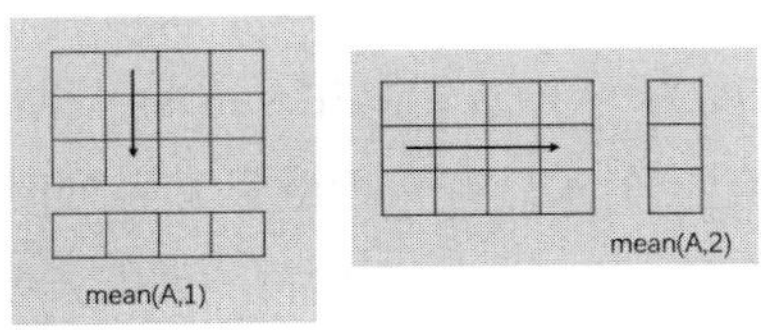

图11.1　mean函数中dim作用示意图

图 11.1 实现的代码如下：

```
A = [1 2 3;
4 5 6]
x5 = mean(A,1)
x6 = mean(A,2)
```

得到的结果为：

```
x5 =
    2.5000    3.5000    4.5000
x6 =
    2
    5
```

代码中当 dim=1 时，结果为 x5，求得矩阵 **A** 中每一列的均值；当 dim=2 时，结果为 x6，求得矩阵 **A** 中每一行的均值。

11.2.2 方差与标准差

在统计分析中，方差与标准差用来描述随机变量 X 和它的均值 $E(X)$ 之间的离散程度，方差的数学定义为：

$$D(X) = E((X - E(X))^2)$$

同时，称 $\sqrt{D(X)}$ 为 X 的标准差或均方差，记作 $\sigma_X = \sqrt{D(X)}$。

对于随机变量 X 的一个样本 $x = (x_1, x_2, \cdots, x_n)$，方差与标准差分别为：

$$D(X) = \frac{1}{n-1}\sum_{i=1}^{n}(x_i - \overline{x})^2$$

$$\sigma_X = \sqrt{D(X)} = \sqrt{\frac{1}{n-1}\sum_{i=1}^{n}(x_i - \overline{x})^2}$$

在 MATLAB 中，计算方差的函数为 var，计算标准差的函数为 std，输入向量或矩阵后，输出相应的方差或标准差。方差和标准差的函数调用格式分别如下：

```
var(A)
std(A)
```

调用格式 var(A) 返回矩阵 **A** 中沿大小不等于 1 的第一个数组维度的元素的方差，例如，当矩阵 **A** 的维度为 $1\times n\times m$ 时，若 $n=1$，则 var(A) 计算 m 个元素的方差，输出方差的维度为 $1\times1\times1$；若 $n\neq1$，则 var(A) 输出方差的维度为 $1\times1\times m$，其中 var(A) 中每个元素均为矩阵 **A** 中 n 个元素的方差。实际上和 mean(A) 相似，当矩阵 **A** 只有一行或只有一列时，var(A) 会直接求出该行或列的方差，当矩阵 **A** 同时具有多行与多列，var(A) 会求出每一列的方差。std(A) 同样返回矩阵 **A** 沿大小不等于 1 的第一个数组维度的元素的标准差，如图 11.2 所示。

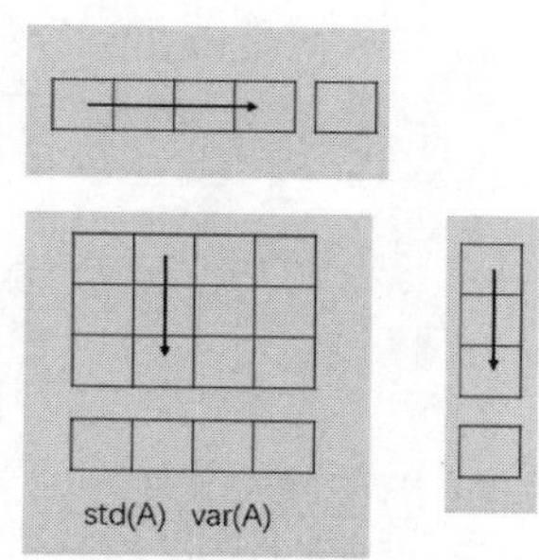

图11.2 std(A)与var(A)示意图

11.2.3 协方差与相关系数

前文的均值、方差、标准差均为单个随机变量的统计特征，不同随机变量之间也存在统计特征，可以用协方差和相关系数度量不同随机变量之间的关系。

1. 协方差

前面介绍的统计特征无法反映多元随机变量之间的联系。协方差可以反映多个随机变量之间的联系。

对于互相独立的二元随机变量X与Y，已知$E((X-E(X))(Y-E(Y)))=0$，显然，当$E((X-E(X))(Y-E(Y)))\neq 0$时，$X$与$Y$不独立，将这个值称为$X$与$Y$的协方差，数学表达式为：

$$\mathrm{Cov}(X,Y)=E((X-E(X))(Y-E(Y)))$$

如果协方差大于 0，说明两者是正相关的；如果协方差小于 0，说明两者是负相关的；如果为 0，说明两者“相互独立”。

在 MATLAB 中，计算协方差的函数为 cov，其常用的调用格式为：

```
C = cov(A)
```

其中，输入变量 A 为待求协方差数据的向量或矩阵，输出 C 为协方差。对于不同维度的输入变量 A，其输出也不同，具体如下。

（1）如果输入变量 A 是一个行向量或列向量，调用格式的返回值 C 为矩阵 $\boldsymbol{A}$ 中数据的方差。

（2）如果输入变量 A 是一个 n 行 m 列的二维矩阵，其维度为$n\times m$，将每一列数据视为一个随机变量的样本，因此共有 m 个随机变量，则返回值是一个维度为$m\times m$的协方差矩阵，矩阵中第 i 行 j 列元素表示第 i 个随机变量与第 j 个随机变量之间的协方差。

对一个如下三行四列的矩阵 $\boldsymbol{A}$ 求其协方差：

$$\boldsymbol{A}=\begin{bmatrix}5 & 0 & 3 & 7\\1 & -5 & 7 & 3\\4 & 9 & 8 & 10\end{bmatrix}$$

代码如下：

```
A = [5 0 3 7; 1 -5 7 3; 4 9 8 10];
C = cov(A)
```

得到的结果为：

```
C =
    4.3333    8.8333   -3.0000    5.6667
    8.8333   50.3333    6.5000   24.1667
   -3.0000    6.5000    7.0000    1.0000
    5.6667   24.1667    1.0000   12.3333
```

示意图如图 11.3 所示。

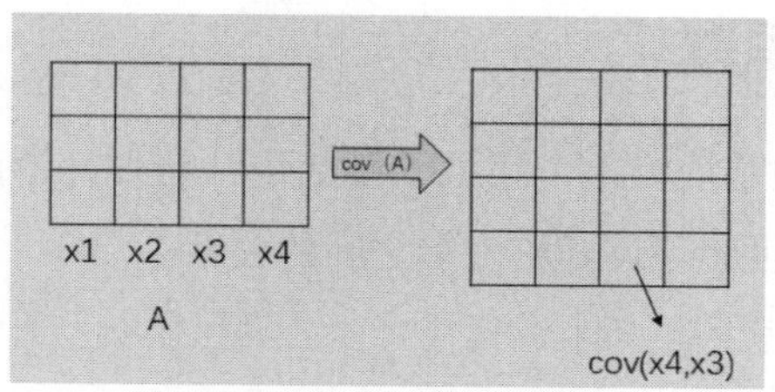

图11.3 cov(A)示意图

2. 相关系数

协方差 $\mathrm{Cov}(X,Y)$ 在一定程度上反映了随机变量 X 与 Y 之间的联系，但其大小也和 X 与 Y 有关。例如，当 X 增大 k 倍时，$\mathrm{Cov}(kX,Y)=E((kX-E(kX))(Y-E(Y)))$，结果为 $k\cdot\mathrm{Cov}(X,Y)$。

相关系数不仅能够直接反映两个变量之间的相互关系及其相关方向，还能够直接度量两个随机变量之间的线性相关程度，其定义为：

$$\rho_{XY}=\frac{\mathrm{Cov}(X,Y)}{\sigma_X\sigma_Y}=\frac{E((X-E(X))(Y-E(Y)))}{\sqrt{E((X-E(X))^2)}\sqrt{E((Y-E(Y))^2)}}$$

协方差与相关系数在数值上只差一个倍数，但相关系数是量纲为一的，即和随机变量 X 与 Y 的大小无关，取值范围为 $[-1,1]$，可以更好地反映随机变量 X 与 Y 之间的联系。

相关系数大于 0，表示两个随机变量线性正相关，当某一个随机变量增加时，另一个随机变量也增加；相关系数小于 0，表示两个随机变量线性负相关，当某一个随机变量增加时，另一个随机变量减小。

图 11.4 展示了不同相关系数下 X 与 Y 的散点图，子图标题为相关系数大小。左边两个图的相关系数大于 0，随着 X 的增大，Y 也增大；右边两个图的相关系数小于 0，随着 X 的增大，Y 减小。

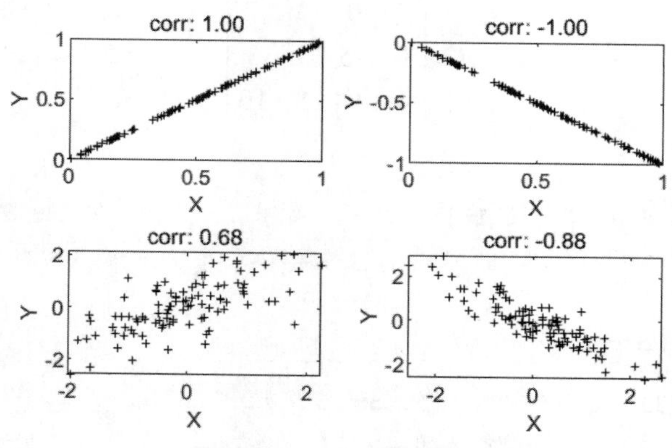

图11.4 相关系数示意图

在 MATLAB 中，用 corr 函数求解随机变量之间的相关系数，corr(X) 返回输入矩阵 $\boldsymbol{X}$ 中各列之间的两两线性相关系数矩阵，corr(x,y) 返回输入矩阵 $\boldsymbol{x}$ 和 $\boldsymbol{y}$ 中各列之间的两两相关系数矩阵。

例如，计算向量 $\boldsymbol{x}$ 和 $\boldsymbol{y}$ 之间的相关系数，向量 $\boldsymbol{x}$ 和 $\boldsymbol{y}$ 分别为：

$$\boldsymbol{x}=[1,2,3,4,5]$$
$$\boldsymbol{y}=[1,3,2,3,4]$$

则计算相关系数的代码为：

```
x = [1;2;3;4;5];
y = [1;3;2;3;4];
rho = corr(x,y)
```

得到输出 rho=0.8321，则向量 $\boldsymbol{x}$ 和 $\boldsymbol{y}$ 线性正相关。注意，corr(x,y) 返回输入矩阵 $\boldsymbol{x}$ 和 $\boldsymbol{y}$ 中各列之间的相关系数，在上述例子中，如果将 $\boldsymbol{x}$、$\boldsymbol{y}$ 设置为行向量，即

```
x = [1 2 3 4 5]
y = [1 3 2 3 4]
rho = corr(x,y)
```

则会得到一个元素全为 NaN 的 5 行 5 列矩阵：

```
rho =
    NaN    NaN    NaN    NaN    NaN
    NaN    NaN    NaN    NaN    NaN
    NaN    NaN    NaN    NaN    NaN
    NaN    NaN    NaN    NaN    NaN
    NaN    NaN    NaN    NaN    NaN
```

由于 corr 函数会求各列之间的相关系数，而输入数据 $\boldsymbol{x}$、$\boldsymbol{y}$ 每一列均只有一个值，因此 corr 函数直接求两个值之间的相关系数，而两个值之间的相关系数为 0/0，在 MATLAB 中用 NaN 表示。例如，求 $\boldsymbol{x}$ 的第一列数据 [1] 与 $\boldsymbol{y}$ 的第二列数据 [2] 之间的相关系数，计算过程为：

$$\rho=\frac{\mathrm{Cov}(1,2)}{\sigma_1\sigma_2}=\frac{E((1-E(1))(2-E(2)))}{\sqrt{E((1-E(1))^2)}\sqrt{E((2-E(2))^2)}}=\frac{0}{0}$$

11.2.4 其他统计特征

变异系数、峰度、偏度分别是对数据的离散程度、概率分布曲线峰部尖度、概率分布偏斜程度的统计特征。在可靠性工程、金融保险、生物技术等领域，这三个统计特征是重要的参数指标。

1. 变异系数

在概率论与统计中，变异系数又被称为离散系数，用来度量数据的离散程度，定义为标准差与平均值之比：

$$\mathrm{CV}=\frac{\sigma}{\mu}\times100\%$$

在 MATLAB 中，根据变异系数公式，可以通过 std(x)/mean(x) 计算 x 的变异系数。

2. 峰度

在概率论与统计中，峰度（Kurtosis）反映了随机变量概率分布曲线峰部的尖度，其计算公式可以表示为：

$$k = \frac{E((x-\mu)^4)}{\sigma^4}$$

其中，μ为样本均值，σ为样本标准差。通常利用下面公式进行计算：

$$k = \frac{\frac{1}{n}\sum_{i=1}^{n}(x_i - \bar{x})^4}{\left(\frac{1}{n}\sum_{i=1}^{n}(x_i - \bar{x})^2\right)^2}$$

图 11.5 为不同峰度下数据的概率分布曲线，粗线为标准正态分布的分布曲线（峰度等于 3），如果峰度小于 3，峰的形状比较平缓，峰度越小，概率分布曲线峰部越平缓。

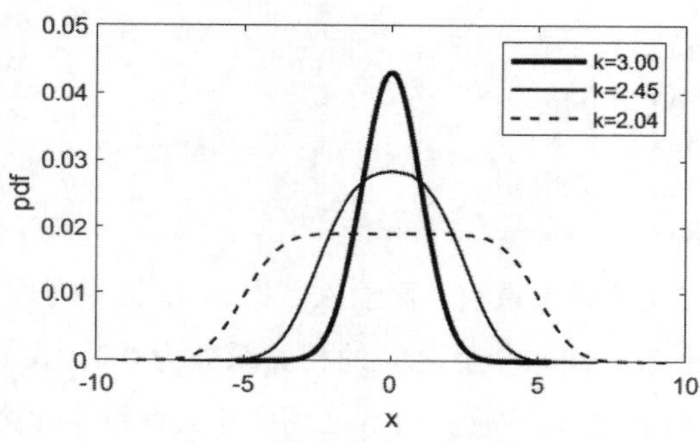

图11.5　峰度示意图

在 MATLAB 中，用 kurtosis(x) 函数可以直接计算 x 的峰度。例如，计算数据 [1,2,3,4,5,6] 的峰度，代码如下：

```
x = [1 2 3 4 5 6]
k1 = kurtosis(x)
k2 = mean((x-mean(x)).^4)./(mean((x-mean(x)).^2)^2)
```

得到的结果为 k1=k2=1.7314。

3. 偏度

偏度（Skewness）是统计数据分布偏斜方向和程度的度量。当偏度等于 0 时，数据相对均匀地分布在平均值两侧；当偏度小于 0 时，数据的概率分布图左偏；当偏度大于 0 时，数据的概率分布图右偏。偏度的数学定义为：

$$s = \frac{E((x-\mu)^3)}{\sigma^3}$$

其中，μ为样本均值，σ为样本标准差。通常利用下面公式进行计算：

$$s=\frac{\frac{1}{n}\sum_{i=1}^{n}(x_i-\bar{x})^3}{\left(\sqrt{\frac{1}{n}\sum_{i=1}^{n}(x_i-\bar{x})^2}\right)^3}$$

在 MATLAB 中，用 skewness(x) 函数计算向量 x 的偏度。例如，计算数据 [0,−1,−1,2,−1] 的偏度代码如下：

```
x = [0 -1 -1 2 -2]
k1 = skewness(x)
k2 = mean((x-mean(x)).^3)./sqrt(mean((x-mean(x)).^2))^3
```

得到的结果为 k1=k2=0.75。

11.3 概率密度计算

本节介绍概率密度函数的基本概念及两种求解概率密度的函数，分别为 pdf 函数和 ksdensity 函数。pdf 函数可以求特定分布（如正态分布、泊松分布）在特定参数下不同 x 点的概率密度，ksdensity 函数可以求一般数据的概率密度。

11.3.1 概率密度的基本概念

要了解随机变量 X 的概率密度函数 $f(x)$，首先要理解概率分布函数 $F(x)$。对于随机变量 X，称 $F(x)=P(X\leqslant x)$ 为 X 的分布函数。

如果存在 $f(x)$，使得

$$F(x)=\int_{-\infty}^{x}f(y)\mathrm{d}y$$

则称 $f(x)$ 是随机变量 X 的概率密度函数。常见分布的概率密度函数如表 11.3 所示。

表 11.3 常见分布的概率密度函数

分布	简写	概率密度函数
参数为 μ、σ 的正态分布	$X\sim N(\mu,\sigma^2)$	$f(x)=\frac{1}{\sqrt{2\pi\sigma^2}}\mathrm{e}^{-\frac{(x-\mu)^2}{2\sigma^2}}$
区间 $[a,b]$ 上的均匀分布	$X\sim U[a,b]$	$f(x)=\begin{cases}\frac{1}{b-a} & a\leqslant x\leqslant b\\ 0 & 其他\end{cases}$
参数为 λ 的指数分布	$X\sim E(\lambda)$	$f(x)=\begin{cases}\lambda\mathrm{e}^{-\lambda} & x\geqslant 0\\ 0 & 其他\end{cases}$

11.3.2 pdf 函数

在 MATLAB 中，有通用的计算概率密度的函数为 pdf 函数，其调用格式为：

```
y = pdf(name,x,可变参数)
```

其中，name 为概率分布名称，常见的有 Normal 正态分布、Poisson 泊松分布、Uniform 均匀分布等，其他分布可通过命令 doc pdf 打开 pdf 函数的帮助文档查看；x 为待计算概率密度的数据；对于不同的分布，输入的可变参数数量不同。表 11.4 介绍 MATLAB 的 pdf 函数常用调用格式。

表 11.4　MATLAB 的 pdf 函数常用调用格式

分布	pdf 函数调用格式	专用函数调用格式
参数为 mu、sigma 的正态分布	pdf('Normal',x,mu,sigma)	normpdf(x,mu,sigma)
区间 [a,v] 上的均匀分布	pdf('unif',x,a,b)	unifpdf(x,a,b)
参数为 lambda 的指数分布	pdf('exp',x,lambda)	exppdf(x,lambda)

例如，求一个均值 μ 等于 0、标准差 σ 等于 3 的正态分布在 x 处的概率密度值，代码为：

```
mu = 0;
sigma = 3;
x = linspace(-5,5,100);
y = pdf('Normal',x,mu,sigma)
plot(x,y)
```

pdf 函数结果示意图如图 11.6 所示。

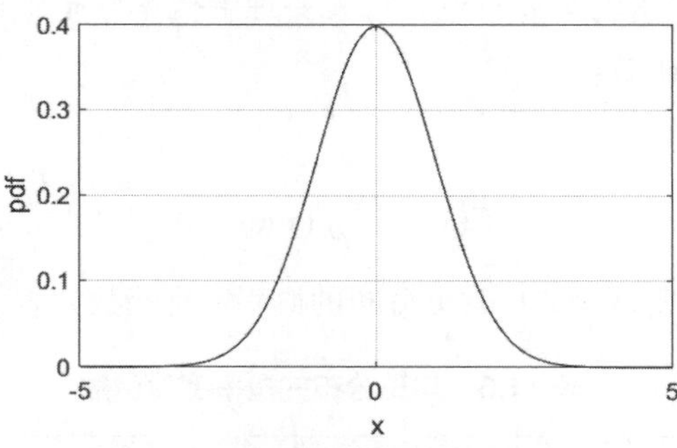

图11.6　pdf函数结果示意图

实际上，pdf 函数就是一个集合了常见分布概率密度函数公式的通用函数。图 11.6 的结果也可以直接利用正态分布的概率密度公式绘制，代码为：

```
mu = 0;
sigma = 3;
x = linspace(-5,5,100);
y = 1/sqrt(2*pi*sigma^2)*exp(-(x-mu).^2./(2*sigma^2))
```

```
plot(x,y)
```

此外，除了 pdf 函数之外，MATLAB 也有专用函数计算概率密度值。例如，对于均值为 mu、标准差为 sigma 的正态分布，其在 x 处的概率密度值可以通过 pdf('Normal',x,mu,sigma) 函数计算，也可以通过 normpdf(x,mu,sigma) 函数计算。均匀分布与指数分布对应的计算概率密度的函数分别为 unifpdf 函数与 exppdf 函数。

11.3.3 ksdensity 函数

pdf(name,xi,A,B,C) 函数直接根据分布类型（name）和分布参数（A、B、C），计算其在不同点 xi 处的概率密度值。当已知一组样本数据，未知其分布函数与相应分布参数时，pdf 函数无法求解。

ksdensity(x) 函数可以根据统计样本数据 x，直接计算样本对应的概率密度函数在不同值 xi 处的概率密度值，其调用方式为：

```
[f,xi] = ksdensity(x)
f = kedensity(x,xi)
```

其中，x 为样本数据，f 为 xi 对应的概率密度函数值。

求标准正态分布在 xi 点 [–3:0.01:3] 处的概率密度函数时，pdf 函数与 ksdensity 函数分别如下。

pdf 函数可以根据标准正态分布的参数（均值 mu=0，方差 sigma=1）直接计算标准正态分布在 xi 点 [–3:0.01:3] 上的概率密度值 y1，代码为：

```
xi = -3:0.01:3;
mu = 0;
sigma = 1;
y1 = pdf('Normal', xi,mu,sigma)
```

ksdensity 函数不能直接计算某分布的概率密度值，对于标准正态分布，需要已知一组标准正态分布下的样本数据 x，根据数据 x 求其概率密度函数在 xi 点 [–3:0.01:3] 上的概率密度值，代码为：

```
x = randn(N,1);
xi = -3:0.01:3;
y2 = ksdensity(x,xi)
```

设置不同的样本量 N，绘制 pdf 函数结果 y1 与 ksdensity 函数结果 y2 的对比图，如图 11.7 所示。其中，pdf 函数是直接根据正态分布参数（均值 mu=0，方差 sigma=1）计算概率密度值，ksdensity 函数是根据标准正态分布的 N 个样本数据 x 计算概率密度值，因此，样本数据量（N）越大，ksdensity 结果越接近标准正态分布概率密度函数，图 11.7 中的 N 越大，概率密度函数曲线越接近正态分布的概率密度函数曲线。

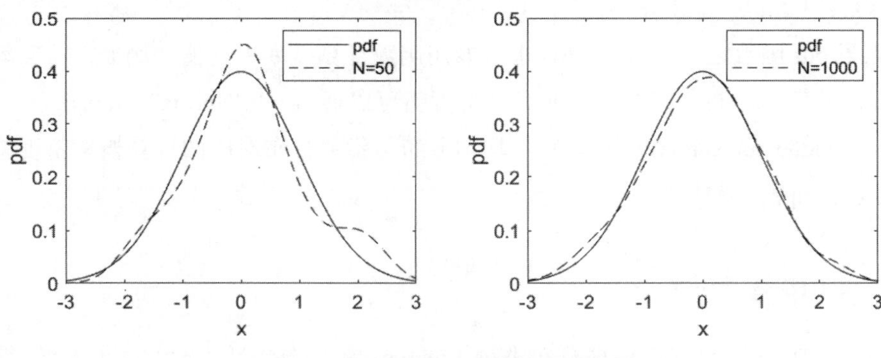

图11.7 ksdensity函数结果示意图

11.3.4 cdf 函数

MATLAB 的 cdf 函数与 pdf 函数相似，可以计算所有分布的概率分布函数值。其调用格式和 pdf 函数基本一致，具体如下：

```
y = cdf(name,x,可变参数)
```

上述代码能够计算任意分布在 x 处的累计概率值，其中，输入变量 name 表示分布名称，x 表示计算累计概率值的随机变量，例如，可以利用上述代码计算标准正态分布在 x 处的累计概率值。对应于不同的分布，其调用格式的输入变量不同，表 11.5 给出了常用的正态分布、均匀分布、指数分布的 cdf 函数调用格式。

表 11.5 MATLAB 的 cdf 函数常用调用格式

分布	cdf 函数调用格式	专用函数调用格式
参数为 mu、sigma 的正态分布	cdf('Normal',x,mu,sigma)	normcdf(x,mu,sigma)
区间 [a,v] 上的均匀分布	cdf('unif',x,a,b)	unifcdf(x,a,b)
参数为 lambda 的指数分布	cdf('exp',x,lambda)	expcdf(x,lambda)

表 11.5 的第三列为 MATLAB 中计算概率分布值的专用函数调用格式。

cdf 函数与专用函数计算的概率分布值相同。例如，分别调用 cdf 函数与 normcdf 函数计算标准正态分布在 x=0 处的累计概率值，代码如下：

```
x = 0;
y1 = cdf('Normal',x,0,1)
y2 = normcdf(x,0,1)
```

得到的结果均为 0.5。

本章首先介绍了概率统计的基本概念，引入随机变量；然后对随机变量的统计特征进行简单介绍，包括均值、方差与标准差、协方差与相关系数、变异系数、峰度、偏度等；最后对概率密度值与累计概率值的概念及其在 MATLAB 中的计算进行了简单介绍。

第 12 章

图像处理与信号处理

图像处理与信号处理是 MATLAB 在工程领域的成功应用。本章在 MATLAB 科学计算内容基础上，对 MATLAB 的图像处理与信号处理常用函数进行拓展，既有利于掌握 MATLAB 的基础操作，又能用可视化的图像处理解决实际问题。本章主要涉及的知识点如下。

- **图像处理常用函数：**图像强化、分割等图像处理方法。
- **信号处理常用函数：**conv、fft 函数的介绍。

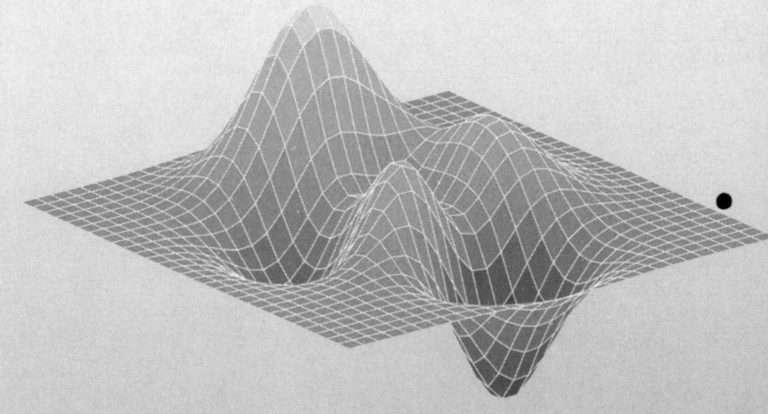

12.1 图像处理

MATLAB 是一款功能强大的计算软件，具有处理图像的功能。本节将对 MATLAB 图像处理进行介绍，包括图像处理的基础知识与各类图像处理函数，实现图像的读取、显示与保存，图像的几何变换，图像增强，图像分割等功能。

12.1.1 图像读取、显示与保存

在 MATLAB 中，图像用矩阵表示，矩阵中的每一个元素表示图像中的每一个像素点。图像的读取过程就是利用 MATLAB 将图像文件（如 .jpg 文件、.bmp 文件等）转换为 MATLAB 的矩阵变量；图像显示就是将 MATLAB 中的矩阵变量进行显示；图像保存就是将 MATLAB 中的矩阵变量另存为图像文件。

图像读取、显示与保存分别由 MATLAB 的 imread、imshow、imwrite 函数实现。

1. 图像读取函数 imread

图像读取函数 imread 输入图像路径与文件名后，输出表示图像的矩阵变量，其调用格式为：

```
X = imread('图像文件名')
```

例如，图像文件 example.png 保存在当前目录的 fig 子目录下，对该图像进行读取，并将输出的矩阵命名为 I，则代码为：

```
I = imread('fig\example.png ');
```

利用 whos 函数查看矩阵 I 的维度，得到结果为：

```
  Name         Size                    Bytes  Class    Attributes
  I          491x764x3                1125372     uint8
```

变量 I 的维度为 491×764×3，其中前两维表示图像由 491×764 个像素点组成，第三维表示每个像素点由 3 个数字（即 R、G、B 三值）表示。

对于 MATLAB 当前目录下的图像，可以用图像文件名直接读取；对于当前目录的子目录下的图像，需要在文件名前添加相应路径。

2. 图像显示函数 imshow

用 imread 函数读取的图像可以通过 imshow 函数显示在 MATLAB 中，其调用格式为：

```
imshow(fig)
```

其中，输入变量 fig 为表示图像的矩阵。例如，上文读取文件 example.png 并保存在变量 I 中，如下代码可以直接显示 example.png 图像。

```
Imshow(I)
```

3. 图像保存函数 imwrite

MATLAB 中表示图像的变量可以另存为文件，其调用格式为：

```
imwrite(fig,'文件名')
```

其中，输入变量 fig 为表示图像的矩阵。例如，将上文的矩阵 I 保存为图像文件 example.bmp，代码如下：

```
imwrite(I,'fig\example.bmp')
```

将上述文件读取、显示、保存过程的代码保存在 test.m 中，运行该文件，可以显示图像文件 example.png，图像是彩色橘子。

以上代码分别实现了：读 fig 目录下的 example.png 图像、显示该图像、将该图像命名为 example.bmp 并写在 fig 目录下。

除了这三个基本函数外，MATLAB 还可以利用 imfinfo 函数获取图像信息，如文件格式、图像类型、数据类型等。运行下述代码：

```
info = imfinfo('fig\example.png ')
```

得到的结果为：

```
info =
  包含以下字段的 struct:
                 Filename: 'G:\MATLAB科学计算\code\Chap12\fig\example.png'
              FileModDate: '22-Oct-2022 21:11:19'
                 FileSize: 395113
                   Format: 'png'
            FormatVersion: []
                    Width: 764
                   Height: 491
                 BitDepth: 24
                ColorType: 'truecolor'
          FormatSignature: [137 80 78 71 13 10 26 10]
```

12.1.2 图像的基本运算

第 12.1.1 节中图像读取、显示与保存的函数，是 MATLAB 进行图像处理的基础。本节在此基础上，进行图像的基本运算，包括图像类型转换（rgb2gray、imbinarize）、绘制灰度图像的直方图（imhist）、直方图均衡化（histeq）、灰度值线性变换（inadjust）、在图像上增加噪声（imnoise）等。

1. 图像类型转换

MATLAB 的图像有多种类型，不同图像之间最明显的区别在于真彩色图像（rgb）与灰度图像（gray）。例如，12.1.1 节中图像 example.png 为彩色橘子图像，利用 whos 函数得到其维度为 $491\times764\times3$，每个像素点均由表示 R、G、B 的 3 个值组成。

rgb2gray 函数能够将真彩色图像（rgb）转换为灰度图像（gray），其调用格式为：

```
X = rgb2gray(I)
```

将 12.1.1 节中的图像转换为灰度图像并显示，然后保存在 fig 目录下，将灰度图像命名为 fig12_1.bmp，如代码 12-1 所示。

代码12-1

灰度转换函数调用实例

```
I = imread('fig\example.png ');
X = rgb2gray(I);
imshow(X)
imwrite(X,'fig\fig12_1.bmp')
```

灰度变换得到结果如图 12.1 所示。其中，变量 X 表示变换之后的灰度图像，每个像素点均由一个灰度值表示，用 whos 函数可以查看其维度为 491×764 。

图12.1 灰度转换结果示意图

常用的图像转换运算还有图像二值化，即将图像转换为只有黑白两色的二值图像（bw）。在 MATLAB 中，imbinarize 函数可以实现图像二值化，其调用格式为：

```
BW = imbinarize(I,level)
```

上述调用格式基于阈值 level（0 ~ 1 之间小数）将图像 I 转换为二值图像 BW，I 中亮度大于阈值的所有像素都被替换为值 1（白色），其他像素都被替换为值 0（黑色）。

例如，将图 12.1 转换为二值图像，取阈值为 0.57（可以任意选择阈值），代码如下，得到的结果如图 12.2 所示。

```
I = imread('fig\example.png ');
X = rgb2gray(I);
K = imbinarize(X,0.57);
subplot(121);imshow(X);title('X')
subplot(122);imshow(K);title('K')
```

图12.2　灰度图像转换为二值图像的结果示意图

2. 绘制灰度图像的直方图

利用 rgb2gray 函数将真彩色图像转换为灰度图像后，得到的矩阵中每个元素表示一个像素的灰度值，灰度值用 0～255 的整数表示，0 表示纯黑色，255 表示纯白色。

灰度图像的直方图可以表示图像的性质。例如，当一个图像整体偏黑时，灰度图像的直方图集中在较小值处；当一个图像整体偏白时，灰度图像的直方图集中在较大值处。

在 MATLAB 中，可以通过 imhist 函数获取灰度图像的直方图，其调用格式为：

```
imhist(X)
```

其中，X 为灰度图像对应的矩阵。

图 12.1 中的灰度图像的直方图绘制代码如下所示，得到的结果如图 12.3 所示。根据直方图，可以看出图 12.1 的灰度值集中在 100～200，图像整体色调偏灰。

```
I = imread('fig\example.png ');
X = rgb2gray(I);
imhist(X)
```

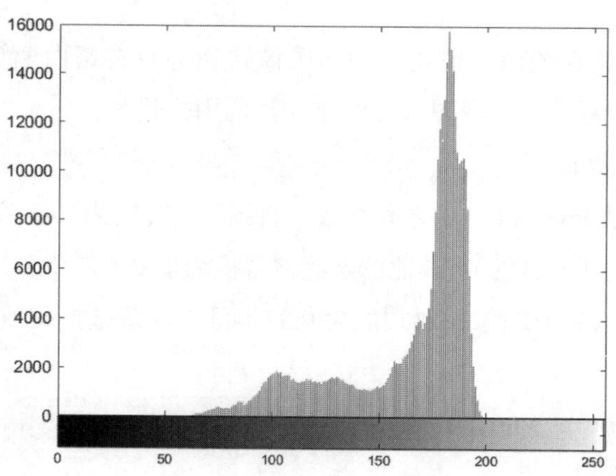

图12.3　图12.1的灰度图像直方图

3. 直方图均衡化

图 12.3 中灰度图像的直方图分布并不均匀，灰度值都在 200 以下，且集中在 100 ~ 200。在图像的基本运算中，直方图均衡化可以解决这一问题。MATLAB 的直方图均衡化函数为 histeq，其调用格式为：

```
J = histeq(X);
```

上述调用格式对图像 X 进行直方图均衡化，得到均衡化之后的图像 J。

对上文图像 X 进行直方图均衡化，具体实现代码如下，得到的结果如图 12.4 所示。

```
J = histeq(X);
subplot(221);imshow(X)
subplot(222);imhist(X)
subplot(223);imshow(J)
subplot(224);imhist(J)
```

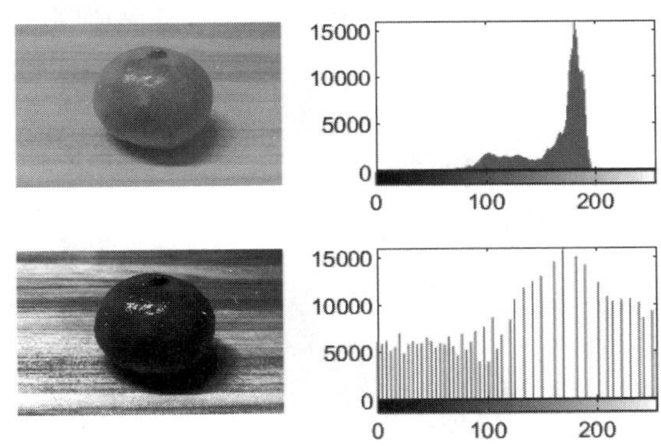

图12.4 histeq函数结果示意图

从图 12.4 中可以看出，直方图均衡化后，图像整体明暗对比更加强烈。

4. 灰度值线性变换

直方图均衡化能增强灰度图像的对比度，灰度图像还有另外一种增强对比度的基本运算，为灰度值线性变换，通过对灰度值的线性化处理增强图像对比度。

MATLAB 的 imadjust 函数可以实现灰度图像灰度值线性变换运算。默认情况下，imadjust 函数对所有像素值中最低的 1% 和最高的 1% 进行饱和处理，可提高图像的对比度，其调用格式为：

```
J = imadjust(I)
```

对图 12.1 进行灰度值线性变换，代码如下，得到的结果如图 12.5 所示。

```
I = imread('fig\example.png ');
X = rgb2gray(I);
Q = imadjust(X);
subplot(121);imshow(X);title('X')
```

```
subplot(122);imshow(Q);title('Q')
```

图12.5 imadjust函数结果示意图

5. 在图像上增加噪声

imnoise 函数可以在图像上增加各类噪声，调用格式为：

```
J = imnoise(X,'噪声名')
```

输出图像 J 为加入噪声的输入图像 X，常用的噪声名有椒盐噪声（salt & pepper）、高斯噪声（gaussian）。

例如，对图 12.1 加入噪声，代码如下，得到的结果如图 12.6 所示。其中 X 为原图，J1 为加入椒盐噪声的图像，J2 为加入高斯噪声的图像。

```
I = imread('fig\example.png ');
X = rgb2gray(I);
J1 = imnoise(X,'salt & pepper');
J2 = imnoise(X,'gaussian');
subplot(131);imshow(X);title('X')
subplot(132);imshow(J1);title('J1')
subplot(133);imshow(J2);title('J2')
```

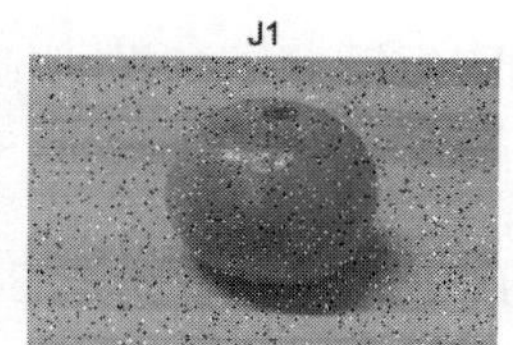

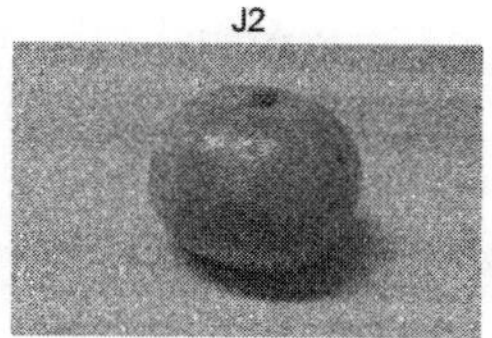

图12.6 imnoise函数结果示意图

12.1.3 图像滤波

滤波起源于通信理论，是一种典型的去除噪声、防止干扰的技术手段。图像滤波即利用滤波算法滤去图像部分内容，对图像进行增强。根据滤波作用域，图像滤波分为空域滤波和频域滤波两种。其中，空域滤波是指在图像所在的二维空间进行滤波处理，频域滤波是指在频率域对图像做滤波处理。

1. 图像空域滤波

空域滤波的基本思想是对图像中的每个像素基于其邻居进行重新计算，将计算结果代替原来的值。空域滤波分为线性空域滤波和非线性空域滤波，它有均值滤波、中值滤波、sobel 滤波、prewitt 滤波等滤波方式，本节重点介绍其中较为典型的均值滤波和 sobel 滤波。

1）均值滤波

均值滤波也称为线性滤波，是一种常用的线性空域滤波方法，其基本思想为用像素的邻域的均值代替该像素。

根据邻域的不同，均值滤波有不同的公式，下面介绍最典型的一种均值滤波公式。如果用 $f(x,y)$ 表示位于图像 (x,y) 处的像素的灰度值（或其他图像中的值），则在图像所在的二维空间中，像素 (x,y) 的上、下、左、右像素位置分别为 $(x,y-1)$、$(x,y+1)$、$(x-1,y)$、$(x+1,y)$，这四个像素为原像素的一组邻域，用邻域的灰度值代替原灰度值即为均值滤波，计算公式为：

$$f^*(x,y)=\frac{1}{5}\left[f(x,y-1)+f(x-1,y)+f(x,y)+f(x+1,y)+f(x,y+1)\right]$$

其中，$f^*(x,y)$ 为更新后像素 (x,y) 处的灰度值。

由于空域滤波是对像素的邻居像素进行操作，计算过程和卷积相同，隐私滤波公式可以用滤波算子表示。其中，滤波算子的一般形式为：

$$k\begin{bmatrix} a & b & c \\ d & e & f \\ g & h & i \end{bmatrix}$$

该算子表示的滤波公式为：

$$\begin{aligned} f^*(x,y)=k\cdot(&a\cdot f(x-1,y-1)+b\cdot f(x,y-1)+c\cdot f(x+1,y-1)+d\cdot f(x-1,y)+e\cdot f(x,y)\\ &+f\cdot f(x+1,y)+g\cdot f(x-1,y+1)+h\cdot f(x,y+1)+i\cdot f(x+1,y+1)) \end{aligned}$$

根据上述滤波算子的定义，前文均值滤波公式对应的滤波算子为：

$$\boldsymbol{T}=\frac{1}{5}\begin{bmatrix} 0 & 1 & 0 \\ 1 & 1 & 1 \\ 0 & 1 & 0 \end{bmatrix}$$

均值滤波的直观思想就是用周围点的灰度值的平均值代替原灰度值，因此，均值滤波后的图像会使图像边缘模糊化。

得到均值滤波的滤波算子后，可以用 imfilter 函数实现滤波，其调用格式如下：

```
J=imfilter(I,h)
```

其中，h 为滤波算子，即为上文中矩阵 $\boldsymbol{T}$，改变 h 可获得不同滤波算子下的空域滤波结果。

对图像 example.png 的灰度图加入椒盐噪声后再进行均值滤波，对比滤波前后图像区别，代码如下：

```
I = imread('fig\example.png ');
X = rgb2gray(I);
J = imnoise(X,'salt & pepper',0.02);
h = [0 1 0;1 1 1;0 1 0]./5;
Y = imfilter(X,h);
subplot(131);imshow(X);title('X')
subplot(132);imshow(J);title('J')
subplot(133);imshow(Y);title('Y')
```

上述代码首先读取 example.png 图像并存储在变量 I 中，利用 rgb2bray 函数将图像 I 从真彩色图转换为灰度图，灰度图为 X；然后利用 imnoise 函数给图像添加椒盐噪声，得到图像 J；最后对图像 J 进行空域滤波，得到图像 Y，如图 12.7 所示。

图12.7　空域滤波结果示意图

从图 12.7 可以看出，均值滤波能够有效去除图像中的椒盐噪声。

滤波算子 ***T*** 是根据滤波公式设定的，属于自定义滤波算子，而 MATLAB 有生成滤波算子 h 的函数 fspecial，可以生成不同类型的滤波算子，调用格式为：

```
h = fspecial(type)
```

其中，type 为滤波算子类型，可以为 'average'、'prewitt'、'sobel' 等，还可以设定滤波邻域的范围。

调用 fspecial 函数生成不同维度的均值滤波算子，并对加入椒盐噪声后的图像进行均值滤波，代码如下所示，结果如图 12.8 所示。

```
I = imread('fig\example.png ');
X = rgb2gray(I);
J = imnoise(X,'salt & pepper',0.02);
h1 = fspecial('average',3);
h2 = fspecial('average',20);
Y1 = imfilter(X,h1);
Y2 = imfilter(X,h2);
subplot(131);imshow(J);title('J')
subplot(132);imshow(Y1);title('Y1')
subplot(133);imshow(Y2);title('Y2')
```

值得注意的是，上述代码中的均值滤波算子和前文公式 ***T*** 不同。代码中，h1 的维度为 3，h2 的维度为 20，实际上，h1=ones(3)/9，h2=ones(20)/400。滤波算子维度越大，每个像素点取均值的窗口就越大，滤波图像就越模糊。

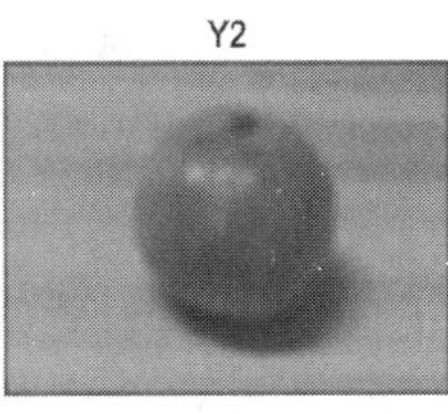

图12.8 不同大小的均值滤波算子滤波结果示意图

2）sobel 滤波

除了均值滤波外，还有其他线性空域滤波方式，可实现不同的功能。sobel 滤波是一种基于 sobel 算子的滤波方式，通过对像素点的上下邻域作差，得到图像的水平边缘，其公式为：

$$
\begin{aligned}
f^{*}(x,y) = & f(x-1,y-1)+2f(x,y-1)+f(x+1,y-1) \\
& -f(x-1,y+1)-2f(x,y+1)-f(x+1,y+1)
\end{aligned}
$$

根据上述公式，sobel 算子为：

$$
\boldsymbol{T}=\begin{bmatrix} 1 & 2 & 1 \\ 0 & 0 & 0 \\ -1 & -2 & -1 \end{bmatrix}
$$

MATLAB 中 h=fspecial('sobel') 返回的就是上述算子。利用 sobel 算子对图像进行滤波，可以得到图像的水平边缘；对 h 进行转置后滤波，可以得到图像的垂直边缘。

利用 sobel 算子对灰度图进行滤波，得到其水平边缘与垂直边缘并绘图显示，代码如下所示，得到结果如图 12.9 所示。

```
I = imread('fig\example.png ');
X = rgb2gray(I);
h = fspecial('sobel');
Y1 = imfilter(X,h);
Y2 = imfilter(X,h');
subplot(121);imshow(X);title('X')
subplot(122);imshow(Y1+Y2);title('Y1+Y2')
```

在上述代码中，Y1 为图像的水平边缘；Y2 为图像的垂直边缘；Y1+Y2 为利用 sobel 算子进行空域滤波后得到的结果，为原灰度图的边缘。

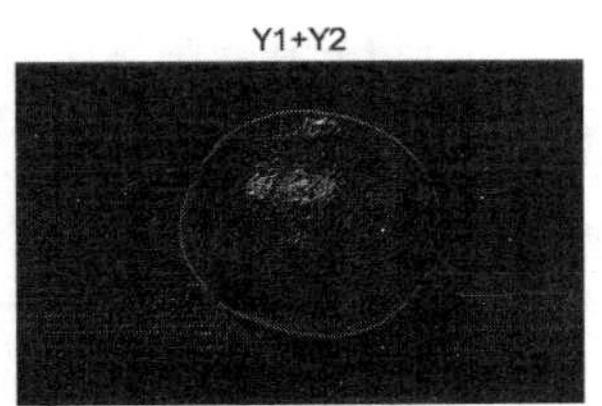

图12.9 sobel算子滤波结果示意图

从图 12.9 可以看出，sobel 滤波可以实现图像的边缘检测。除了 sobel 滤波外，prewitt 滤波也可以实现图像边缘检测，读者可通过代码 h=fspecial('prewitt') 得到 prewitt 滤波算子，从而进行 prewitt 滤波，本书不对其进行展开介绍。

上述介绍的均为线性空域滤波，即通过对邻域进行线性运算得到滤波结果，空域滤波还包括非线性空域滤波。非线性空域滤波主要有中值滤波（可通过 medfilt2 函数实现）、排序滤波（可通过 ordfilt2 函数实现）、自适应滤波（可通过 wiener2 函数实现）等滤波方式。其中，中值滤波的基本思想是用像素点邻域的中值代替该像素点。本书不对其他滤波方法展开介绍，读者可通过 help 和 doc 命令查看不同函数的具体功能和调用方式。

2. 图像频域滤波

图像频域滤波是在图像的频域进行运算，分为低通滤波与高通滤波，分别实现图像的平滑与锐化。

图像频域滤波首先利用傅里叶变换将图像转换到频域，然后在频域内对图像进行滤波处理，再利用傅里叶反变换得到频域滤波之后的图像。因此，在进行 MATLAB 频域滤波之前，需要先掌握图像傅里叶变换与傅里叶反变换的 MATLAB 函数。

1）低通滤波

由于图像频域滤波是在频域进行计算的，因此首先需要利用傅里叶变换将图像从空域变换到频域，与之相关的 MATLAB 函数为包括二维快速傅里叶变换函数 fft2、将零频分量转移到频谱中心函数 fftshift。图像的傅里叶变换代码如下所示：

```
I = double(rgb2gray(imread('fig\example.png ')))/255;
[m,n] = size(I);
J = fftshift(fft2(I,m,n));
```

其中，第一行代码读取 example.png 图像并将其转换为 [0,1] 之间的灰度图 I，用 fft 函数进行快速傅里叶变换并将零频分量转移到频谱中心后得到变量 J，即为傅里叶变换之后的图像频域数据。得到图像的频域数据后，可以对其进行低通滤波。

用 $H(u,v)$ 表示低通滤波器，理想低通滤波器公式为：

$$H(u,v)=\begin{cases}1 & D(u,v)\leqslant D_0\\0 & D(u,v)>D_0\end{cases}$$

其中，$D(u,v)$ 是频率点 (u,v) 与频域中心的距离。上述公式的含义为：该滤波器只能通过频率小于截止频率 D_0 的信号。

在 MATLAB 中，可以通过如下代码设计截止频率为 80 的理想低通滤波器，其中 I 为待滤波的图像数据。

```
M = 2*size(I,1);
N = 2*size(I,2);
u = -M/2:(M/2-1);
```

```
v = -N/2:(N/2-1);
[U,V] = meshgrid(u,v);
D = sqrt(U.^2+V.^2);
D0 = 80; %截止频率
H = double(D<=D0);
```

得到滤波器 H 后，图像频域数据 J 与滤波器 H 直接点乘，就能得到滤波之后的频域数据，代码如下：

```
K = J.*H;
```

再利用傅里叶反变换函数 ifft2 与逆零频平移函数 ifftshift，将滤波之后的频域图像转换为空域图像，代码如下：

```
L = ifft2(ifftshift(K));
```

根据上述介绍，对图 12.1 进行低通滤波，如代码 12-2 所示。

代码12-2

图像低通滤波实例

```
I = double(rgb2gray(imread('fig\example.png ')))/255;
M = 2*size(I,1);
N = 2*size(I,2);
u = -M/2:(M/2-1);
v = -N/2:(N/2-1);
[U,V] = meshgrid(u,v);
D = sqrt(U.^2+V.^2);
D0 = 50;
H1 = double(D<=D0);
J = fftshift(fft2(I,size(H1,1),size(H1,2)));
K1 = J.*H1;
L1 = ifft2(ifftshift(K1));
D1 = 25;
H2 = double(D<=D1);
J = fftshift(fft2(I,size(H2,1),size(H2,2)));
K2 = J.*H2;
L2 = ifft2(ifftshift(K2));

h = figure;
set(h,'position',[100 100 800 150]);
subplot(131);imshow(I);title('I')
subplot(132);imshow(L1(1:size(I,1),1:size(I,2)));title('D0:50')
subplot(133);imshow(L2(1:size(I,1),1:size(I,2)));title('D0:25')
```

得到的结果如图 12.10 所示。

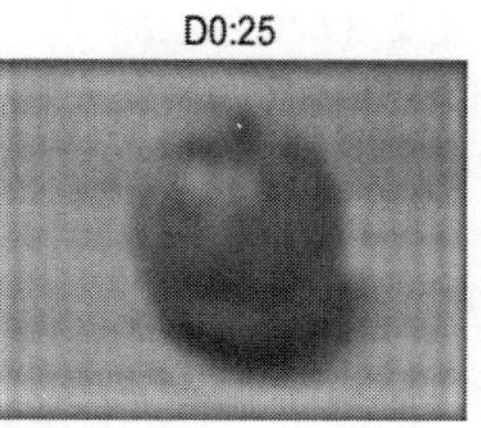

图12.10　理想低通滤波结果示意图

在图 12.10 中，第二个子图的滤波器截止频率为 50，第三个子图的截止频率为 25。由此可见，截止频率越低，通过的信息越少，图像越模糊。

除了理想低通滤波器以外，还有 Butterworth 低通滤波器、指数低通滤波器和梯形低通滤波器等。

Butterworth 低通滤波器公式为：

$$H(u,v)=\frac{1}{1+\left(\frac{D(u,v)}{D_0}\right)^{2n}}$$

其中，D_0 为截止频率；n 为衰减率系数。这两个参数决定了 Butterworth 低通滤波器的性能，需要人为设定。当衰减率系数为 6，截止频率为 40 时，根据公式，Butterworth 低通滤波器的 MATLAB 设计代码为：

```
n=6;
D0=40;
H = 1./(1+(D/D0).^(2*n));
```

其中,n 为可调的衰减率系数；D0 为截止频率，代码中设为 40 ；H 为 Butterworth 低通滤波器。

指数低通滤波器公式为：

$$H(u,v)=\mathrm{e}^{-\left(\frac{D(u,v)}{D_0}\right)^{n}}$$

指数低通滤波器同样具有衰减率系数与截止频率两个参数，在相同参数下指数低通滤波器的 MATLAB 设计代码为：

```
n = 6;
D0=40;
H = exp(-(D/D0).^n);
```

梯形低通滤波器公式为：

$$H(u,v)=\begin{cases}1 & D(u,v)<D_0\\ \frac{D(u,v)-D_1}{D_0-D_1} & D_0<D(u,v)<D_1\\ 0 & D(u,v)>D_1\end{cases}$$

其中，D_1 可以取任意大于 D_0 的值，当 D_0 取为 40、D_1 取为 80 时，根据公式，梯形低通滤波器的设计代码为：

```
D0=40;
```

```
D1=80;
H = double(D<=D0)+(D1-D)/(D1-D0).*double(D>D0&D<D1);
```

代码 12-2 中给出了对图像进行理想低通滤波的过程。理想低通滤波器只是一种理论模型，实际中并不存在，而上述 Butterworth 低通滤波器、指数低通滤波器与梯形低通滤波器是更贴合实际的模型，读者可将代码 12-2 中的理想低通滤波器换为上述滤波器，观察图像滤波之后的效果。

2）高通滤波

常见的高通滤波器有理想高通滤波器、Butterworth 高通滤波器、指数高通滤波器和梯形高通滤波器。理想高通滤波器公式为：

$$H(u,v)=\begin{cases}0 & D(u,v)\leqslant D_0\\ 1 & D(u,v)>D_0\end{cases}$$

其中，$D(u,v)$ 是频率点 (u,v) 与频域中心的距离。上述公式的含义为：该滤波器只能通过频率大于截止频率 D_0 的信号，因此为高通滤波。理想高通滤波器的设计代码为：

```
D0=5;
H = double(D>=D0);
```

12.1.4 图像分割

图像分割是将图像分割成多个部分或区域的过程。其中，阈值分割是最简单的图像分割方法，只要找到适当的灰度阈值就能实现效果较好的分割。除了阈值分割法，图像分割还可以采用边缘检测法，即基于边缘进行图像分割。下面分别介绍阈值分割与边缘检测两种图像处理在 MATLAB 中的实现过程。

1. 阈值分割

阈值分割，顾名思义，就是利用阈值对图像进行分割。12.1.2 节中提到的二值图像转换函数 imbinarize 可以实现阈值分割，其调用格式为：

```
J = imbinarize(I,level)
```

其中，level 为 [0,1] 之间的阈值；I 为输入图像；J 为输出图像。imbinarize 函数将高于阈值的值替换为 1 并将所有其他值设置为 0，实现阈值分割。

例如，读取图像 coins.png 并绘制其灰度直方图，观察不同阈值下的阈值分割结果图像，如代码 12-3 所示。

代码 12-3

图像分割实例

```
I = imread('fig\coins.png');
subplot(221),imshow(I)
```

```
subplot(222),imhist(I),axis([0 255 0 5000])
I2 = im2bw(I,100/255);
subplot(223),imshow(I2),title('100')
I3 = im2bw(I,150/255);
subplot(224),imshow(I3),title('150')
```

在上述代码中，I2 将灰度值大于 100 的像素点置为 1（白色），小于 100 的像素点置为 0；I3 以阈值为 150 的灰度值为界进行分割。得到的结果如图 12.11 所示。

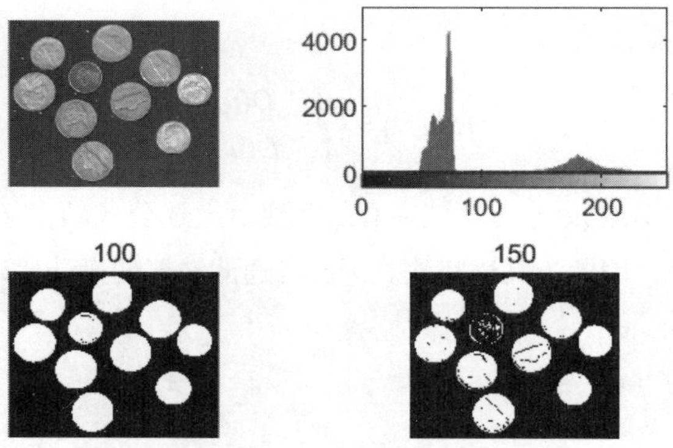

图12.11　阈值分割结果示意图

上述方法需要手动确定阈值，一般可以通过观察直方图确定。MATLAB 也有自动确定阈值的方法，即最大类间差法，通过 graythresh 函数实现。graythresh 函数的调用格式为：

```
level = graythresh(I);
```

输入图像后，将输出根据最大类间差法确定的该图像的最优阈值 level。使用 graythresh 函数确定的阈值进行阈值分割，代码如下：

```
I = imread('coins.png');
subplot(121),imshow(I)
level = graythresh(I);
BW = im2bw(I,level);
subplot(122),imshow(BW)
```

其中，自动确定的阈值 level 为 0.4941，转换灰度值为 126。得到的结果如图 12.12 所示。

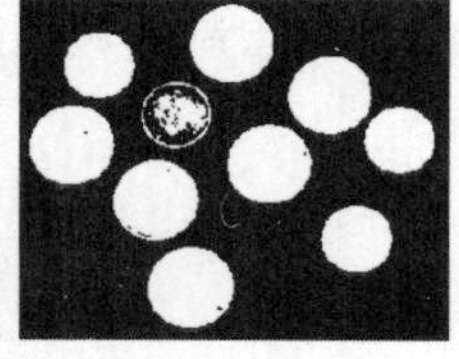

图12.12　自动阈值分割结果示意图

2. 边缘检测

边缘检测即对图像中的物体边缘进行检测，可以利用各种边缘检测算子检测图像边缘，如利用 12.1.3 节中的 sobel 算子进行滤波可以实现边缘检测。

MATLAB 中 edge 函数是专门用于边缘检测的函数，能够查找二维灰度图中的边缘，其调用格式为：

```
BW = edge(I)
```

该函数返回二值图像 BW，其中的值 1 对应于灰度图 I 中函数找到边缘的位置，0 对应于其他位置。默认情况下，edge 函数使用 sobel 边缘检测方法。

利用 edge 函数检测边缘并绘图的示例代码如下：

```
I = imread('coins.png');
subplot(121),imshow(I)
BW = edge(I);
subplot(122),imshow(BW)
```

得到的结果如图 12.13 所示。

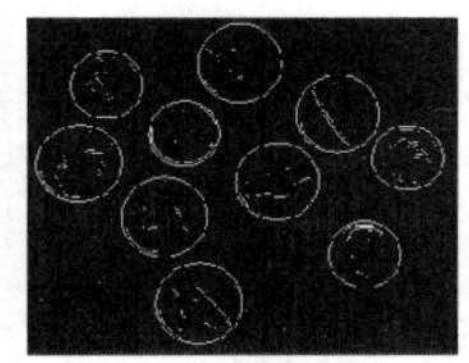

图12.13　边缘检测结果示意图

由于 edge 函数默认的边缘检测方法为 sobel，因此，若想改变边缘检测方法可以通过以下调用方式：

```
BW = edge(I,method)
```

其中，method 为边缘检测方法，可以选择 prewitt、log、canny 等。

12.2 信号处理

信号处理是 MATLAB 在工程领域重要的应用方向，是一门专业性较强的学科，进行信号处理往往需要一定的专业知识。本章选择信号处理的基础知识（卷积与信号频域分析）进行学习，并提供相应的 MATLAB 信号处理函数，为之后的信号处理学习提供基础。

12.2.1 卷积

卷积是信号处理领域中的一种特殊计算，也是信号处理的基础，两个向量 $\boldsymbol{u}$ 和 $\boldsymbol{v}$ 的卷积公式为：

$$\boldsymbol{w}(k)=\sum_{j}\boldsymbol{u}(j)\boldsymbol{v}(k-j+1)$$

其中，向量 $\boldsymbol{u}$ 和 $\boldsymbol{v}$ 的长度分别为 m 和 n；两个向量的卷积结果 $\boldsymbol{w}$ 的长度为 $m+n-1$，$\boldsymbol{w}(k)$ 为向量 $\boldsymbol{w}$ 的第 k 个元素。

根据卷积公式，可以直接计算两个向量的卷积结果。例如，将如下两个向量进行卷积：

$$\boldsymbol{u}=[1,2,3]$$
$$\boldsymbol{v}=[2,7]$$

根据卷积公式，卷积结果 $\boldsymbol{w}$ 的计算过程为：

$$\begin{cases}\boldsymbol{w}(1)=\boldsymbol{u}(1)\boldsymbol{v}(1)=2\\ \boldsymbol{w}(2)=\boldsymbol{u}(1)\boldsymbol{v}(2)+\boldsymbol{u}(2)\boldsymbol{v}(1)=11\\ \boldsymbol{w}(3)=\boldsymbol{u}(2)\boldsymbol{v}(2)+\boldsymbol{u}(3)\boldsymbol{v}(1)=20\\ \boldsymbol{w}(4)=\boldsymbol{u}(3)\boldsymbol{v}(2)=21\end{cases}$$

则卷积结果 $\boldsymbol{w}=[2,11,20,21]$。

MATLAB 卷积函数为 conv，其调用格式为：

```
w = conv(u,v)
```

对上文向量 $\boldsymbol{u}$ 和 $\boldsymbol{v}$ 卷积，代码如下：

```
u = [1 2 3];
v = [2 7];
w = conv(u,v)
```

得到结果为：

```
w = 2    11    20    21
```

conv 函数得到的结果与根据卷积公式计算得到的结果相同。

从代数方面考虑，卷积结果 $\boldsymbol{w}$ 可以视为将系数分别为 $\boldsymbol{u}$ 和 $\boldsymbol{v}$ 的多项式相乘后的多项式的系数。例如，向量 $\boldsymbol{u}=[1,2,3]$ 表示多项式 x^2+2x+3，向量 $\boldsymbol{v}=[2,7]$ 表示多项式 $2x+7$，两个多项式相乘，得到的结果为 $2x^3+11x^2+20x+21$，其系数 $[2,11,20,21]$ 即为卷积结果 $\boldsymbol{w}$。

12.2.2 信号频域分析

本节以一个简单信号为例介绍信号频域分析。假设信号含有两种频率成分，$f_1=1.8\text{kHz}$，$f_2=1.75\text{kHz}$，信号为：

$$x(t)=\sin(2\pi f_1 t)+\sin(2\pi f_2 t)$$

设采样率 $f_s=10\text{kHz}$，对该信号进行采样。在 MATLAB 中定义如下参数：

```
f1 = 1800;
f2 = 1750;
fs = 10000;
h = 1/fs;
```

其中，h 为采样时间间隔。

计算相加之后的信号的周期。记 $T_1 = 1/f_1$、$T_2 = 1/f_2$，计算 T_1/T_2。如果 T_1/T_2 不是有理数，则相加信号不是周期函数；如果 T_1/T_2 是一个有理数 p/q（p、q 互质），则相加信号为周期函数，可以计算其周期。在信号与系统中有如下定理：记 p/q 分子分母的最小公约数为 $\mathrm{lcm}(p,q)$，则相加信号 $x(t)$ 的周期为：

$$T = \frac{\mathrm{lcm}(p,q)}{p}T_1 = \frac{\mathrm{lcm}(p,q)}{q}T_2$$

在 MATLAB 中，运行下述代码，可以计算得到信号 $x(t)$ 的周期。

```
T1 = 1/f1;
T2 = 1/f2;
temp = split(rats(T1/T2),'/');
p = eval(temp{1});
q = eval(temp{2});
T = lcm(p,q)*T2/q;
```

计算得到信号 $x(t)$ 的周期 T 为 0.02s。

利用 MATLAB 的快速傅里叶变换函数 fft 对信号 $x(t)$ 做频谱分析，并绘制 FFT 波形。做频谱分析时，输入信号的长度会影响频谱分析结果。分别对 1 倍周期信号（信号前 0.02s 的数据）、2 倍周期信号（信号前 0.04s 的数据）、8 倍周期信号（信号前 0.16s 的数据）、1 倍周期的信号补零获得的 8 倍周期信号（信号前 0.02s 的数据，并在后补充 0.14s 零数据）做频谱分析，绘制其 FFT 波形。具体实现如代码 12-4 所示。

代码12-4

信号频域分析实例

```
temp = [1 2 8 8];
ti = {'1 period','2 period','8 period','1 period(0)'};
for i = 1:4
    subplot(4,1,i)
    t = 0:h:temp(i)*T;
    y = sin(2*pi*f1*t)+sin(2*pi*f2*t);
    if i == 4
        y((L-1)/8+1:end) = 0;
    end
    L = length(t);
    NFFT = 2^nextpow2(L);
```

```
    Y = fft(y,NFFT)/L;
    f = fs/2*linspace(0,1,NFFT/2+1);
    plot(f,2*abs(Y(1:NFFT/2+1)),'k')
    title(ti{i})
end
```

代码中，t 为采样点时刻，y 为采样信号，首先计算信号长度为 L，由于快速傅里叶分析算法要求信号的长度为 2 的幂，因此代码将信号长度 L 延拓到 2 的 n 次方。例如，一倍周期信号为前 0.02s 信号，而采样频率为 10kHz，则一倍周期信号长度为 201，将其延拓到最近的 2 的 n 次方，256。利用快速傅里叶变换函数 fft 对延拓之后的信号进行频谱分析，最终得到的结果如图 12.14 所示。

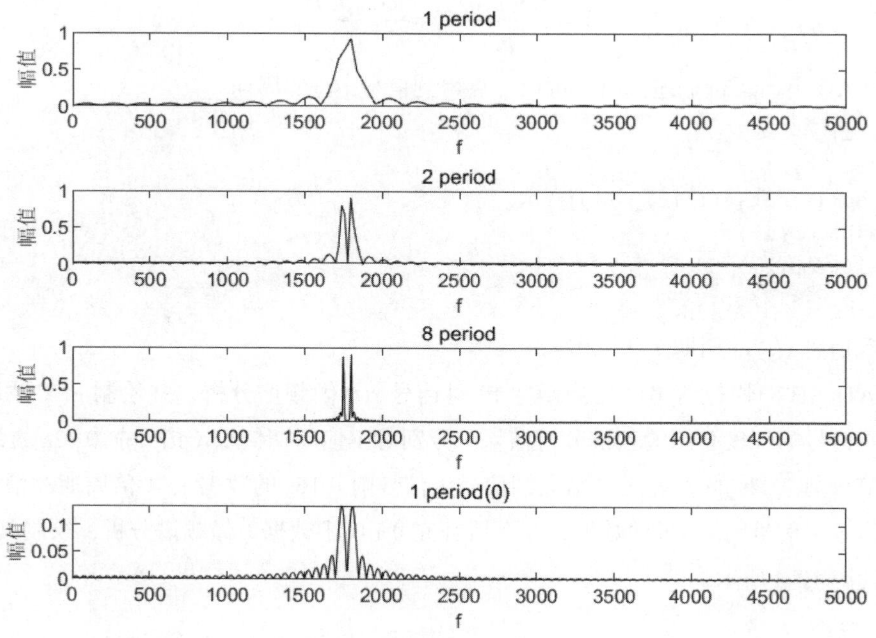

图12.14　信号频域分析结果示意图

对图 12.14 的频域分析结果进行对比分析。在傅里叶变换中，相邻谱线的间隔 $\Delta f = f_s / N$，f_s 为采样频率，固定为 10kHz，N 为采样点数，即代码中的 NFFT。

谱线间隔决定了 FFT 的频率分辨率，当谱线间隔较大时，将由于栅栏效应而丢掉有用信息。因此，在 f_s 不变的情况下，可以通过增大信号的采样点数的方法减小谱线间隔。

图 12.14 中第一个子图截取 1 倍周期信号，此时采样点数为 256，谱线间隔（频率分辨率）为：

$$\Delta f_1 = \frac{f_s}{N_1} = \frac{f_s}{256} = 39.0625$$

此时无法分辨出 f_1 和 f_2 两个谱峰，栅栏效应明显。增大采样时长，增加采样点，可以提高频谱分析的频率分辨率。

在图 12.14 中，第二个子图中的 2 倍周期与第三个子图中的 8 倍周期的谱线间隔（频率分辨率）分别为：

$$\Delta f_2 = \frac{f_s}{N_2} = \frac{f_s}{512} = 19.53125$$

$$\Delta f_8 = \frac{f_s}{N_3} = \frac{f_s}{2048} = 4.882813$$

如图 12.14 所示，在 1 倍周期时无法分辨的两个谱峰，在 2 倍周期和 8 倍周期时比较清楚，栅栏效应小，这是由于 2 倍周期和 8 倍周期时采样点多，谱线间隔小。

当 1 倍周期补零到 8 倍周期时，可以看到，由于采样点的增加，频率分辨率明显提高，能够将两个频率峰值分开，但能量泄漏明显，可以利用滤波器减少能量泄漏。

本章简单介绍了 MATLAB 图像处理与信号处理常用函数及调用方式，如图像处理中的 imfilter、edge 函数，信号处理中的 fft 函数，使读者可以进行基础的图像与信号处理。实际上，它们都涉及了频域信号处理。由于频域分析涉及基础数学知识较多，本书不对其进行展开介绍，读者可以在本章的基础上，根据自身需求，继续学习图像处理与信号处理。

第 13 章

数据拟合与回归问题应用实例

本章以实际科学研究和学习生活中的例子为基础，对第 7 章内容进行拓展，主要涉及的知识点如下。

- **最小二乘法**：掌握最小二乘法，在不同形式的函数上熟练应用最小二乘法。
- **梯度下降法**：掌握梯度下降法在参数估计问题中的应用。

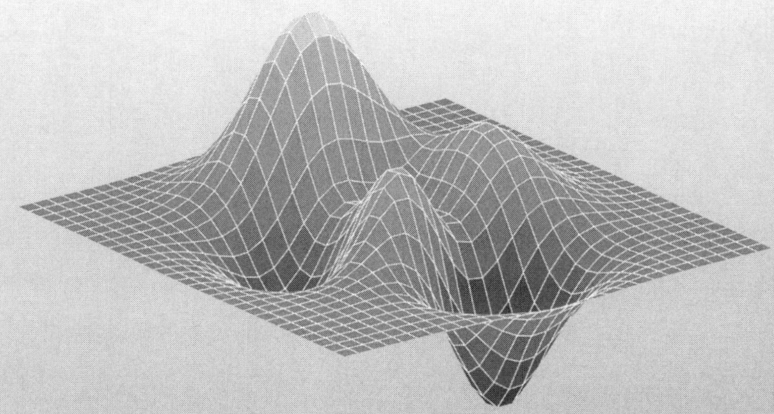

13.1 行星运动第三定律参数估计

行星运动第三定律也叫开普勒第三定律，行星运动第三定律常见的表述是：绕以太阳为焦点的椭圆轨道运行的所有行星，其各自椭圆轨道半长轴的立方与周期的平方之比是一个常量。本节利用相关数据，利用最小二乘法对其中的常量进行估计。

13.1.1 问题描述

太阳系行星到太阳的平均距离 x 与周期 T 的数据如表 13.1 所示。

表 13.1 行星数据

行星	平均距离（10^6 千米）	周期（天）
水星	58	88
金星	108	225
地球	150	365
火星	228	687

根据行星运动第三定律，平均距离 x 与周期 T 存在如下关系：

$$T = Cx^{\frac{3}{2}}$$

其中，C 为行星运动第三定律中的常量。

根据上述数据，解决以下问题：

（1）用最小二乘法估计 C 的值；

（2）使用 MATLAB 作出上述数据点的直线、抛物线、三次多项式、四次多项式拟合函数与曲线，求出残差平方和，并比较优劣，分析结果；

（3）用 $y = ae^x + bx + c$ 对数据点进行曲线拟合，并求出残差平方和。

13.1.2 最小二乘法

使用最小二乘法估计 C 的值，首先列出目标函数，即误差平方和为：

$$\min \boldsymbol{J}(C) = \min \sum_{i=1}^{4} \left(Cx_i^{\frac{3}{2}} - T_i \right)^2$$

将其表示为矩阵形式，得到：

$$J(C)=\begin{bmatrix} Cx_1^{\frac{3}{2}}-T_1 & Cx_2^{\frac{3}{2}}-T_2 & Cx_3^{\frac{3}{2}}-T_3 & Cx_4^{\frac{3}{2}}-T_4 \end{bmatrix}\begin{bmatrix} Cx_1^{\frac{3}{2}}-T_1 \\ Cx_2^{\frac{3}{2}}-T_2 \\ Cx_3^{\frac{3}{2}}-T_3 \\ Cx_4^{\frac{3}{2}}-T_4 \end{bmatrix}$$

$$=(C\boldsymbol{X}-\boldsymbol{Y})^{\mathrm{T}}(C\boldsymbol{X}-\boldsymbol{Y})$$

根据表 13.1 中数据，得到：

$$\boldsymbol{X}=[x_1^{1.5},x_2^{1.5},x_3^{1.5},x_4^{1.5}]^{\mathrm{T}}=[58^{1.5},108^{1.5},150^{1.5},228^{1.5}]^{\mathrm{T}}$$

$$\boldsymbol{Y}=[T_1,T_2,T_3,T_4]^{\mathrm{T}}=[88,225,365,687]^{\mathrm{T}}$$

得到数据的矩阵形式后，可以根据最小二乘法计算待求参数：

$$C=(\boldsymbol{X}^{\mathrm{T}}\boldsymbol{X})^{-1}\boldsymbol{X}^{\mathrm{T}}\boldsymbol{Y}$$

利用 MATLAB 进行计算，具体如代码 13-1 所示。

代码13-1

最小二乘法估计 *C* 值

```
x = [58 108 150 228]';
T = [88 225 365 687]';

X = x.^(3/2);
Y = T;
C = inv(X'*X)*X'*Y
RSS= (X*C-Y)'*(X*C-Y)
```

得到输出为：

```
C =
    0.1994
RSS =
    3.4344
```

则行星运动第三定律为：

$$T=0.1994x^{\frac{3}{2}}$$

残差平方和为 3.4344，结果如图 13.1 所示。

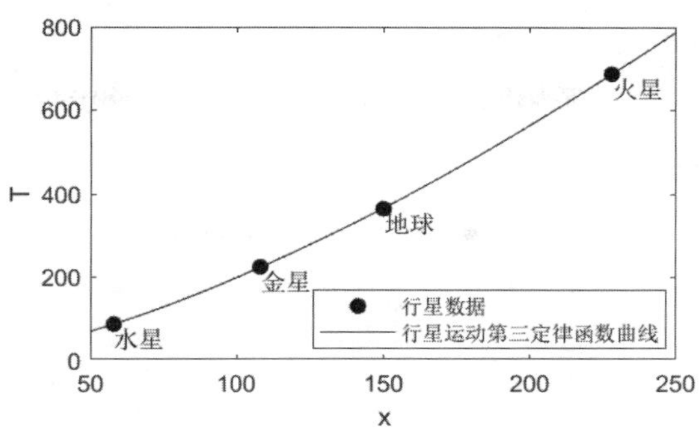

图13.1　最小二乘法估计C值结果示意图

13.1.3　多项式拟合

13.1.1 节问题（2）要求作出上述数据点的直线、抛物线、三次多项式、四次多项式拟合函数。根据 7.2 节，MATLAB 中 polyfit 函数可以直接对数据进行多项式拟合，输入表 13.1 中待拟合的数据 (x,T)，可输出降幂排列的多项式函数的系数。

使用 MATLAB 的 polyfit 函数对上述数据点进行一次、二次、三次、四次多项式拟合，如代码 13-2 所示。

代码13-2

多项式拟合

```
x = [58 108 150 228]';
T = [88 225 365 687]';

P1 = polyfit(x,T,1);
yi = polyval(P1,x);
error1 = (sum((yi - T).^2));
fprintf('n=1,Residual Sum of Squares: %f\n',error1)

P2 = polyfit(x,T,2);
yi = polyval(P2,x);
error2 = (sum((yi - T).^2));
fprintf('n=2,Residual Sum of Squares: %f\n',error2)

P3 = polyfit(x,T,3);
yi = polyval(P3,x);
error3 = (sum((yi - T).^2));
fprintf('n=3,Residual Sum of Squares: %f\n',error3)

P4 = polyfit(x,T,4);
```

```
yi = polyval(P4,x);
error4 = (sum((yi - T).^2));
fprintf('n=4,Residual Sum of Squares: %f\n',error4)
```

得到的结果如表 13.2 所示。

表 13.2　多项式拟合结果

多项式拟合次数	拟合多项式	残差平方和
1	$T=3.5516x-141.7742$	1883.3278
2	$T=0.0066x^2+1.6477x-29.5823$	0.0367
3	$T=\varepsilon x^3+0.0061x^2+1.7014x-31.4871$ $\varepsilon=1.0247\times10^{-6}$	0.0000
4	$T=\varepsilon_4x^4+\varepsilon_3x^3+0.0213x^2+0.5190x$ $\varepsilon_4=1.4698\times10^{-7}$、$\varepsilon_3=-7.8929\times10^{-5}$	0.0000

根据表 13.2，三次多项式拟合与四次多项式拟合残差平方和都为 0，这是由于只有四个数据，三次多项式与四次多项式可以经过所有数据。

绘制行星数据与一次多项式拟合函数、三次多项式拟合函数对比图，结果如图 13.2 所示。

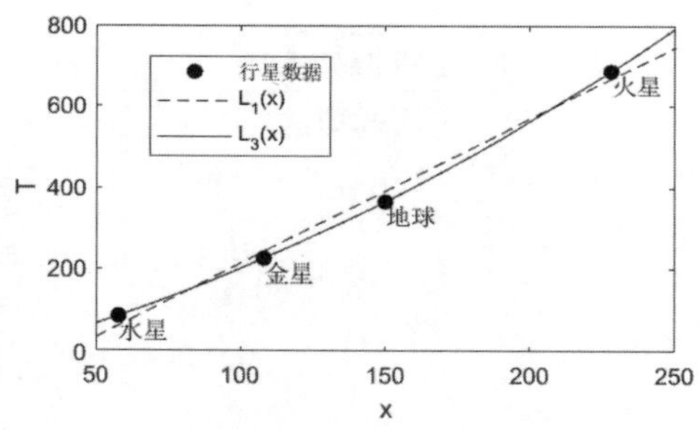

图13.2　多项式拟合结果

13.1.4　非线性函数拟合

13.1.1 节问题（3）要求用 $y=ae^x+bx+c$ 对数据点进行曲线拟合，并求出残差平方和。对于非线性函数拟合问题，可以利用最小二乘法求解系数。首先列出误差平方和为：

$$J(a,b,c)=\sum_{i=1}^{4}\left(ae^{x_i}+bx_i+c-y_i\right)^2$$

将其整理为矩阵形式：

$$J(a,b,c)=(\boldsymbol{XA}-\boldsymbol{Y})^{\mathrm{T}}(\boldsymbol{XA}-\boldsymbol{Y})$$

其中，$\boldsymbol{A}=[a,b,c]^{\mathrm{T}}$，

$$\boldsymbol{X}=\begin{bmatrix} \mathrm{e}^{x_1} & x_1 & 1 \\ \mathrm{e}^{x_2} & x_2 & 1 \\ \mathrm{e}^{x_3} & x_3 & 1 \\ \mathrm{e}^{x_4} & x_4 & 1 \end{bmatrix}=\begin{bmatrix} \mathrm{e}^{58} & 58 & 1 \\ \mathrm{e}^{108} & 108 & 1 \\ \mathrm{e}^{150} & 150 & 1 \\ \mathrm{e}^{228} & 228 & 1 \end{bmatrix}$$

$$\boldsymbol{Y}=[T_1,T_2,T_3,T_4]^{\mathrm{T}}=[88,225,365,687]^{\mathrm{T}}$$

则根据最小二乘法，$\boldsymbol{A}=(\boldsymbol{X}^{\mathrm{T}}\boldsymbol{X})^{-1}\boldsymbol{X}^{\mathrm{T}}\boldsymbol{Y}$，利用 MATLAB 计算，如代码 13-3 所示。

代码13-3

最小二乘法曲线拟合

```
x = [58 108 150 228]';
T = [88 225 365 687]';

X = [exp(x),x,ones(size(x))];
Y = T;
A = inv(X'*X)*X'*Y
RSS = (X*A-Y)'*(X*A-Y)
```

计算得到的结果为：

```
A =
    8.8713e-98
    3.0024
  -90.2483
RSS =
    121.9764
```

误差平方和为 121.9764，拟合效果优于一次多项式拟合。

13.1.5 参数估计的优化求解

除了用最小二乘法求解外，行星运动第三定律参数估计也可以用优化算法求解。13.1.2 节中利用最小二乘法估计出的 C，也可以利用第 5 章中介绍的优化算法求解。已知行星运动第三定律的数学模型为：

$$T=Cx^{\frac{3}{2}}$$

使用误差平方和最小作为优化目标，即

$$\min J(C)=\min\sum_{i=1}^{4}(Cx_i^{1.5}-T_i)^2=\min(\boldsymbol{X}C-\boldsymbol{Y})^{\mathrm{T}}(\boldsymbol{X}C-\boldsymbol{Y})$$

其中矩阵 $\boldsymbol{X}$ 和 $\boldsymbol{Y}$ 与 13.1.2 节中相同。

对于上述无约束最优化问题，可以利用梯度下降法求解，得到参数 C。目标函数的梯度函数为：

$$\nabla J(C)=\sum_{i=1}^{4}2x_i^{1.5}(Cx_i^{1.5}-T_i)=2\boldsymbol{X}^{\mathrm{T}}(\boldsymbol{X}C-\boldsymbol{Y})$$

选定待估计参数初值 C_0 为 0，通过梯度下降公式进行迭代估计：

$$C_{i+1}=C_i-\alpha\nabla J(C_i)$$

第 5 章中给出了自定义的梯度下降法函数，其调用格式为：

```
[x,x_set] = GraientDescent(fun,alpha,x0)
```

利用该函数估计参数 C，如代码 13-4 所示。

代码 13-4

梯度下降法估计 C 值

```
x = [58 108 150 228]';
T = [88 225 365 687]';

C0 = 0;
fun = @(C)2*(x.^1.5)'*(C*x.^1.5-T);
alpha = 1e-8;
[C,C_set] = GraientDescent (fun,alpha,C0);
```

值得注意的是，代码 13-4 中调用了第 5 章中的梯度下降函数 GradientDescent，由于该函数不是 MATLAB 原有函数，因此在运行代码 13-4 时需要将其存储路径添加到 MATLAB 搜索路径，或者直接将函数代码附在代码 13-4 所有代码下方。

GradientDescent 函数的第二个输入变量 alpha 为步长（也称为学习率），步长的大小决定了梯度下降法的收敛速度，当 alpha 过大时算法不收敛，当 alpha 过小时算法收敛很慢，代码中 alpha 为 10^{-8}，最终得到输出为：

```
The algorithm iterates 29 times to find the minimum point x: 0.1994
```

梯度下降法迭代 29 次后得到 C 的最优解为 0.1994，容忍误差为 10^{-6}。参数 C 的收敛过程如图 13.3 所示。

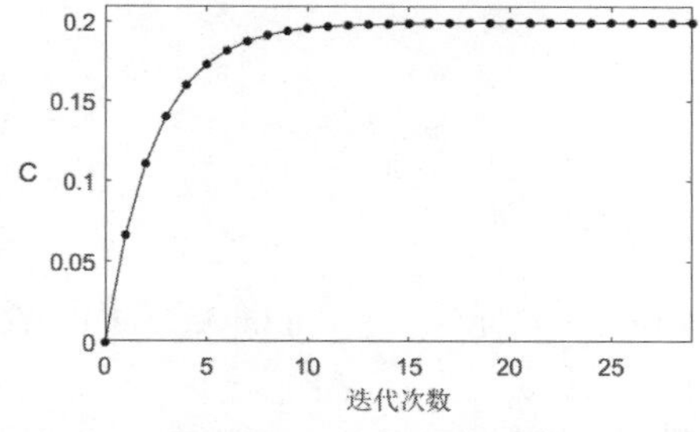

图13.3　梯度下降法估计C值迭代过程示意图

运用梯度下降法计算得到的结果与最小二乘法接近。梯度下降法避免了矩阵求逆操作，在大规模参数估计问题中可以大大提高计算速度。

13.2 基于 MATLAB 的房价预测问题

近年来随着我国经济的快速发展，房地产行业迅速崛起，房价研究也引起了学者的关注。房价预测是一个经典的回归问题，由于房价与多个因素有关，如面积、楼层、地域、建成时间等，因此是多元回归问题。而在多元回归问题中，最基础的分析模型即为多元线性回归模型，本节只以房价预测问题为例，介绍线性回归在实际问题中的应用。

13.2.1 房价预测问题简介

本节针对某市二手房价格数据，对影响房价的因素进行分析，并对房价进行预测。根据得到的某市二手房价格信息，分析各个特征对房价可能产生的影响。所用数据为与代码在同一目录下的 data_13_5.csv，示例数据如表 13.3 所示。

表 13.3 某市二手房价格数据

总价（万元）	房间数	大厅数	总楼层	面积	楼龄
244.5	3	2	28	129.52	9
308	4	2	18	158.6	13
520	3	2	13	95.15	13
628	3	2	11	101.2	17
460	5	2	26	189.66	12
……	……	……	……	……	……

面积通常是消费者考虑的主要因素之一，房屋价格与建筑面积紧密相关。一般来说，同一区域面积越大，房屋价格越高。户型也是购房者考虑的因素之一，房屋有多种户型，如三室一厅、四室二厅、三室二厅等，在本节中，为了方便研究，将户型拆分为两个特征，用房间数和大厅数来表示，如三室一厅表示为三个房间和一个大厅。房屋建成时间也会影响房价，建成时间越靠近当前时间，房屋竞争力越高。

根据 data_13_5.csv 中的数据，构建多元线性回归模型，对房价进行预测。多元线性回归模型可以表示为：

$$h(x) = w_1x_1 + w_2x_2 + w_3x_3 + w_4x_4 + w_5x_5 + w_0$$

其中，x_1、x_2、x_3、x_4、x_5为表 13.3 中列出的影响房价的因素，分别为房间数、大厅数、总楼层、面积、楼龄；$w_i\,(i=0,\cdots,5)$为待求解的回归系数；$h(x)$为房价预测值。

13.2.2 最小二乘法实现房价预测

多元线性回归模型的参数可以利用多种方法求解。当数据量较小时，可以采用最小二乘法。最小二乘法公式为：

$$\boldsymbol{A}=(\boldsymbol{X}^{\mathrm{T}}\boldsymbol{X})^{-1}\boldsymbol{X}^{\mathrm{T}}\boldsymbol{Y}$$

其中，$\boldsymbol{A}=[w_1,w_2,w_3,w_4,w_5,w_0]^{\mathrm{T}}$为待求解参数，矩阵$\boldsymbol{X}$和矩阵$\boldsymbol{Y}$分别为输入数据矩阵和输出数据矩阵，具体如下：

$$\boldsymbol{X}=\begin{bmatrix} x_1^{(1)} & x_2^{(1)} & x_3^{(1)} & x_4^{(1)} & x_5^{(1)} & 1 \\ \vdots & \vdots & \vdots & \vdots & \vdots & \vdots \\ x_1^{(n)} & x_2^{(n)} & x_3^{(n)} & x_4^{(n)} & x_5^{(n)} & 1 \end{bmatrix}$$

$$\boldsymbol{Y}=\begin{bmatrix} y^{(1)} \\ \vdots \\ y^{(n)} \end{bmatrix}$$

$x_i^{(j)}$为第j条数据的x_i，$y^{(j)}$为第j条数据的房价。

利用最小二乘法的回归系数进行计算，如代码 13-5 所示。

代码13-5

最小二乘法实现房价预测

```
train = importdata('data_13_5.csv');
Y = train(1:100,1);
X = train(1:100,2:end);
X = [X,ones(length(X),1)];
w = inv(X'*X)*X'*Y;
fprintf('The Least Square algorithm result is:\n%.4f %.4f %.4f %.4f %.4f %.4f\n',w)
```

在上述代码中，首先将 .csv 文件中的数据读取到变量 train 中，为了简化计算，只取前 100 条二手房价格数据，构造最小二乘法对应的$\boldsymbol{X}$和$\boldsymbol{Y}$矩阵。注意，应将常数项对应的全 1 矩阵加入$\boldsymbol{X}$矩阵中。然后利用最小二乘法公式计算得到回归系数w并输出到命令行窗口。计算得到的结果为：

```
The Least Square algorithm result is:
14.1648 -7.9326 1.4554 3.3642 10.4513 -200.9892
```

利用最小二乘法求得的多元线性回归模型为：

$$h(x)=14.1648x_1-7.9326x_2+1.4554x_3+3.3642x_4+10.4513x_5-200.9892$$

绘图展示房价真实数据与预测数据，如图 13.4 所示。在图 13.4 中，真实数据线宽小于预测数据线宽。可以看出，由多元线性模型对房价进行预测，结果误差较大。实际上，这可能是由于数据本身的问题。例如，某二手房位于市中心，其房价较高，属于离群点，利用多元线性回归模型较难预测。

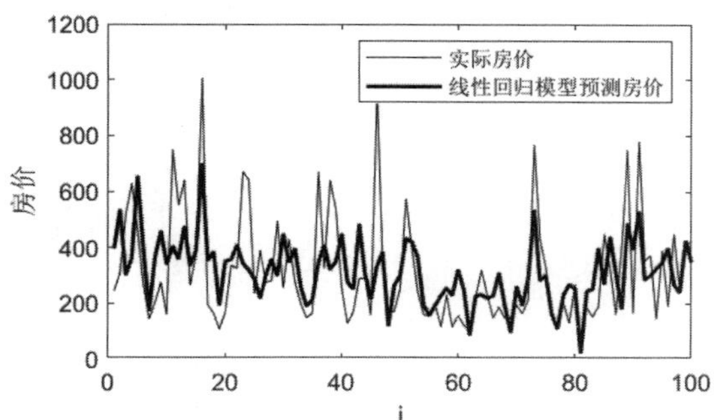

图13.4 房价真实数据与预测数据

13.2.3 优化算法实现房价预测

从 13.1.2 节与 13.1.5 节中可以看出，最小二乘法和梯度下降法实际上得到的结果相近，只是实现过程不同。优化目标为误差平方和最小，即：

$$\begin{aligned}\min J(\boldsymbol{w}) &= \min \sum_{i=1}^{n}\left(w_1 x_1^{(i)} + w_2 x_2^{(i)} + w_3 x_3^{(i)} + w_4 x_4^{(i)} + w_5 x_5^{(i)} + w_0 - y^{(i)}\right)^2 \\ &= \min\left(\boldsymbol{XA}-\boldsymbol{Y}\right)^{\mathrm{T}}\left(\boldsymbol{XA}-\boldsymbol{Y}\right)\end{aligned}$$

其中，$\boldsymbol{A}=[w_1,w_2,w_3,w_4,w_5,w_0]^{\mathrm{T}}$，

$$\boldsymbol{X}=\begin{bmatrix} x_1^{(1)} & x_2^{(1)} & x_3^{(1)} & x_4^{(1)} & x_5^{(1)} & 1 \\ \vdots & \vdots & \vdots & \vdots & \vdots & \vdots \\ x_1^{(n)} & x_2^{(n)} & x_3^{(n)} & x_4^{(n)} & x_5^{(n)} & 1 \end{bmatrix}$$

$$\boldsymbol{Y}=\begin{bmatrix} y^{(1)} \\ \vdots \\ y^{(n)} \end{bmatrix}$$

得到优化目标后，利用 MATLAB 的非线性优化函数 fmincon 求回归系数，如代码 13-6 所示。

代码13-6

fmincon 函数实现房价预测

```
train = importdata('data_13_5.csv');
Y = train(1:100,1);
```

```
X = train(1:100,2:end);
X = [X,ones(length(X),1)];

C0 = zeros(6,1);
c_f = fmincon(@(C)(X*C-Y)'*(X*C-Y),C0)
```

得到的结果为：

```
c_f =
   14.1648
   -7.9326
    1.4554
    3.3642
   10.4513
 -200.9891
```

用 fmincon 函数得到的结果与最小二乘法结果接近。此问题也可利用第 5 章中介绍的梯度下降法、牛顿迭代法等优化算法求解，读者需自行设定迭代步长、容忍误差、最大迭代次数，给出参考代码如下，可自行试验。

```
fun = @(C)2*X'*(X*C - Y);
alpha = 1e-7;
eps = 1e-6;
N = 1e7;
[C,C_set] = GraientDescent (fun,alpha,C0,eps,N);
```

13.3 某省生产总值数据拟合问题

在回归问题中往往存在这样一个问题：并不是每个自变量都对回归问题的求解有益。因此，在进行回归分析时，需要先对自变量进行相关性分析，将不相关的自变量删除。本节以某省生产总值数据拟合问题为例，讲解自变量相关性分析，并在此基础上构建多元线性回归模型，对生产总值进行预测。

13.3.1 某省生产总值数据拟合问题简介

表 13.4 为某省 10 年生产总值数据。根据表中数据，判断影响生产总值的因素，并基于这些因素建立预测该省生产总值的多元线性回归模型。

表 13.4 某省 10 年生产总值

年份	某省生产总值（亿元）	第一产业（亿元）	第二产业（亿元）	第三产业（亿元）	工业（亿元）	建筑业（亿元）	交通运输仓储和邮政业（亿元）	批发和零售业（亿元）
2010	5360.18	1000.29	2479.79	1880.1	2165.62	379.23	188.45	276.8
2011	6532.03	1047.18	3093.44	2391.41	2718.94	456.08	212.89	372.69
2012	7411.83	1204.07	3325.86	2881.9	2873.21	539.08	294.56	427.65
2013	8392.57	1326.56	3479.86	3586.15	2951.6	630.34	317.74	560.46
2014	9264.54	1406.71	3829.32	4028.51	3211.24	717.24	397.85	552.23
2015	9306.88	1409.66	3446.06	4451.17	2770.86	779.86	436.48	525.18
2016	9630.83	1473.17	3446.1	4711.56	2686.82	840.11	461.59	588.25
2017	11159.87	1551.84	4096.18	5511.85	3266.14	913.15	554.35	704.66
2018	12809.09	1692.09	4657.16	6460.14	3758.53	987.75	730.05	742.63
2019	13597.11	1781.75	4795.5	7019.86	3861.66	1037.29	953.72	766.09

13.3.2 多元线性回归模型

最常用的判断两组数据是否有相关性的指标为皮尔逊相关性。计算表 13.4 中除生产总值之外的变量之间的皮尔逊相关性，结果如图 13.5 所示。

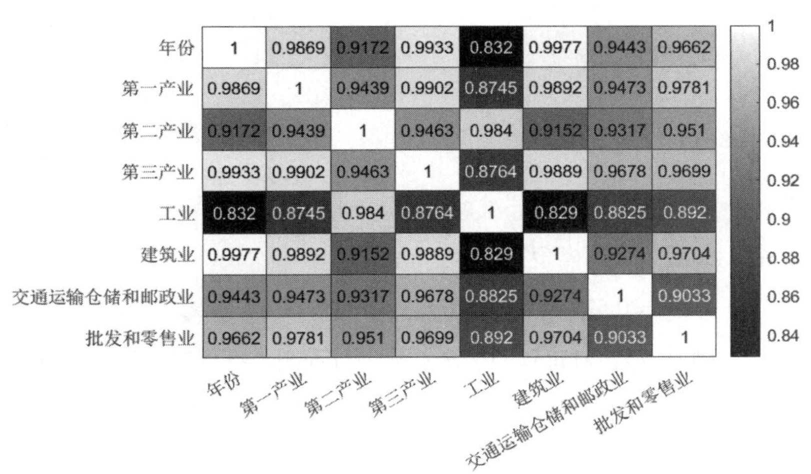

图13.5 8个变量之间的相关性

在图 13.5 中，年份与第三产业、建筑业，第三产业与第一产业等自变量之间的皮尔逊相关系数大于 0.99，可以认为其完全线性相关，完全线性相关的两个自变量可以只保留一个。在 8 个变量中，依次删除相关性大于 0.97 的变量，过程如下：根据年份，删除第一产业、第三产业、建筑业；根据第二产业，删除工业；剩余的自变量为年份、第二产业、交通运输仓储和邮政业、批发和零售业。此时，新的相关性矩阵如图 13.6 所示。

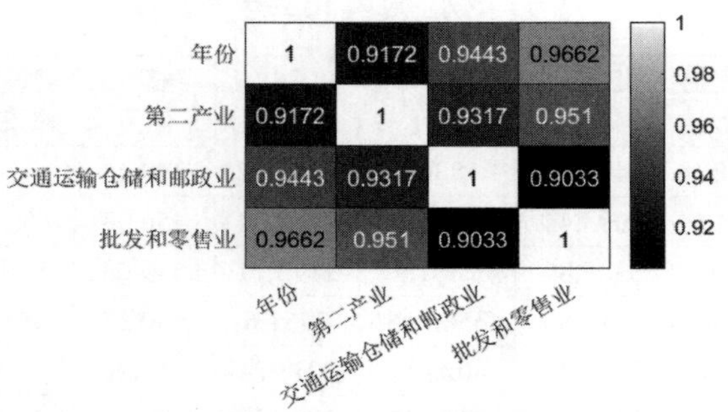

图13.6　4个变量之间的相关性

根据删除之后的自变量，记自变量年份、第二产业、交通运输仓储和邮政业、批发和零售业分别为 x_1，x_2，x_3，x_4，因变量生产总值为 y，则多元线性回归模型记为：

$$y = k_1x_1 + k_2x_2 + k_3x_3 + k_4x_4$$

利用最小二乘法求解系数，实现如代码 13-7 所示。

代码13-7

最小二乘法回归系数拟合

```
data = xlsread('data_13_7.xlsx');
x = data;
y = data(:,2);
x(:,2) = [];
xx = x(:,[1,3,7,8]);
tt = t([1,3,7,8]);
kk = inv(xx'*xx)*xx'*y
```

计算得到回归系数 kk 后，得到模型：

$$y = 0.5711x_1 + 0.4940x_2 + 4.4931x_3 + 7.8714x_4$$

可以根据多元线性回归模型，对每年的生产总值进行预测，将预测值与真实值比较，如图 13.7 所示。可以看出，该多元线性回归模型的预测值与真实值之间的误差不大，模型能够反映真实状况。

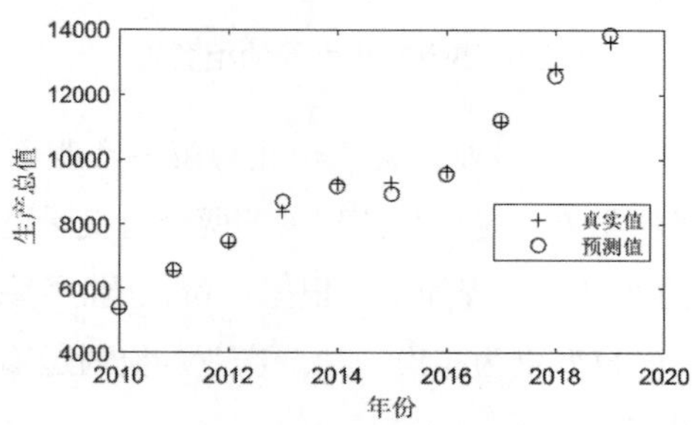

图13.7　多元线性回归结果示意图

本章以行星运动第三定律参数估计、房价预测和某省生产总值数据拟合三个问题为例，分别介绍科学研究和日常生活中涉及的数据拟合与回归问题，涉及最小二乘法、梯度下降法、MATLAB 非线性优化函数 fmincon、MATLAB 多项式拟合函数 polyfit。

实际上，本章使用的模型与算法较为基础，人工智能、机器学习算法（如神经网络、支持向量机算法等）也能解决本章中的各个实例，读者可自行拓展。

第 14 章

最优化问题应用实例

本章为最优化问题应用实例，包括工地水泥供应与料场选址问题、动力电池回收中心选址问题，对其建立相应的数学模型并将其转化为 MATLAB 优化函数可处理形式，调用非线性优化函数 fmincon 和整数线性优化函数 intlinprog 求解。本章主要涉及的知识点如下。

- **优化问题的建模：**掌握从问题描述中理解问题，构建优化模型的方法。
- **优化问题的 MATLAB 求解：**包括整数优化、非线性优化、线性优化等不同问题求解。

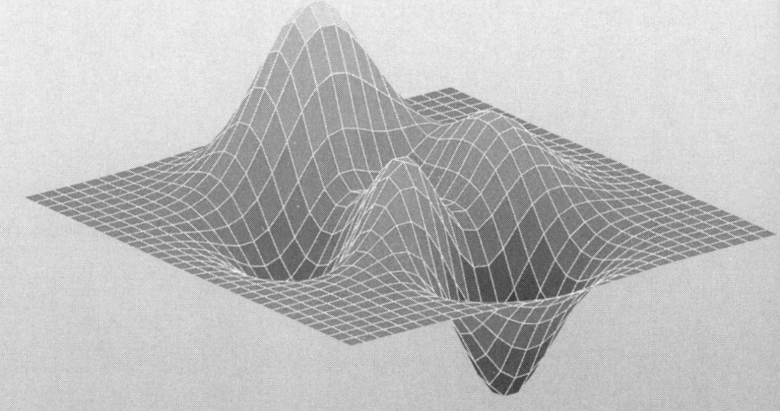

14.1 工地水泥供应与料场选址问题

14.1.1 问题描述

供应与选址问题是经典的最优化问题。某建筑公司有 9 个工地同时开工，在某平面直角坐标系下，第 i 个工地的坐标 (a_i,b_i) 及水泥日用量 c_i 如表 14.1 所示。

表 14.1　工地坐标与水泥日用量

工地	横坐标 a_i	纵坐标 b_i	日用量 c_i（吨）
1	1.19	1.25	3.21
2	2.6	3.02	6.12
3	7.99	1.01	5.31
4	0.84	2.73	4.29
5	0.48	4.9	4.95
6	4.15	0.64	7.08
7	5.16	5.31	7.65
8	3.64	7.03	6.12
9	7.06	6.89	9.18

已知目前有两个日储量分别为 25 吨、30 吨的临时料场 A、B，坐标分别为 (5.08,1.97) 与 (1.54,5.88)。假设料场至每个工地之间均有直线道路相连，试解决以下问题。

问题一：制订每天的供应计划，即从料场 A、B 分别向各工地运送多少吨水泥，使每天的总运力最小。

问题二：为降低运送成本，打算舍弃这两个临时料场，改建两处新的料场，日储量分别保持不变。问：如何选择新料场位置，才能使每天的总运力最小?

14.1.2 问题建模与求解

对 14.1.1 节中的两个问题进行数学建模，并利用 MATLAB 优化函数进行求解。

1. 问题一的建模与求解

在问题一中，料场 A、B 的坐标 (x_1,y_1) 和 (x_2,y_2) 已知，分别为 (5.08,1.97) 与 (1.54,5.88)，因此，

只有从料场 i 运往工地 j 的水泥量 x_{ij} 是未知量，将其设置为决策变量，写为向量形式如下：

$$\boldsymbol{X}_1=\left[x_{11},x_{12},x_{13},x_{14},x_{15},x_{16},x_{17},x_{18},x_{19},x_{21},x_{22},x_{23},x_{24},x_{25},x_{26},x_{27},x_{28},x_{29}\right]^{\mathrm{T}}$$

问题一要求制订每天的供应计划，即从料场 A、B 分别向各工地运送多少吨水泥，使每天的总运力最小，记从料场 i 到工地 j 的距离为 d_{ij}，用距离 d_{ij} 与运送水泥量 x_{ij} 的成绩表示运力，则从料场 i 到工地 j 的运力为 $x_{ij}d_{ij}$，每天的总运力为：

$$f=\sum_{i=1}^{2}\sum_{j=1}^{9}x_{ij}d_{ij}$$

问题一假设料场至每个工地之间均有直线道路相连，料场 i 坐标为 (x_i,y_i)，工地 j 坐标为 (a_j,b_j)，则料场 i 到工地 j 的距离 d_{ij} 为：

$$d_{ij}=\sqrt{(x_i-a_j)^2+(y_i-b_j)^2}$$

由于工地 j 的水泥日用量为 c_j，因此从料场 A 运往工地 j 的水泥量 x_{1j} 与从料场 B 运往工地 j 的水泥量 x_{2j} 之和应为水泥日用量 c_j，需满足对任一工地 j 有：

$$x_{1j}+x_{2j}=c_j$$

由于两个料场的日储量为 25 吨与 30 吨，还需满足：

$$\sum_{j=1}^{9}x_{1j}\leqslant 25 \qquad \sum_{j=1}^{9}x_{2j}\leqslant 30$$

综上所述，建立优化问题模型如下：

$$\min f=\sum_{i=1}^{2}\sum_{j=1}^{9}x_{ij}\sqrt{\left(x_i-a_j\right)^2+\left(y_i-b_j\right)^2} \quad s.t.\begin{cases}\sum_{i=1}^{2}x_{ij}=c_j\\ \sum_{j=1}^{9}x_{1j}\leqslant 25\\ \sum_{j=1}^{9}x_{2j}\leqslant 30\\ x_{ij}\geqslant 0\end{cases}$$

对于上述非线性优化问题，可以利用 MATLAB 的 fmincon 函数求解最优值。首先将约束转化为优化问题的标准形式，确定决策变量的下界为 0。

问题模型中共有 9 个等式约束 $x_{1j}+x_{2j}=c_j$，将其表示为矩阵形式：

$$\boldsymbol{A}_{\mathrm{eq}}\boldsymbol{X}_1=\boldsymbol{b}_{\mathrm{eq}}$$

其中，$\boldsymbol{A}_{\mathrm{eq}}\in\mathbf{R}^{9\times18}$。由于两个料场的日储量分别为 25 吨与 30 吨，有两个不等式约束，将其表示为 $\boldsymbol{A}\boldsymbol{X}_1\leqslant\boldsymbol{b}$，其中 $\boldsymbol{A}\in\mathbf{R}^{2\times18}$。调用 fmincon 函数，如代码 14-1 所示。

代码14-1

问题一的 fmincon 函数求解

```
a = [1.19 2.6 7.99 0.84 0.48 4.15 5.16 3.64 7.06]';
b = [1.25 3.02 1.01 2.73 4.9 0.64 5.31 7.03 6.89]';
x1 = 5.08;y1 = 1.97;x2 = 1.54;y2 = 5.88;
d1 = sqrt((x1-a).^2+(y1-b).^2);
d2  =sqrt((x2-a).^2+(y2-b).^2);
lb = zeros(18,1);
ub = [];
x0 = zeros(18,1);
fun = @(x)[d1;d2]'*x;
A = [1 1 1 1 1 1 1 1 1 0 0 0 0 0 0 0 0 0; 0 0 0 0 0 0 0 0 0 1 1 1 1 1 1 1 1 1];
C = [25;30];
Aeq = zeros(9,18);
for i = 1:9
    Aeq(i,i) = 1;
Aeq(i,i+9) = 1;
end
beq = [3.21 6.12 5.31 4.29 4.95 7.08 7.65 6.12 9.18]';
[x,fval]  = fmincon(fun,x0,A,C,Aeq,beq,lb,ub)
```

决策变量结果为：

```
    3.2100      6.1200      5.3100      0.0000      0.0000      7.0800      3.2800      0.0000
0.0000
    0.0000      0.0000      0.0000      4.2900      4.9500      0.0000      4.3700      6.1200
9.1800
```

求得的最优值如表 14.2 所示。

表 14.2　问题一的水泥运送策略

工地	料场 A	料场 B	日用量
1	3.21	0	3.21
2	6.12	0	6.12
3	5.31	0	5.31
4	0	4.29	4.29
5	0	4.95	4.95
6	7.08	0	7.08
7	3.28	4.37	7.65
8	0	6.12	6.12
9	0	9.18	9.18
合计	25	28.91	53.91

此时每个工地的日用量均满足，每天的总运力为 171.07，示意图如图 14.1 所示。

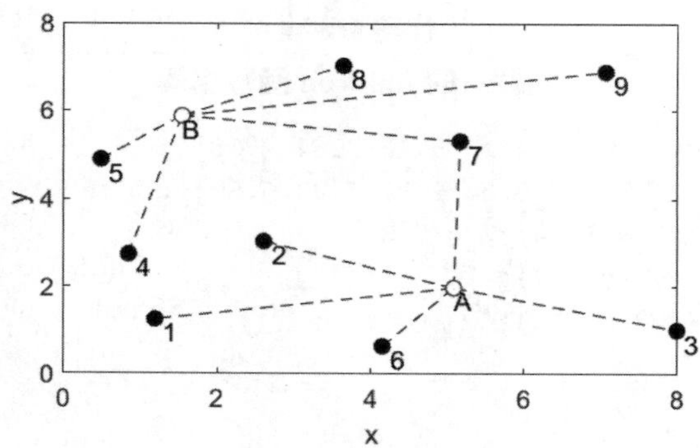

图14.1 问题一运送水泥示意图

2. 问题二的建模与求解

在问题二中，料场位置需要规划，因此决策变量增加四个，分别为料场 A、B 的横坐标和纵坐标，此时目标函数中 (x_1, y_1) 和 (x_2, y_2) 未知，决策变量变为 22 个，模型不变，如下所示：

$$\min f = \sum_{i=1}^{2}\sum_{j=1}^{9} x_{ij}\sqrt{\left(x_i - a_j\right)^2 + \left(y_i - b_j\right)^2} \quad s.t.\begin{cases} \sum_{i=1}^{2} x_{ij} = c_j \\ \sum_{j=1}^{9} x_{1j} \leqslant 25 \\ \sum_{j=1}^{9} x_{2j} \leqslant 30 \\ x_{ij} \geqslant 0 \end{cases}$$

问题二的 fmincon 函数求解如代码 14-2 所示。

代码14-2

问题二的 fmincon 函数求解

```
    a = [1.19 2.6 7.99 0.84 0.48 4.15 5.16 3.64 7.06]';
    b = [1.25 3.02 1.01 2.73 4.9 0.64 5.31 7.03 6.89]';

    fun  =  @(x)[sqrt((x(19)-a).^2+(x(20)-b).^2);sqrt((x(21)-a).^2+(x(22)-
b).^2)]'*x(1:18);
    x0 = zeros(22,1);
    A = [1 1 1 1 1 1 1 1 1 0 0 0 0 0 0 0 0 0 0 0 0 0; 0 0 0 0 0 0 0 0 0 1 1 1 1 1 1
1 1 0 0 0 0];
    C = [25,30];
    Aeq = zeros(9,22);
    for i = 1:9
        Aeq(i,i) = 1;
         Aeq(i,i+9) = 1;
    end
```

```
beq = [3.21 6.12 5.31 4.29 4.95 7.08 7.65 6.12 9.18]';
lb = zeros(22,1);
ub = []
%%
[x,fval]  = fmincon(fun,x0,A,C,Aeq,beq,lb,ub)
x1 = x(19);y1 = x(20);x2 = x(21);y2 = x(22);
```

决策变量结果为：

```
0.0000    0.0000    2.0500    0.0000    0.0000    0.0000    7.6500    6.1200
9.1800    3.2100    6.1200    3.2600    4.2900    4.9500    7.0800    0.0000
0.0000    0.0000    5.4190    5.7988    2.5019    2.7879
```

得到的结果如表 14.3 所示。

表 14.3　问题二的水泥运送策略

工地	料场 A	料场 B	日用量
1	0	3.21	3.21
2	0	6.12	6.12
3	2.05	3.26	5.31
4	0	4.29	4.29
5	0	4.95	4.95
6	0	7.08	7.08
7	7.65	0	7.65
8	6.12	0	6.12
9	9.18	0	9.18
合计	25	28.91	53.91

此时总运力为 114.32。新料场 A、B 的坐标为 (5.42,5.80)、(2.50, 2.79)。示意图如图 14.2 所示。

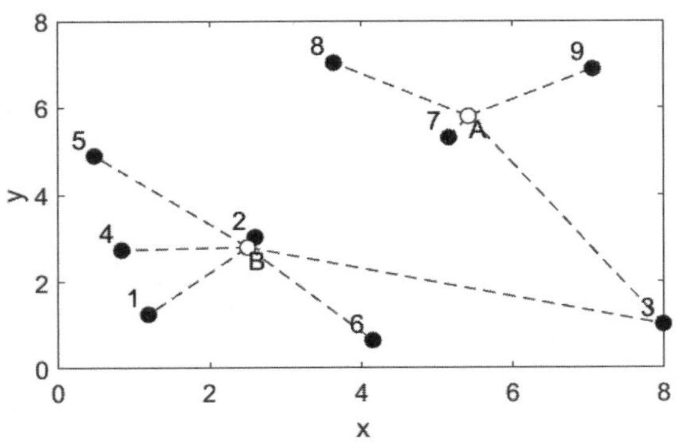

图14.2　问题二运送水泥示意图

14.2 动力电池回收中心选址问题

14.1 节中的工地水泥供应与选址问题为非线性优化问题，决策变量较少，且假设料场可以建在任意位置，较为简单。本节以动力电池回收中心选址问题为例，对大型整数线性优化问题进行建模分析。

14.2.1 问题描述

现有 r 家动力电池生产企业，共同构建及使用电动汽车动力电池回收中心。回收中心收集、整理、筛选由回收网点运送来的退役动力电池，并将其分类运输至下一级处理中心或二级市场。退役电池回收路径为回收网点→回收中心→处理中心 J 或二级市场 K。

假设 r 家动力电池生产企业的电池年退役量已知，且假设所有退役电池均由区域内动力电池回收中心进行回收处理，不考虑其他处理方式。在本次研究中，共有 18 个动力电池回收网点，其电池年退役量如表 14.4 所示。其中，退役电池每块 6.8 千克。

表 14.4　网点与电池年退役量

网点编号	电池年退役量（万块）
1	1.43
2	1.43
3	1.43
4	1.43
5	1.43
6	1.43
7	1.43
8	1.64
9	6.10
10	1.81
11	1.81
12	1.81
13	1.81
14	1.81
15	5.33
16	6.57
17	2.89
18	2.89

在初步拟定的 m 个回收中心备选点中，选出 n 个地点新建动力电池回收中心，以求在动力电池分类回收过程中，回收中心的设施建设成本、运营成本及设施间运输成本最小。回收中心备选点如表 14.5 所示。

表 14.5　5 个回收中心备选点

回收中心编号	固定建设成本（万元）	单位可变建设成本（万元）	回收中心最大容量（吨）	单位运营成本（万元 / 吨）
1	150	2.2	800	1
2	130	2.4	760	1
3	100	1.3	1300	1
4	100	1.2	1400	1
5	100	1	1600	1

考虑到动力电池回收中心选址建模目标，对模型构建的基本假设如下：

（1）一个回收网点的退役电池只能运输至一个固定回收中心；

（2）回收中心会将电池按比例送往最近的处理中心或者二级市场，且这个比例已知；

（3）在成本目标方面，仅考虑可量化的基础建设投资、运营成本、运输成本等，暂不考虑时间成本与社会效益。

在运输成本中，运输距离如表 14.6 ~ 表 14.8 所示。假设普通货车公路运输平均成本为 0.39 元 /（吨 · 千米），由此可计算各节点间的运输成本。

表 14.6　回收网点与回收中心之间的距离　　单位：千米

回收网点编号	回收中心编号				
	1	2	3	4	5
1	21.3	31.7	22.4	38.9	47.8
2	23.1	13.9	17.3	28	34.8
3	13.5	34.5	32.4	31.2	35.3
4	11.5	22.6	22.8	29.1	38
5	7.6	36.8	37	25	31.4
6	12.6	44.3	40.8	24	27.5
7	11	32.9	30.7	28.7	33
8	30.4	23	41.3	25.4	29.1
9	27.6	12.8	36.6	23.3	29.9
10	34	0.3	20.9	34.1	46.5
11	25.9	17.7	41.5	22.4	29.1

单位：千米　（续表）

回收网点编号	回收中心编号				
	1	2	3	4	5
12	24.4	21.5	8.3	42.7	56.2
13	24.9	9.6	16.8	39	49.4
14	29	17.7	41.5	18.5	25.1
15	22.5	53.2	50.2	33.4	33.4
16	27.2	19.1	4.9	47.4	55.4
17	29.5	47.5	60.9	19.1	10
18	15.7	51.2	49	17.4	18.8

表 14.7　回收中心与处理中心之间的距离　　单位：千米

回收中心编号	处理中心编号			
	1	2	3	4
1	55.9	57	37.7	55.7
2	56	64.9	44.2	31.3
3	75.7	34.5	71.8	34.3
4	44.4	73.4	21.7	57.1
5	36.3	12.4	9.2	65

表 14.8　回收中心与二级市场之间的距离　　单位：千米

回收中心编号	二级市场编号			
	1	2	3	4
1	28.3	10	34.3	22.9
2	21.1	42.2	0.5	29.9
3	5.7	41.1	20.3	45.4
4	35.4	20.1	29.6	6.1
5	53.4	28.8	37.4	12.6

14.2.2 问题建模

问题的关键在于从 m 个回收中心备选点中选出 n 个作为电池回收中心，用决策变量 y_i 表示；确定某回收网点 h 的退役电池运往哪一个回收中心 i，用决策变量 x_{hi} 表示。因此，模型的决策变量为：

$$y_i=\begin{cases}1 & \text{回收中心备选点}i\text{为回收中心}\\0 & \text{回收中心备选点}i\text{不为回收中心}\end{cases}$$

$$x_{hi}=\begin{cases}1 & \text{回收网点 }h\text{ 的退役电池由回收中心 }i\text{ 回收管理}\\0 & \text{回收网点 }h\text{ 的退役电池不由回收中心 }i\text{ 回收管理}\end{cases}$$

其中，$h=1,\cdots,r$，$i=1,\cdots,m$，m 为回收中心备选点数量，r 为回收中心数量。

由于优化目标为总成本最小，在建立模型之前首先需要确定相关的模型参数，如表 14.9 所示。

表 14.9　模型参数

参数	含义	备注
r	回收网点数量	根据表 14.4，共有 18 个回收网点，因此 $r=18$
m	回收中心备选点数量	根据表 14.5，共有 5 个回收中心备选点，因此 $m=5$
n	新建动力电池回收中心数量	$n\leqslant m$
$h\in\mathbf{H}$	H 为回收网点集合	$h\leqslant r$
$i\in\mathbf{I}$	$\mathbf{I}$ 为回收中心备选点集合	$i\leqslant m$
$j\in\mathbf{J}$	$\mathbf{J}$ 为处理中心集合	根据表 14.7，共有 4 个处理中心，因此 $j\leqslant 4$
$k\in\mathbf{K}$	$\mathbf{K}$ 为二级市场集合	根据表 14.8，共有 4 个二级市场，因此 $k\leqslant 4$
$t\in\mathbf{T}$	回收中心运营期	$\mathbf{T}=1,2,\cdots,10$
q_h	回收网点 h 收集的退役电池数量	数据可见表 14.4
d_{hi}	从回收网点 h 到回收中心 i 的运输距离	数据可见表 14.6
d_{ij}	从回收中心 i 到处理中心 j 的运输距离	数据可见表 14.7
d_{ik}	从回收中心 i 到二级市场 k 的运输距离	数据可见表 14.8
c_{hi}	从回收网点 h 到回收中心 i 的单位运输成本	0.39 元 /（吨·千米）
c_{ij}	从回收中心 i 到处理中心 j 的单位运输成本	
c_{ik}	从回收中心 i 到二级市场 k 的单位运输成本	
S_i	回收中心 i 最大容量限制	数据可见表 14.5
N	回收中心最大数量限制	$n\leqslant N$，$N=3$
F_i	回收中心 i 固定建设成本	数据可见表 14.5
f_i	回收中心 i 单位可变建设成本	数据可见表 14.5
g_i	回收中心 i 单位运营成本	数据可见表 14.5
i_0	折现率	0.1
p_i	回收中心 i 运输到处理中心的电池比例	0.4

在动力电池分类回收过程中，要求回收中心的设施建设成本、运营成本及设施间运输成本最小。下面分别对各项成本进行分析。

回收中心的设施建设成本为回收中心的固定建设成本 F_i 与可变建设成本 f_iS_i 之和：

$$\sum_{i\in I}(F_i+f_iS_i)y_i$$

运营成本和运输成本需要考虑折现率，其可表示为：

$$\frac{C}{(1+i_0)^t}$$

因此，运营成本可以表示为：

$$\sum_{t\in T}\sum_{i\in I}\sum_{h\in H}\frac{g_iq_hx_{hi}}{(1+i_0)^t}$$

设施间运输成本为：

$$\sum_{t\in T}\sum_{i\in I}\sum_{h\in H}\frac{q_hx_{hi}(c_{hi}d_{hi}+p_ic_{ij}d_{ij}+(1-p_i)c_{ik}d_{ik})}{(1+i_0)^t}$$

则目标函数为：

$$\min\sum_{i\in I}(F_i+f_iS_i)y_i+\sum_{t\in T}\sum_{i\in I}\sum_{h\in H}\frac{g_iq_hx_{hi}}{(1+i_0)^t}+\sum_{t\in T}\sum_{i\in I}\sum_{h\in H}\frac{q_hx_{hi}(c_{hi}d_{hi}+p_ic_{ij}d_{ij}+(1-p_i)c_{ik}d_{ik})}{(1+i_0)^t}$$

该问题还存在以下约束。

（1）回收中心数量约束。动力电池回收中心修建数量不能超出回收中心数量上限 N，约束为：

$$0<\sum_{i\in I}y_i\leqslant N$$

（2）回收中心容量约束。运往回收中心 i 的退役电池数量不能超过其容量 S_i，约束为：

$$\sum_{h\in\mathbf{H}}q_hx_{hi}\leqslant S_i\qquad i\in\mathbf{I}=(1,2,\cdots,m)$$

（3）决策变量的 0-1 约束：

$$x_{hi},y_i\in(0,1)\qquad i\in\mathbf{I}=(1,2,\cdots,m)$$

（4）回收过程约束。回收网点 h 的退役电池只能运往一个回收中心，约束为：

$$\sum_{i\in\mathbf{I}}x_{hi}=1\qquad h\in\mathbf{H}=(1,2,\cdots,r)$$

（5）决策变量之间的关系约束。只有被选为回收中心的备选点，才可以接收回收网点的退役电池，约束为：

$$x_{hi}\leqslant y_i\qquad i\in\mathbf{I}=(1,2,\cdots,m)$$

14.2.3 问题求解

由于决策变量均为 0-1 变量，且目标函数为决策变量的线性函数，因此可利用 MATLAB 的 intlinprog 函数求解。在求解过程中，需要将等式约束、不等式约束整理为如下形式：

$$\min \boldsymbol{f}^{\mathrm{T}}\boldsymbol{x} \quad s.t.\begin{cases}\boldsymbol{A}_{\mathrm{eq}}\boldsymbol{x}=\boldsymbol{b}_{\mathrm{eq}}\\ \boldsymbol{A}\boldsymbol{x}\leqslant \boldsymbol{b}\\ \boldsymbol{lb}\leqslant \boldsymbol{x}\leqslant \boldsymbol{ub}\end{cases}$$

决策变量$\boldsymbol{x}$由x_{hi}和y_i组成，由于$h=1,\cdots,18$，$i=1,\cdots,5$，因此x_{hi}共 18×5 个，y_i共 5 个，则决策变量$\boldsymbol{x}$为 95×1 维向量，线性目标函数系数$\boldsymbol{f}$也为 95×1 维向量。

由于等式约束共有 18 个，等式约束对应矩阵$\boldsymbol{A}_{\mathrm{eq}}$的列数与决策变量数量（95）相同，因此$\boldsymbol{A}_{\mathrm{eq}}$为 18×95 维矩阵。由于不等式约束有 97 个，因此$\boldsymbol{A}$为 97×95 维矩阵。具体实现如代码 14-3 所示。

代码14-3

回收中心选址的 intlinprog 函数求解

```
% 退役电池路径：回收网点H→回收中心I→处理中心J（二级市场K）
%% 说明
% 基于MATLAB的整数优化函数intlinprog进行求解
% 决策变量只有：yi,xhi
%% 模型参数
r = 18; % 18个动力电池回收网点

% m个回收中心备选点
m = 5;
N = 3; % 回收中心最大数量限制

% 处理中心
J = 4; % 4个处理中心

% 二级市场
K = 4; % 4个二级市场

% 电池年退役量qh，来自表14.4
qh = [1.43 1.43 1.43 1.43 1.43 1.43 1.43 1.64 6.10...
    1.81 1.81 1.81 1.81 1.81 5.33 6.57 2.89 2.89]; %回收中心收集的退役电池数量，万块

% 回收中心建设运营数据
Si = [800 760 1300 1400 1600]; % 回收中心1、2、3、4、5最大容量限制（吨）
F = [150 130 100 100 100]; % 回收中心建设固定成本（万元）
fp = [2.2 2.4 1.3 1.2 1]; % 回收中心单位可变建设成本（万元）
gi = [1 1 1 1 1]; % 回收中心单位运营成本（万元）
```

```
% 节点间运输成本
dhi = [21.3 31.7 22.4 38.9 47.8;
    23.1 13.9 17.3 28 34.8;
    13.5 34.5 32.4 31.2 35.3;
    11.5 22.6 22.8 29.1 38;
    7.6 36.8 37 25 31.4;
    12.6 44.3 40.8 24 27.5;
    11 32.9 30.7 28.7 33;
    30.4 23 41.3 25.4 29.1;
    27.6 12.8 36.6 23.3 29.9;
    34 0.3 20.9 34.1 46.5;
    25.9 17.7 41.5 22.4 29.1;
    24.4 21.5 8.3 42.7 56.2;
    24.9 9.6 16.8 39 49.4;
    29 17.7 41.5 18.5 25.1;
    22.5 53.2 50.2 33.4 33.4;
    27.2 19.1 4.9 47.4 55.4;
    29.5 47.5 60.9 19.1 40;
    15.7 51.2 49 17.4 18.8]; % 从回收网点到回收中心的运输距离
dij = [55.9 57 37.7 55.7;
    56 64.9 44.2 31.3;
    75.7 34.5 71.8 34.3;
    44.4 73.4 21.7 57.1;
    63.3 12.4 9.2 65]; % 从回收中心到处理中心的运输距离
dik = [28.3 10 34.3 22.9;
    21.1 42.2 0.5 29.9;
    5.7 41.1 20.3 45.4;
    35.4 20.1 29.6 6.1;
    53.4 28.8 37.4 12.6]; % 从回收中心到二级市场的运输距离
chi = 0.39*ones(r,m); % 各节点间的运输成本，单位为元/（吨·千米）
cij = 0.39*ones(m,J);
cik = 0.39*ones(m,K);

% 回收中心运营期
T = 10;
t = 1:T;
% 折现率
i0 = 0.1;
% 按比例从回收中心运输到处理中心（二级市场），比例还没定
p = [0.4 0.4 0.4 0.4 0.4]; % 所有回收中心40%运往处理中心，60%运往二级市场
%% 模型决策变量
% xhi(h,i)=1，表示回收网点h的退役电池由回收中心i回收管理。是一个18×5的变量
% yi(i)=1，表示i点为回收中心

% 假设：回收中心将一部分（p）运往最近的处理中心，另一部分（1-p）运往最近的二级市场
```

```
    % min(dij')=[37.7000    31.3000    34.3000    21.7000     9.2000]，距离回收中心最近的处理
% 中心的距离
    % min(dik')=[ 10.0000     0.5000     5.7000     6.1000 12.6000]，距离回收中心最近的二级
% 市场的距离

    % 决策变量x=[yi,xhi]
    f = zeros(1,m+m*r);
    % yi的系数
    k = 1;
    for i = 1:m
        f(k) = F(i) + fp(i)*Si(i); % 基础设施建设成本
        k = k + 1;
    end
    % xhi的系数
    t_sum = sum(1./(1+i0).^t);
    for h = 1:r
        for i = 1:m
            % 运营成本
            f(k) = t_sum*gi(i)*qh(h);
            % 运输成本
            f(k) = f(k) + 68*t_sum*qh(h)*chi(h,i)*dhi(h,i)/10000;
            % 万元，回收网点H→回收中心I运输成本
            % qh(h)单位是万块，每块6.8千克，重量为68qh(h)吨，dhi(h,i)单位是千米，c单位是
            % 元/（吨·千米）
            f(k) = f(k) + p(i)*68*t_sum*qh(h)*cij(i,find(dij(i,:)==min(dij(i,:))))*min
(dij(i,:))/10000; % 回收中心I→处理中心J运输成本
            f(k) = f(k) + (1-p(i))*68*t_sum*qh(h)*cik(i,find(dik(i,:)==min(dik(i,:))))
*min(dik(i,:))/10000; % 回收中心I→二级市场K运输成本
            k = k + 1;
        end
    end

    %% 等式约束
    Aeq = zeros(r,m+m*r);
    beq = zeros(r,1);
    for i = 1:r
        Aeq(i,i*m+1:i*m+m) = 1;
        beq(i) = 1;
    end

    %% 不等式约束
    M = 97; % 不等式约束的数目
    A = zeros(M,m+m*r);
    b = zeros(M,1);
    % sum(yi)<= N:1
    k = 1;
```

```
A(k,1:m) = 1;
b(k) = N;
k = k + 1;
% sum(yi)>=1
A(k,1:m) = -1;
b(k) = -1;
k = k + 1;

% sum(q(h,i))<=Si:5
for i = 1:m
    A(k,m+i:m:m+m*r) = 68*qh; %qh万块，对应68qh吨
    b(k) = Si(i);
    k = k + 1;
end

% xhi<=yi:90
for i = 1:m
    for h = 1:r
        A(k,m+(h-1)*m+i) = 1; %xhi
        A(k,i) = -1; %yi
        b(k) = 0;
        k = k + 1;
    end
end


%% 范围
lb = zeros(m+m*r,1);
ub = ones(m+m*r,1);

%% 求解
intcon = 1:length(f);
x = intlinprog(f,intcon,A,b,Aeq,beq,lb,ub);
disp('yi:')
disp(x(1:5)')
disp('xhi')
disp(reshape(x(6:95),5,18)')
```

得到的输出为：

```
yi:
     0     0     1     1     1

xhi
         0         0    1.0000         0         0
         0         0    1.0000         0         0
         0         0         0    1.0000         0
```

```
        0         0    1.0000         0         0
        0         0         0    1.0000         0
        0         0         0    1.0000         0
        0         0         0    1.0000         0
        0         0         0    1.0000         0
        0         0         0    1.0000         0
        0         0    1.0000         0         0
        0         0         0    1.0000         0
        0         0    1.0000         0         0
        0         0    1.0000         0         0
        0         0         0    1.0000         0
        0         0         0         0    1.0000
        0         0    1.0000         0         0
        0         0         0    1.0000         0
        0         0         0         0    1.0000
```

即 3、4、5 回收中心备选点被选中为回收中心，各回收网点运往哪个回收中心见变量 xhi。

在本问题中，决策变量和约束条件较多，因此在调用 MATLAB 的 0-1 线性优化函数 intlinprog 时，确定输入参数 f、A、b、Aeq、beq 较复杂，需要读者认真研究。

本章以实际问题为例，首先介绍如何基于实际问题构建优化模型，并将优化模型转化为 MATLAB 可接受的如下形式：

$$\min f(\boldsymbol{x}) \quad \text{or} \quad \min \boldsymbol{f}^{\mathrm{T}}\boldsymbol{x}$$

$$\text{s.t.}\begin{cases} \boldsymbol{A}_{\mathrm{eq}}\boldsymbol{x}=\boldsymbol{b}_{\mathrm{eq}}, \quad \boldsymbol{A}\boldsymbol{x}\leqslant\boldsymbol{b}. \\ c_{\mathrm{eq}}(\boldsymbol{x})=0, \quad c(\boldsymbol{x})\leqslant 0. \\ \boldsymbol{lb}\leqslant\boldsymbol{x}\leqslant\boldsymbol{ub}. \end{cases}$$

再调用 MATLAB 相应的最优化函数，如非线性优化函数 fmincon、线性优化函数 linprog、整数线性优化函数 intlinprog 等，进行优化问题求解。

第 15 章

微分方程问题应用实例

本章介绍两个常见的常微分方程实例：小球斜抛和交流发电机转子转速求解。本章主要涉及的知识点如下。

- **数学建模**：对数学问题进行建模。
- **ode45 函数求解常微分方程**：将常微分模型转换成 ode45 函数可求解的格式，并求解。
- **欧拉法求解常微分方程**：将常微分模型转换成向前欧拉公式并求解。

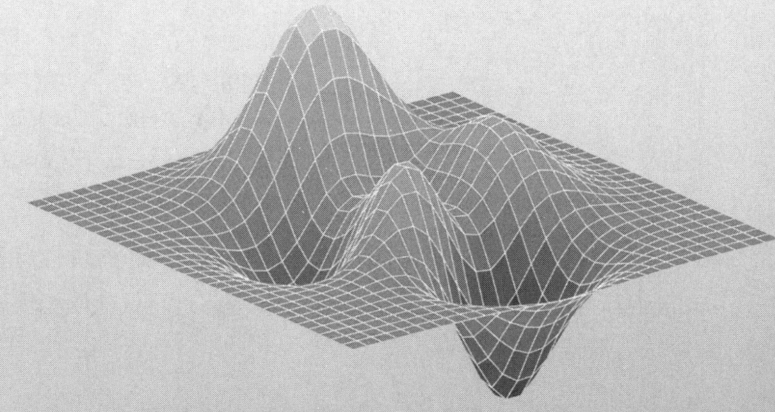

15.1 小球斜抛问题求解

小球斜抛运动是一个经典的物理问题，可以用常微分方程进行建模。本节以小球斜抛为例，使用 MATLAB 的 ode45 函数和欧拉法求解该常微分方程。

15.1.1 问题描述

将一个小球从位置 (0,0) 处以初速度 $v_0=(vx_0,vy_0)$ 斜向上抛，运动过程中小球位置记为 $(x(t),y(t))$，速度记为 $(vx(t),vy(t))$，则

$$\begin{cases} x'(t)=vx(t) \\ y'(t)=vy(t) \end{cases}$$

假设小球在运动过程中只受到重力与空气阻力，空气阻力与速度的平方成反比，则空气阻力为 $f(t)=-kv(t)^2$，将空气阻力 $f(t)$ 分解到 x、y 方向，则

$$\begin{cases} f_x(t)=f(t)\dfrac{vx(t)}{v(t)}=-k\sqrt{vx(t)^2+vy(t)^2}\,vx(t) \\ f_y(t)=f(t)\dfrac{vy(t)}{v(t)}=-k\sqrt{vx(t)^2+vy(t)^2}\,vy(t) \end{cases}$$

因此，小球的速度变化为：

$$\begin{cases} vx'(t)=\dfrac{f_x(t)}{m} \\ vy'(t)=\dfrac{f_y(t)}{m}-g \end{cases}$$

其中，假设 y 方向向上为正方向。

15.1.2 ode45 函数求解

在问题描述中得到微分方程后，首先将其整理为矩阵形式，用矩阵表示的状态变量为：

$$\boldsymbol{X}(t)=\begin{bmatrix} X_1(t) \\ X_2(t) \\ X_3(t) \\ X_4(t) \end{bmatrix}=\begin{bmatrix} x(t) \\ y(t) \\ vx(t) \\ vy(t) \end{bmatrix}$$

则 $\boldsymbol{X}(t)$ 的导数为：

$$\boldsymbol{X}'(t)=\begin{bmatrix} x'(t) \\ y'(t) \\ vx'(t) \\ vy'(t) \end{bmatrix}=\begin{bmatrix} vx(t) \\ vy(t) \\ -\dfrac{k\sqrt{vx(t)^2+vy(t)^2}vx(t)}{m} \\ -g-\dfrac{k\sqrt{vx(t)^2+vy(t)^2}vy(t)}{m} \end{bmatrix}=\begin{bmatrix} X_3(t) \\ X_4(t) \\ -\dfrac{k\sqrt{X_3(t)^2+X_3(t)^2}X_3(t)}{m} \\ -g-\dfrac{k\sqrt{X_3(t)^2+X_3(t)^2}X_4(t)}{m} \end{bmatrix}$$

具体实现如代码 15-1 所示。

代码15-1

ode45 函数求解小球斜抛问题

```
m = 1;
g = 9.8;
k = 0.50;
Tend = 0.25;
h = 0.001;
f = @(t,x)[x(3);x(4);-k*sqrt(x(3)^2+x(4)^2)*x(3)/m;-k*sqrt(x(3)^2+x(4)^2)*x(4)/m-g];
[t,y] = ode45(f,0:h:Tend,[0;0;1;1]);
```

绘制小球位置变化，如图 15.1 所示。值得注意的是，在本问题中将小球斜抛的初始位置设置为(0,0)，绘制示意图只考虑重力与空气阻力情况下小球运动 0.25s 内位置变化，未考虑小球落地等情况。

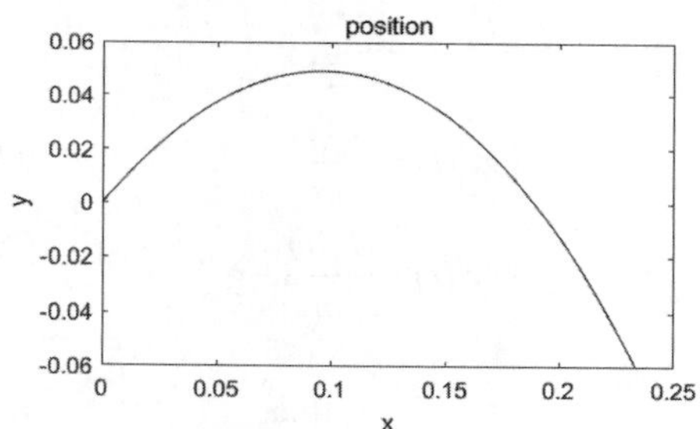

图15.1　小球位置变化示意图

15.1.3　欧拉法求解

在 15.1.2 节得到如下常微分方程并利用 MATLAB 的 ode45 函数求得数值解。

$$\boldsymbol{X}'(t)=\begin{bmatrix} x'(t) \\ y'(t) \\ vx'(t) \\ vy'(t) \end{bmatrix}=\begin{bmatrix} vx(t) \\ vy(t) \\ -\dfrac{k\sqrt{vx(t)^2+vy(t)^2}vx(t)}{m} \\ -g-\dfrac{k\sqrt{vx(t)^2+vy(t)^2}vy(t)}{m} \end{bmatrix}=\begin{bmatrix} X_3(t) \\ X_4(t) \\ -\dfrac{k\sqrt{X_3(t)^2+X_3(t)^2}X_3(t)}{m} \\ -g-\dfrac{k\sqrt{X_3(t)^2+X_3(t)^2}X_4(t)}{m} \end{bmatrix}$$

本节利用最基础的向前欧拉法，对小球斜抛问题对应的常微分方程组求解。其中，向前欧拉法公式为：

$$\boldsymbol{X}_{n+1} = \boldsymbol{X}_n + h \cdot \boldsymbol{X}_n'$$

其中，$\boldsymbol{X}_{n+1}$ 为第 $n+1$ 时刻小球的状态变量；$\boldsymbol{X}_n'$ 为用第 n 时刻小球状态变量 $\boldsymbol{X}_n$ 求得的导数；h 为时间间隔。

使用向前欧拉法的求解过程如代码 15-2 所示。

代码15-2

向前欧拉求解小球斜抛问题

```
m = 1;
v = [1,1];
position = [0,0];
h = 0.001;
g = 9.8;
k = 0.50;
tol = 1e-5; % 循环结束条件
t = 0;
while ~(position(end,2) < tol && v(end,2) < 0)
    vx = v(end,1);
    vy = v(end,2);
    v_abs = sqrt(vx^2+vy^2);
    x = position(end,1);
    y = position(end,2);
    x_new = x + h*vx;
    y_new = y + h*vy;
    vx_new = vx + h*(-k*v_abs*vx/m);
    vy_new = vy + h*(-k*v_abs*vx/m - g);
    position = [position;[x_new,y_new]];
    v = [v;[vx_new,vy_new]];
    t = [t;t(end)+h];
end
if position(end,2) < 0
    position = position(1:end-1,:);
    v = v(1:end-1,:);
    t = t(1:end-1,:);
end
```

代码 15-2 中使用了 while 循环，退出循环的条件为小球位置纵坐标小于 0，由于小球斜抛的初始位置被设为 (0,0)，因此当小球到达与初始点同一水平位置上时，停止循环。如果小球在地面上被抛出，即 x=0 平面为地面，则退出循环即为小球落地，根据代码 15-2 的结果，小球运动 0.194 秒后落地。

15.2 交流发电机转子转速问题求解

交流发电机转子转速是电气领域一个基础的研究问题，可以用二阶常微分方程表示。本节以三机九节点电力系统为例，研究交流发电机转子转速问题。

15.2.1 问题描述

图 15.2 为一个电力系统示意图，其中标有数字的圆为交流发电机，其他为电力系统中的支路连线及变压器、负荷等设备。给定一个如图 15.2 所示的电力系统后，可以根据图中各器件参数计算交流发电机转子转速。

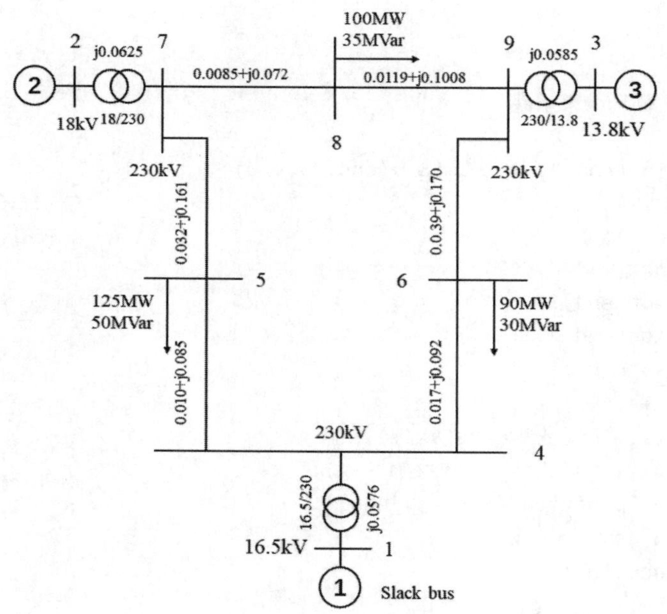

图15.2 三机九节点示意图

图 15.2 所示电力系统共有 3 个发电机节点，9 个母线节点，3 台发电机参数如表 15.1 所示。

表 15.1 发电机参数

发电机编号	惯性常数	机械功率	内电压	角度初始值
1	23.64	0.6611	1.0566	2.2716
2	6.40	1.4872	1.0502	19.7316
3	3.01	0.7601	1.0170	13.1664

发电机节点之间的节点导纳 $Y_{ij}=G_{ij}+jB_{ij}$ 可以通过图 15.2 中的参数及发电机参数求得，在此省略计算过程，直接给出结果，如图 15.3 所示。

发电机	发电机 1	发电机 2	发电机 3
发电机 1	1.0608−2.6305i	0.1082 + 0.6064i	0.1572 + 0.9459i
发电机 2	0.1082 + 0.6064i	0.3491−2.1792i	0.1722 + 1.1009i
发电机 3	0.1572 + 0.9459i	0.1722 + 1.1009i	0.2477−2.4516i

图15.3　发电机节点导纳矩阵

记 δ 为发电机相位，ω 为角速度，已知发电机的二阶微分方程如下：

$$\begin{cases}\delta_i'(t)=\omega_i(t)-\omega_R\\ \omega_i'(t)=\dfrac{\omega_R}{2H_i}(P_{mi}-P_{ei}(t))\end{cases}$$

其中，$P_{ei}(t)$ 为发电机 i 的电磁功率：

$$P_{ei}(t)=\sum_{j=1}^{N}E_iE_j\left[G_{ij}\cos(\delta_i(t)-\delta_j(t))+B_{ij}\sin(\delta_i(t)-\delta_j(t))\right]$$

ω_R 为参考角速度（$2\pi\times60\text{Hz}$）；H 为发电机惯性常数；P_m 为机械功率。

15.2.2　ode45 函数求解

在问题描述中得到微分方程后，将其整理为矩阵形式。3 台发电机共有如下 6 个状态变量：

$$\boldsymbol{x}(t)=\left[\omega_1(t),\omega_2(t),\omega_3(t),\delta_1(t),\delta_2(t),\delta_3(t)\right]^{\mathrm{T}}$$

微分方程组如下所示：

$$\boldsymbol{x}'(t)=\begin{bmatrix}\dfrac{\omega_R}{2H_1}\left(P_{m1}-P_{e1}(t)\right)\\ \dfrac{\omega_R}{2H_2}\left(P_{m2}-P_{e2}(t)\right)\\ \dfrac{\omega_R}{2H_3}\left(P_{m3}-P_{e3}(t)\right)\\ \omega_1(t)-\omega_R\\ \omega_2(t)-\omega_R\\ \omega_3(t)-\omega_R\end{bmatrix}$$

根据该微分方程组，可以利用 ode45 函数求解发电机频率和相位的变化曲线，如代码 15-3 所示。

代码15-3

ode45 函数求解发电机转子转速问题

```
tspan = [0 1];
x0 = 2*pi*[60 60 60 2.2716/360 19.7316/360 13.1664/360]';
[t,x] = ode45(@Gen_Fun,tspan,x0);
function dxdt = Gen_Fun(t,x)
Ynn = [1.0608 - 2.6305i   0.1082 + 0.6064i   0.1572 + 0.9459i;
    0.1082 + 0.6064i   0.3491 - 2.1792i   0.1722 + 1.1009i;
    0.1572 + 0.9459i   0.1722 + 1.1009i   0.2477 - 2.4516i];
H = [23.64 6.4 3.01]';
Pm = [0.661 1.4872 0.7601]';
E_pf = [1.0566 1.0502 2.017]';
omega_r = 2*pi*60;
dxdt = zeros(6,1);
delta_ij_matrix = zeros(3);
for i = 1:3
    for j = 1:3
        delta_ij_matrix(i,j) = x(3+i) - x(3+j);
    end
end
Pe  =  E_pf*E_pf'.*(real(Ynn).*cos(delta_ij_matrix)  +  imag(Ynn).*sin(delta_ij_
matrix));
Pe = sum(Pe,2);
dxdt(1:3) = omega_r*(Pm - Pe)./(2*H);
dxdt(4:6) = x(1:3) - omega_r;
end
```

在代码 15-3 中，微分方程组利用 function 表示，其输入为 t、x，分别表示自变量 t 和状态变量 $\boldsymbol{x}(t)=\left[\omega_1(t),\omega_2(t),\omega_3(t),\delta_1(t),\delta_2(t),\delta_3(t)\right]^{\mathrm{T}}$，输出为状态变量的导数 $\boldsymbol{x}'(t)$。得到图 15.4，其中，左图为 3 台发电机的角频率变化过程示意图，右图为 3 台发电机的相位变化过程示意图。

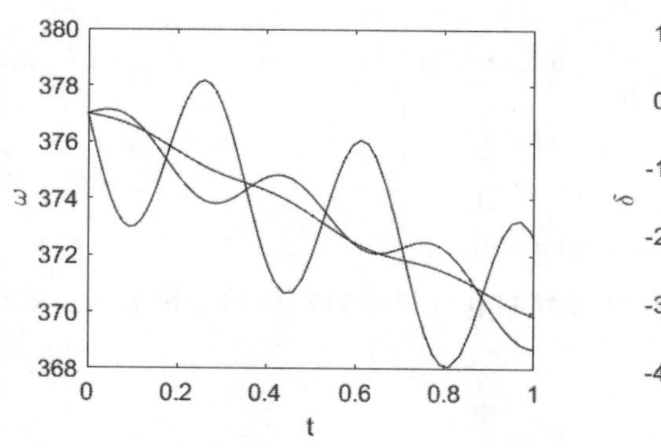

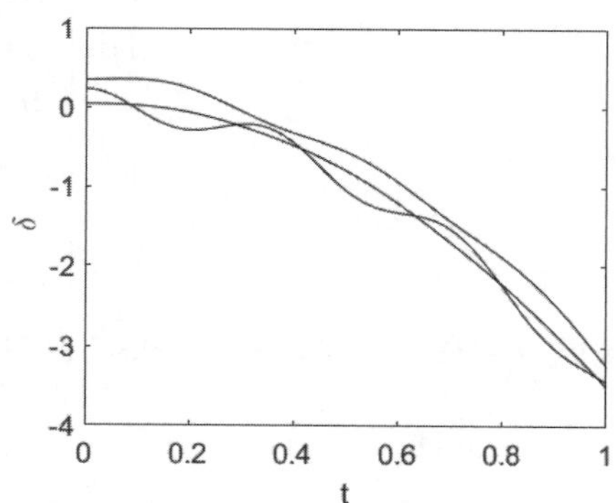

图15.4　发电机转子转速问题结果示意图

本章介绍了两个常微分方程求解实例，分别为小球斜抛问题和交流发电机转子转速问题，对问题进行数学建模，并用 MATLAB 的 ode45 函数和欧拉法分别求解。根据这两个例子，读者可掌握利用 MATLAB 求解常微分方程的两种方式：利用 MATLAB 的 ode45 等常微分方程进行函数求解；利用欧拉法常微分方程求解算法求解。